C 程序设计教程

主　编　沈丽容　章春芳

东南大学出版社

·南　京·

内 容 简 介

本书是根据教育部高等学校计算机科学与技术教学指导委员会提出的《关于进一步加强高等学校计算机基础教学的意见暨计算机基础课程教学基本要求》的有关要求编写的。

C 程序设计是一门实践性很强的课程,本书力求使学生掌握 C 语言基本语法和程序设计基础知识,领会计算机编程思想,掌握编程方法和技巧,具备一定的程序设计和调试能力,为今后学习和工作打下良好的基础。

本书内容结构规划合理,条理清晰,语法讲解细腻,突出重点、难点和易错点,案例分析透彻,课后习题丰富,既可作为高等学校各专业程序设计课程教材,又可以作为初学者自学用教材,还可作为等级考试辅导教材。

图书在版编目(CIP)数据

C 程序设计教程 / 沈丽容,章春芳主编 . —南京:
东南大学出版社,2015.8(2024.1重印)
ISBN 978-7-5641-5973-3

Ⅰ.①C… Ⅱ.①沈… ②章… Ⅲ.①C语言-
程序设计-高等学校-教材 Ⅳ.①TP312

中国版本图书馆 CIP 数据核字(2015)第 189387 号

C 程序设计教程

出版发行	东南大学出版社
责任编辑	夏莉莉
出 版 人	江建中
社　　址	南京市四牌楼 2 号
邮　　编	210096
经　　销	全国各地新华书店
印　　刷	南京工大印务有限公司
开　　本	787mm×1092mm　1/16
印　　张	22
字　　数	475 千字
版 印 次	2015 年 8 月第 1 版　2024 年 1 月第 8 次印刷
书　　号	ISBN 978-7-5641-5973-3
定　　价	45.00 元

(凡因印装质量问题,请与我社读者服务部联系,电话:025-83791830)

前　　言

随着信息技术的发展,计算机在社会中的应用可以说是无孔不入。20 世纪最重要的发明——计算机正在改变我们的学习、工作和生活方式。大家耳熟能详的 WPS、Office 办公软件,Windows、Mac OS、安卓操作系统,百度、淘宝等网站,都离不开编程。编程赋予了计算机多种多样的功能,使计算机成为人们的学习工具、工作助手和娱乐伙伴。如果没有编程,就没有软件产生;没有软件,计算机就没有这么神通广大。

面对当今极速发展的信息技术,社会对人才的培养提出了更高的要求,迫切需要加强高等学校程序设计的教学工作。因此,当代大学生非常有必要了解计算机工作原理,掌握计算机编程思想和方法,提高用计算机解决问题的能力。通过学习 C 程序设计,学生不仅可以掌握 C 语言语法和编程技巧,而且可以提高逻辑思维和计算思维能力,可以更好地适应信息社会的需求。

本书由教学经验丰富的教师编写。沈丽容老师编写了第一、二、三、四、八章,章春芳老师编写了第五、六、七、九章。在本书的编写过程中参考了大量纸质和网上的文献资料,我们力求在参考文献中列全,对相关文献的作者,也在此表示衷心的感谢。

由于时间仓促和编者水平有限,书中欠妥和不足之处,恳请读者批评指正。

编者
2015 年 6 月

目　　录

第一章　引　言

1.1　学习编程有什么用

学习编程有什么用？大多数非计算机专业的学生在学习程序设计类课程时都会不由自主地问这个问题。有的同学认为自己学的是化工专业,平时做得最多的就是化学实验,即使要用到一两个软件,也都是现成的,根本不需要亲自动手编程,那学习编程还有什么用呢？

其实不然,对于非计算机专业的学生而言,学习编程的目的并不是为了掌握某一门程序设计语言,也不是为了今后搞程序开发,而是为了锻炼逻辑推理和计算思维能力,通过了解计算机工作原理,提高用计算机解决问题的能力。

当今社会,计算机正在以各种各样的形式出现在我们周围。不管在学习中,还是在工作中,计算机都成为人们不可缺少的工具。计算机之所以具有这么多用途,正是因为有各种各样的软件存在。软件是计算机的灵魂,程序是软件的核心。在现实生活中,程序无处不在。当我们用 WPS、Office 写论文、处理数据或制作幻灯片时,用 QQ、微信和朋友聊天时,在网上淘宝时……都离不开程序。面对日益发达的信息社会,作为当代大学生,了解编程的奥秘是非常有必要的。

实际上,编程是一件非常美妙的事情。编程的乐趣是其他学科无法比拟的。一旦你亲身体会过程序运行成功所带来的那种喜悦,那种成就感,就会自然而然地迷恋上编程,就会觉得自己非常棒,居然能指挥计算机做事了。那种兴奋感将大大超越去玩别人预先设定好的游戏软件所能获得的。程序可以让你突然迸发的灵感和想法瞬间得以实现,并看到立竿见影的效果。这种即时性的反馈会让学习兴趣变得越来越浓厚。比尔·盖茨、乔布斯等 IT 巨人们在他们还只是少年的时候就已经疯狂地迷恋上编程了。正是编程,实现了他们的奇思妙想,给世界带来了一个又一个奇迹。

总之,学点编程绝对没有坏处,正所谓"艺多不压身,艺高人胆大"。在各行各业都要用到计算机的情况下,计算机编程也算是一技之长,对于提高就业竞争力大有帮助。

1.2　C 语言的发展历程

C 语言是 1972 年由美国的 Dennis M. Ritchie(丹尼斯·里奇,C 语言之父,UNIX 之父)设计发明的。1978 年美国电话电报公司(AT&T)贝尔实验室正式发表了 C 语言。同时 Brian. W. Kernighan 和 Dennis M. Ritchie 合著了著名的《The C Programming Language》(《C 程序设计语言》)一书。现在此书已被翻译成多种语言,成为 C 语言方面最权威的教材之一。与此同时,C 语言也衍生了很多不同版本。1983 年美国国家标准局(American National Standards Institute,简称 ANSI)成立了一个委员会来制定 C 语言标准。1989 年 C 语言标准被批准,被称为 ANSI X3.159—1989 "Programming Language C"。这个版本的 C 语言标准通常被称为 ANSI C。

　　C 语言功能强大,既有高级语言的特点,又有汇编语言的特点,既可以作为系统设计语言编写系统程序,又可以作为应用程序设计语言编写应用程序。早期的 C 语言主要是用于 UNIX 操作系统。自 20 世纪 80 年代开始,C 语言开始进入其他操作系统,并很快在各类大、中、小和微型计算机上得到了广泛的应用,成为当代最优秀的程序设计语言之一。当今社会随着个人电子消费产品和开源软件的流行,C 语言由于在底层控制和性能方面的优势,成为芯片级开发(嵌入式)和 Linux 平台开发的首选语言。在通信、网络协议、破解、3D 引擎、操作系统、驱动、单片机、手机、PDA(Personal Digital Assistant,个人数字助理)、多媒体处理、实时控制等领域,C 语言正在用一行行代码证明它从应用级开发到系统级开发的强大和高效。

1.3　C 语言的特点

　　1. 语言简洁紧凑、灵活方便

　　C 语言一共只有 32 个关键字和 9 种控制语句,只需用规范的方法就可以构造出功能很强的数据类型、语句和程序结构。程序简洁,表示方法简单,尽可能地压缩了一切不必要的成分,如用 i++ 或 i+=1 表示 i=i+1, --i 表示 i=i-1 等。

　　2. 数据结构丰富

　　C 语言包含了多种数据结构,如整型、实型、字符型、数组、指针类型、结构体类型和共用体类型等,可以用于实现各种复杂的数据类型运算。

　　3. 运算符丰富

　　C 语言的运算符有 34 种,涉及的范围很广,灵活使用各种运算符可以实现难度极大的运算。

　　4. 语法检查不太严格

　　一般的高级语言对语法检查非常严格,几乎可以检查出所有的语法错误,但是 C 语言的语法检查不太严格,因此程序书写的形式可以比较自由。然而正因为编译器不能检查出所有的错误,所以编程人员要自己认真检查程序,以保证程序正确运行。

　　5. 结构化程序设计

　　C 语言是一种结构化语言,符合现代编程风格的要求。它用函数作为程序设计的基本单位,以实现程序的模块化。同时,它还提供了编写结构化程序所需的控制流语句,如 if…else、for、while、do…while 等。

　　6. 具有低级语言功能

　　C 语言允许直接访问物理地址,能够对二进制位、字节和地址进行操作,可以直接对硬件进行操作,具有低级语言的许多功能,因此既可用于开发应用软件,又可用于编写系统软件和单片机程序。

　　7. 生成的目标代码质量高

　　C 语言编写的程序比汇编语言编写的程序的可读性好,易于调试和修改,生成的目标代码质量与汇编语言生成的相当,程序执行效率只比汇编语言程序低 10% ~20%。

　　8. 可移植性好

　　与汇编语言相比,用 C 语言开发单片机系统软件具有很多优点,如软件调试直观、维护升级方便、代码的重复利用率高、便于跨平台的代码移植等。

1.4　如何学习 C 语言

学习一门新的程序设计语言的最佳途径就是阅读实例程序、模仿实例程序编写程序,通过各种实例程序来学习 C 语言的语法规则、编程的思路和技巧。对于教材中提到的所有实例程序,都要仔细研读,直到对每一行程序代码都理解了,然后合上书本,在计算机上把这些程序代码输送进去并运行,再找几个类似的编程题目,尝试自己写出这段程序来,如果写不出来,回过头来继续研究实例程序,想想自己为什么写不出来,然后再去写这段程序,反反复复,直到你对于这些编程题目手到擒来为止。学习 C 语言贵在坚持上机实践,不能光看不练,在看书的同时就要敲代码,程序实际运行的各种情况可以让你更快更牢固地掌握知识点。只有通过反复的观察、分析、比较、实践、总结,才能熟练掌握 C 语言的各种数据类型、运算符、语句结构的使用方法,才能逐渐地积累编程经验,明白编程的奥秘,才能把书本上的知识变成自己的。

具体而言,学习编程要掌握以下步骤和要点:

（1）阅读教材上的案例,并按照教材上的案例编写程序,上机运行,查看运行结果。

（2）写几个小程序解决一些简单问题,以熟悉基本的算法和语法知识。

（3）从自己身边熟悉的事件入手,如成绩统计,可以先编制一小段程序,完成一个小功能,然后逐步完善。

（4）反复上机练习。C 程序设计是一门实践性很强的课程,只有多上机练习才能提高编程能力,而不能只满足于课堂听讲。还要注意课后作业是否会做,上机编程是否能得到正确结果,程序出现问题后能否调试出正确结果等。只有亲自动手编程才能真正提升自己的计算思维能力,增强自己用计算机解决问题的实践能力,为今后工作奠定坚实的基础。

（5）循序渐进。高级语言的语句看起来很多,也很复杂,对编程技巧要求也很高,但是其基本的语句和常用算法并不多,所以在学习过程中要注意对一些常用的基本算法进行归纳和总结,在熟练掌握基本语句和经典算法的基础上再进行举一反三、逐步深入。

（6）粗细结合。高级语言语法规则繁多,需要记忆的内容也很多,比如整数的范围、实数的范围,它们在机器中存储时所占的字节数、输出时的有效位数、默认宽度等,但是这些细节并不影响高级语言的初步学习,有些规则可通过上机练习逐步掌握,没必要死记硬背,可以粗一些。然而对于基本的函数和语言的书写格式、作用、执行过程等一定要记准并会灵活应用,这里就一定要细一些,因为高级语言的语法是非常严格的,一点小错误,如漏掉一个分号等,都会造成程序错误而无法运行。

（7）多种手段交流。通过 C 语言编程论坛、教学网站或 QQ 群与老师、同学、网友等进行学习交流,可以不断吸取别人的长处,丰富编程经验,提高编程水平。

总之,学好 C 语言贵在实践出真知,掌握这一原则就一定会学好 C 语言的。

1.5　Turbo C 2.0 简介

Turbo C 是美国 Borland 公司的产品。该公司在 1987 年首次推出 Turbo C 1.0 产品,其中使用了集成开发环境,将文本编辑、程序编译、连接以及程序运行一体化,大大方便了程序的开发。1989 年 Borland 公司又推出 Turbo C 2.0(以下简称 TC 2.0 或 TC),在原来集成开发环境的基础上增加了查错等功能。TC 2.0 是一个使用广泛、高效快捷的 C 编译系统。它通过一个简单的主屏幕操作即可实现程序的编辑、编译、连接和运行。

下面详细介绍 TC 2.0 的使用方法。

1. 运行 TC 软件

TC 2.0 无需安装,只要将 TC 2.0 软件文件拷贝到计算机系统的某个文件夹下,如拷贝到 C 盘根目录下(如图 1.1 所示),再用鼠标双击"TC.EXE"文件就能运行 TC 2.0 软件,进入 TC 运行环境了,如图 1.2 所示。

图 1.1　拷贝 TC 2.0 软件文件

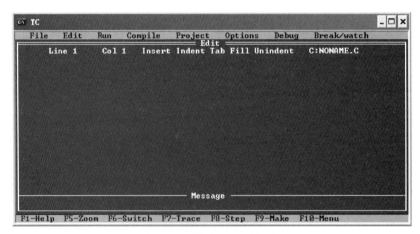

图 1.2　TC 2.0 运行环境

运行 TC 2.0 后,其主菜单栏横向排列在标题栏下方,并默认 File 菜单被激活。窗口分为上下两个部分,上面为 Edit 窗口(即编辑窗口),下面为 Message 窗口(即消息窗口),最底下一行为功能键参考行,这四个部分构成了 TC 2.0 的主界面。按 F6 功能键可以在 Edit 窗口和 Message 窗口间切换,按 F5 功能键可以关闭或打开 Message 窗口。

Edit 窗口的顶端为状态行,其中:

(1) Line 1 Col 1:显示光标所在的行号和列号,即光标位置。

(2) Insert:表示编辑状态处于"插入",当处于"改写"状态时此处为空白。按键盘上的 Insert 键可以在两种状态中进行切换。

(3) Indent:自动缩进开关。在开启状态下,每一次换行将使光标自动与上一行的第一个字符对齐,可用 Ctrl + QI 组合键切换。

(4) Tab:制表开关,可用 Ctrl + OT 组合键切换。

(5) Fill:它与 Indent 和 Tab 的开关(ON/OFF)一起使用。当 Tab 模式为 ON 时,编辑系统将在每一行的开始填以适当的制表符及空格符。

(6) Unindent:在该状态下,当光标处于某行的第一个非空字符或一空行时,退格键将使光标回退一级而不是一个字符,可用 Ctrl + OU 组合键切换。

(7) NONAME. C:显示当前正在编辑文件的名称,显示为"NONAME. C"时,表示用户尚未给文件命名。

2. 配置运行环境

第一次使用 TC 软件时需要对运行环境进行配置。配置方法如下:按下 Alt + O 快捷键,打开 Options 菜单,选择 Options|Directories 菜单命令,将 Turbo C directory、Include directories、Library directories 分别指定为 TC、INCLUDE(头文件)、LIB(库文件)所在目录。在图1.1中,TC 软件文件所在目录为 C:\TC,头文件所在目录为 C:\TC\INCLUDE,库文件所在目录为 C:\TC\LIB,其环境配置如图1.3 所示。

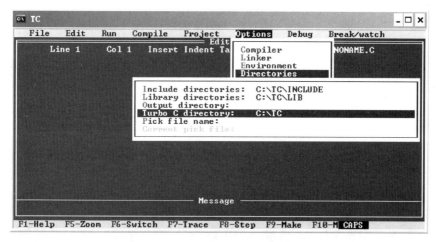

图 1.3 TC2.0 运行环境配置

环境配置好以后,选择 Options |Save options 菜单命令,将当前所做的配置保存在"TC-CONFIG. TC"文件中,这样以后打开 TC 2.0 时就不需要再进行配置了。

3. 编辑程序

启动 TC 之后光标会停留在 File 菜单上,此时可按下 Esc 键或 F10 功能键来激活 Edit 窗口。按下 Alt + F 快捷键打开 File 菜单,选择其中的 New 子菜单项可以编辑新的源程序,如

图1.4和1.5 所示。

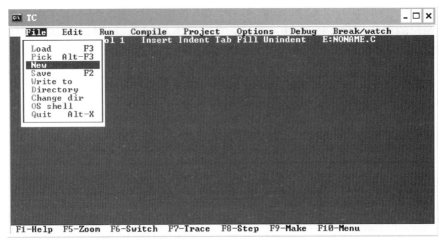

图 1.4　创建新文件

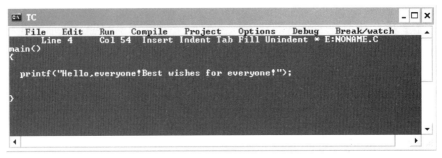

图 1.5　编辑源程序

4. 编译程序

选择 Compile|Compile to OBJ 菜单命令对源程序进行编译,编译成功后再选择 Compile|
Link EXE file 菜单命令生成 EXE 文件,如图 1.6 和图 1.7 所示。

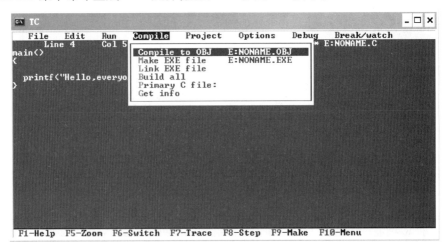

图 1.6　编译源程序

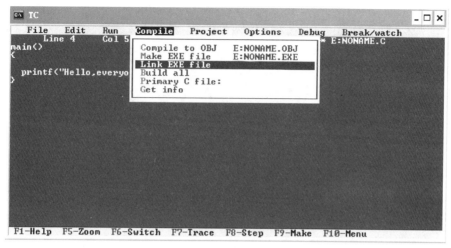

图 1.7 连接库函数并生成 EXE 文件

编译和连接这两个步骤可以合成一步完成,即选择 Compile ┃ Make EXE file 菜单命令或直接按 F9 功能键都可以完成编译和连接操作。

程序经编译后如果有错会在 Message 窗口中显示错误信息,按 F6 功能键可以返回 Edit 窗口修改程序。

5. 运行程序

按 Alt + R 快捷键选择 Run 菜单或直接按 Ctrl + F9 快捷键都可以运行程序,如图 1.8 所示。

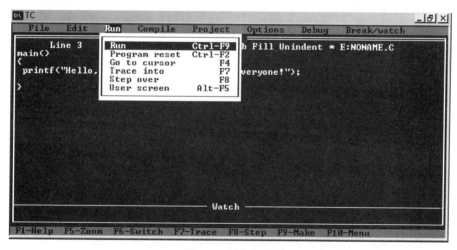

图 1.8 运行程序

6. 查看结果

程序运行完后选择 RUN 菜单下的 User screen 命令或按 Alt + F5 快捷键可以看到程序运行结果,如图 1.9 所示。

如果在程序末尾加一句"getch( );",则在程序运行之后可以直接看到结果。

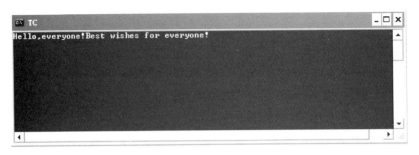

图 1.9　程序运行结果

7. 保存文件

选择 File | Save 菜单命令或直接按 F2 快捷键都可以保存源程序文件,保存文件时文件的扩展名必须为". c",如图 1.10 所示。

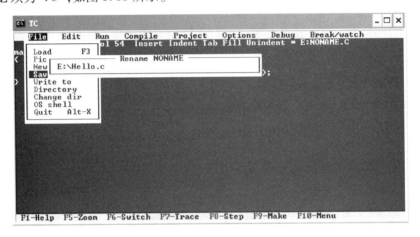

图 1.10　保存源程序文件

8. 打开文件

选择 File | Load 菜单命令或直接按 F3 快捷键可以打开一个已经存在的源程序文件,如图 1.11 所示。

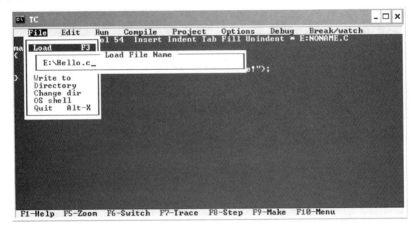

图 1.11　用 Load 命令打开源程序文件

9. 另存文件

选择 File | Write to 菜单命令可以改变文件名或文件存储路径,如图 1.12 所示。

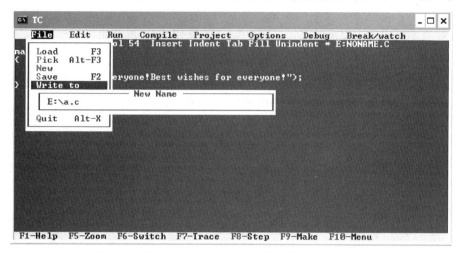

图 1.12　用 Write to 命令更改文件的名称或存储路径

1.6　Visual C ++6.0 简介

目前全国计算机等级考试二级 C 语言程序设计采用的编译环境是 Visual C ++6.0(通常简称为VC ++ 6.0)。VC ++ 6.0 主界面如图 1.13 所示。

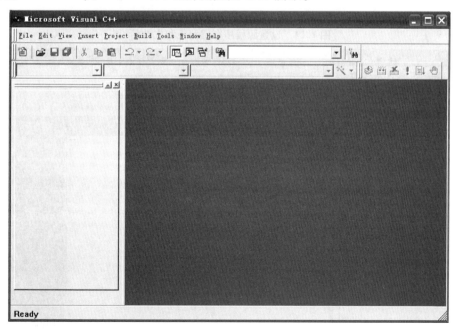

图 1.13　VC ++6.0 主界面

在VC ++ 6.0 中编辑、编译和运行 C 程序的方法如下:

1. 编辑程序

选择 File | New 菜单命令,在打开的窗口中单击 Files 选项卡,在其中选择C ++ Source File,同时在窗口右边的 File 文本框中输入 C 文件的名称并将文件扩展名指定为".c",然后在 Location 文本框中输入存储的路径,最后单击 OK 按钮,就可以开始编写程序了,如图 1.14 与图 1.15所示。

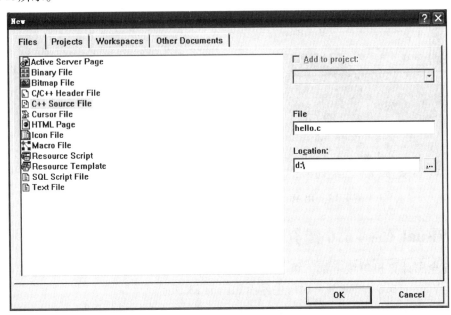

图 1.14　设置源程序存储路径和文件名

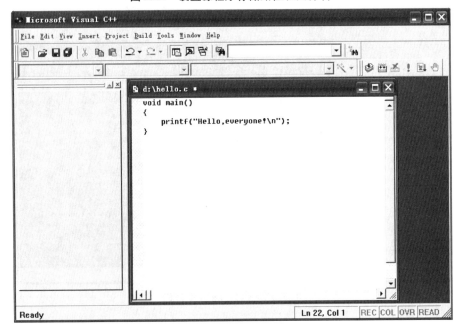

图 1.15　在编辑窗口中编写源程序

　　另一种更快捷的编辑源程序的方法是直接单击工具栏最左边的"新建记事本文件"按钮,在打开的文本编辑窗口中输入源程序,之后再保存源程序为扩展名为".c"的文件即可,如图1.16所示。

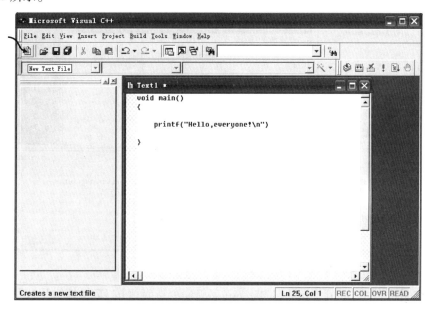

图1.16　直接单击"新建记事本文件"按钮编辑程序

2. 编译程序

　　单击 Build | Compile hello.c 菜单命令或直接按 Ctrl + F7 快捷键可以对源程序进行编译,此时,系统会弹出一个消息框,单击"是"即可,如图1.17所示。

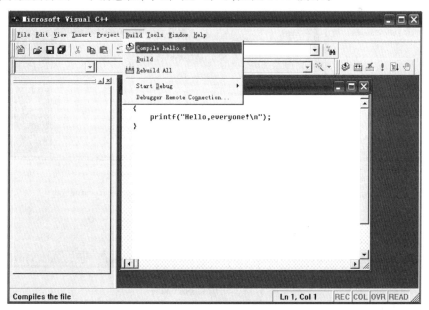

图1.17　编译源程序

编译后若有错误会在消息栏中显示错误信息,如图1.18所示。

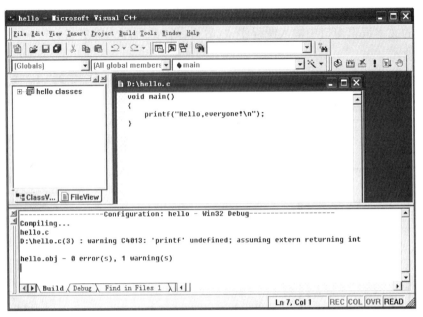

图 1.18　显示错误信息

编译之后可以用 Build | Build hello.exe 菜单命令或直接按 F7 快捷键生成可执行文件，如图 1.19 所示。

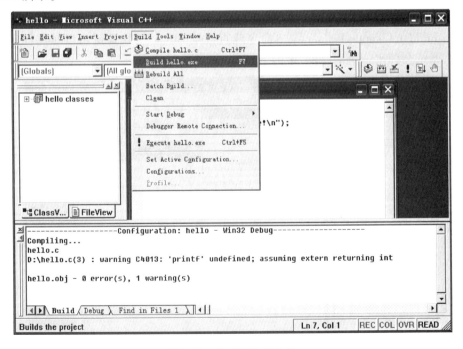

图 1.19　生成可执行文件

3. 执行程序

单击 Build | Execute hello.exe 菜单命令或直接按 Ctrl + F5 快捷键可以执行程序，如图 1.20 所示。

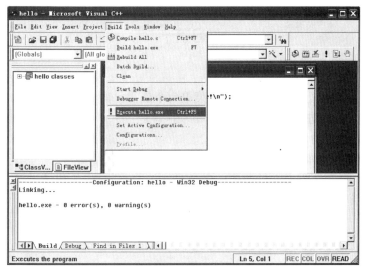

图 1.20　执行程序

程序执行完后可以直接看到结果,如图 1.21 所示。

图 1.21　程序执行结果界面

4. 关闭工作空间

一个程序执行完毕后要单击 File | Close Workspace 菜单命令关闭工作空间,这样才可以开始编写新的程序,如图 1.22 所示。

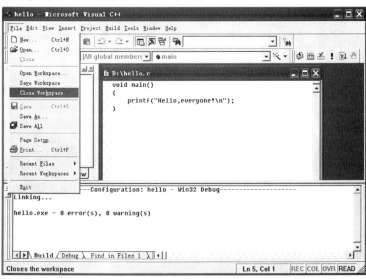

图 1.22　关闭工作空间

习题一

一、填空题

1. 能够对 TC 2.0 的运行环境进行配置的菜单命令是_____。
2. 在 TC 2.0 中,对程序进行编译和连接操作的功能键是_____, 运行程序的快捷键是_____, 查看程序运行结果的快捷键是_____。
3. C 源程序文件的扩展名是_____。
4. 在 TC 2.0 中,保存源程序文件的菜单命令是_____,对应的快捷键是_____,打开文件的菜单命令是_____,对应的快捷键是_____。
5. 在 VC++6.0 中,对程序进行编译的快捷键是_____, 生成可执行文件的快捷键是_____,执行程序的快捷键是_____。

二、编程题

请在 Turbo C 2.0 或 VC++6.0 中编辑和运行以下程序,并写出程序运行结果。

1.
```c
void main( )
{
  printf("      *\n");
  printf("     ***\n");
  printf("    *****\n");
  printf(" *******\n");
  printf("*********\n");
}
```

2.
```c
void main( )
{
  int x,y;
  for( x = 1;x <= 9;x ++ )
    {for( y = 1;y <= x;y ++ )
      printf( "% d + % d = % d\t",x,y,x + y);
      printf( "\n" );
    }
}
```

3.
```c
void main( )
{
  int a,b,c,sum, average;
  a = 13;
  b = 57;
  c = 34;
  sum = a + b + c;
  average = sum/3;
  printf( "average = % d\n",average);
}
```

4. void main( )
```
{
   int a = 5 , b = 9 , t;
   t = a;
   a = b;
   b = t;
   printf( "a = % d , b = % d\n" , a , b) ;
}
```

5. void main( )
```
{
   int a = 5 , b = 9;
   a = a + b;
   b = a - b;
   a = a - b;
   printf( "a = % d , b = % d\n" , a , b) ;
}
```

第二章　顺序结构程序设计

1966 年,Bohra 和 Jacopini 提出了三种基本程序结构,分别是顺序结构、选择结构和循环结构。目前,已经证明用这三种基本结构就可以实现任何复杂的算法。本章将介绍顺序结构程序设计,其他两种结构将在后续章节中作详细介绍。

顺序结构是三种基本程序结构中最简单的一种。它是按照程序代码书写的先后顺序来执行的,程序自始至终只沿着一个方向执行。如图 2.1 所示,A、B、C 三个语句的执行顺序是:语句 A →语句 B→语句 C。

顺序结构由于程序流程过于单一,所以不能实现复杂的算法,一般只用于编写一些不需要对流程进行控制的简单程序。

本章将重点介绍整型、实型和字符型三大基本数据类型的定义、赋值、输入、输出和运算规则。

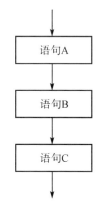

图 2.1　顺序结构流程图

2.1　C 源程序结构

C 源程序的结构如下:

(1) 一个 C 源程序可以由一个或多个源文件组成。

(2) 每个源文件可由一个或多个函数组成,函数是构成 C 源程序的基本单位。

(3) 一个源程序不论由多少个源文件组成,都有且只有一个 main 函数,即主函数。main 函数可以位于源程序的任何位置。但是,不管 main 函数位于源程序的开头、中间还是末尾,程序都是从 main 函数开始执行,并且在 main 函数中结束,即 main 函数是整个程序的入口和出口。

(4) 每个函数都由函数首部和函数体组成。函数首部包含函数返回值的类型、函数名称、参数类型和参数名称,函数体通常由声明部分和执行部分组成。

(5) 每一个语句和声明都必须以分号结尾,分号是构成 C 语句不可缺少的一部分。但是预处理命令和函数首部之后是不可以加分号的。

(6) 预处理命令通常放在源文件或源程序的最前面。

(7) 关键字和标识符之间必须至少加一个空格以示区隔。

从书写清晰,便于阅读、理解和维护的角度出发,在书写程序时应遵循以下规则:

(1) 一个声明或一个语句占一行。尽管 C 语言允许一行写多个声明或多个语句,但是为了增强程序的可读性,同时也为了便于调试程序,尽量做到一行只写一个声明或一个语句。

(2) 用{}括起来的部分通常表示程序的某一层次结构。{}一般与该结构语句的第一个字母对齐,并单独占一行。

(3) 低一层次的语句或声明比高一层次的语句或声明缩进若干格(通常用 Tab 键缩进),以使程序层次分明,条理清晰。

(4) 为便于阅读和理解程序,可以在程序中适当地添加一些注释,注释格式为"/＊……

*/"。注释不属于 C 语句,编译程序时不对注释做语法检查。

在编程时应力求遵循上述规则,以养成良好的编程习惯。

2.2　最简单的 C 程序

最简单的 C 程序就是直接在屏幕上输出一些文字或符号,不需要用户输入任何数据,也不做任何计算。这种程序的特点是每次的运行结果都一样。

【例2.1】　在屏幕上输出"I love C programm."

程序代码

```
void main( )
{
   printf("I love C programm.");
}
```

代码分析

(1) 在本程序中,void main( )即 main 函数首部。void 表示禁止 main 函数执行完毕后返回值。在 TC 2.0 中通常直接写成 main( )。

(2) main( )后面由花括号(又称为大括号)"{ }"括起来的部分称为函数体。本例中函数体只包含一个执行语句"printf("I love C programm.");",其作用是将双引号中的内容原样输出。

(3) printf("I love C programm.")后面的分号是 C 语句的结束标志。分号是 C 语句的组成部分。

打开 TC.EXE,在编辑窗口中输入上述代码,如图2.2 所示。

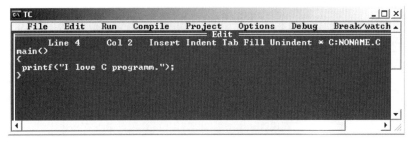

图2.2　在 TC 中编辑程序代码

按下 F9 功能键,显示编译成功后,再按 Ctrl + F9 快捷键运行程序,最后按 Alt + F5 快捷键可以看到程序运行结果。

运行结果(图2.3)

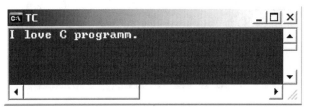

图2.3　输出"I love C programm."

【例 2.2】　　在屏幕上输出圣诞树的图案。

问题分析

圣诞树的基本图案如图 2.4 所示。在 C 语言中,可以利用"＊"符号输出圣诞树的轮廓。

程序代码

图 2.4　圣诞树示意图

```c
void main
{
  printf("            * \n");
  printf("           * * \n");
  printf("          *   *\n");
  printf("         *   *   *\n");
  printf("          * * \n");
  printf("           *   *\n");
  printf("          * * * * *\n");
  printf("           *    *\n");
  printf("       *          *\n");
  printf("     * * *   *   * * *\n");
  printf("            *\n");
  printf("            *\n");
  printf("            *\n");
}
```

代码分析

本程序的特点是每一行 printf( )语句都以"\n"结尾。"\n"在程序中起到回车换行的作用,即每输出一行文字符号后就另起一行再输出下一行文字符号。

运行结果(图 2.5)

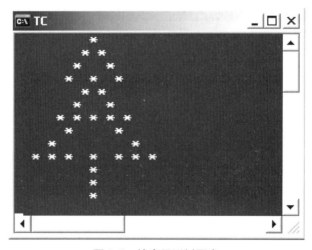

图 2.5　输出圣诞树图案

2.3　整型数据

整型数据是不包含小数部分的数值型数据,分为整型常量的值和整型变量两种。常量的值在整个程序运行期间都不会发生变化,而变量的值在程序运行期间会发生改变。

2.3.1　整型常量表示形式与定义

常量分为字面常量和符号常量两种。字面常量可以直接看出其数值,符号常量则是用一个标识符代表一个数值。

1. 字面整型常量

字面整型常量共有三种表示形式:

(1)十进制形式,如 345,-567,0 等。

(2)八进制形式,其特点是以 0 开头(0 称作八进制数的前导符),由 0~7 之间的数字组成,如 012,-0123 等,不能包含 8 和 9,类似 08,019 等都是错误的写法。八进制数 012 转换为十进制的结果为 10,即 $1 \times 8^1 + 2 \times 8^0 = 10$。

(3)十六进制形式,其特点是以 0x 或 0X 开头(0x、0X 称作十六进制数的前导符),由 0~9、a~f(或 A~F)之间的字符组成,如 0x23,0xAE6,-0X3af 等。十六进制数 0x23 转换为十进制的结果为 35,即 $2 \times 16^1 + 3 \times 16^0 = 35$。

2. 符号整型常量

(1)符号整型常量的定义格式如下:

#define　标识符　数值

例如:

#define　N　10

其中,"N"表示符号常量名,代表数值 10。

注意:

① 定义符号常量的这一行属于预处理命令,不是 C 语句,末尾不加分号。

② 符号常量名通常用大写字母表示。

③ 不能对符号常量作赋值操作。

(2)符号常量使用场合:当程序中需要多次用到某个常数值时就可以将该常数定义成符号常量,这样只要修改符号常量的定义,就可以使程序中该常数的值全部修改过来,做到一改全改。如,在计算圆的周长和面积时,可以将圆周率定义成符号常量,即#define PI 3.14,如果想提高圆周率的精度,则可以定义为#define PI 3.1415926,这样程序中所有符号常量 PI 的值就全部改过来了,非常方便。

2.3.2　整型变量与整型常量的类型

整型变量在内存中以二进制补码的形式存储。根据存储空间的不同,C 语言将整型变量分为三大类:基本整型、短整型和长整型。根据有无符号位,整型数据又可以分为有符号和无符号两种类型。因此,C 语言的整型变量分为以下 6 种,如表 2.1 所示。

表 2.1　整型变量类型

整型变量类型	长度	取值范围
有符号基本整型	2 字节	$-32768 \sim 32767(-2^{15} \sim 2^{15}-1)$
无符号基本整型	2 字节	$0 \sim 65535(0 \sim 2^{16}-1)$
有符号短整型	2 字节	$-32768 \sim 32767(-2^{15} \sim 2^{15}-1)$
无符号短整型	2 字节	$0 \sim 65535(0 \sim 2^{16}-1)$
有符号长整型	4 字节	$-2^{31} \sim 2^{31}-1$
无符号长整型	4 字节	$0 \sim 2^{32}-1$

对于整型常量,如果其值在 $-32768 \sim 32767$ 之间,则认为它是基本整型类型;如果超出这个范围,但在 $-2^{31} \sim 2^{31}-1$ 之间,则认为它是长整型。整型常量后面加上字母 u 或 U,则认为其是无符号基本整型;如果加上 l 或 L,则认为其是长整型。如 $-3u$ 是无符号基本整型常量,0L 是长整型常量。

在 TC 2.0 中,短整型和基本整型变量的变量占据的存储空间和表示的数据范围都相同,所以关于短整型的用法可以参考基本整型。

长整型和基本整型变量的取值范围相差很大,在编程时要根据数据的取值范围来选择合适的数据类型。

2.3.3　整型变量定义

整型变量的定义方法如下:

有符号基本整型:　[signed]　int　　变量名;
无符号基本整型:　unsigned　[int]　变量名;
有符号短整型:　　[signed]　short　[int]　变量名;
无符号短整型:　　unsigned　short　[int]　变量名;
有符号长整型:　　[signed]　long　[int]　变量名;
无符号长整型:　　unsigned　long　[int]　变量名;

其中,方括号"[ ]"括起来的是可选项,在定义变量时可以省略。如:

```
int   i;
unsigned   int   u;
short   k;
unsigned   short   s;
long   m;
unsigned   long   n;
```

可以同时定义多个类型相同的变量,变量间用逗号间隔,如:

```
int   a,b,c;
long   i,j,k;
```

C 语言变量的命名要遵循标识符命名规则:以字母或下划线开头,只能由字母、数字和下划线组成,严格区分大小写字母,不能用 C 语言关键字作标识符。变量名通常用小写字母表示。所有的变量都要先定义后使用。变量未定义就使用的话,编译程序时会报错。

C 语言共有 32 个关键字,按功能分类如下:

（1）表示数据类型的关键字有：char, const, int, float, double, signed, unsigned, short, long, void, struct, union, typedef, enum, volatile。

（2）表示存储类别的关键字有：auto, extern, register, static。

（3）用于控制程序流程的关键字有：do, while, for, if, else, switch, case, default, go-to, continue, break, return。

（4）用于求字节数的关键字为 sizeof。

所有的关键字都要用小写字母表示。

判断一个标识符是否合法，关键看其中是否包含非法字符，开头是不是字母或下划线，是不是关键字。如：A1, _3m, INT, b5, _123 都是合法的标识符，a * b, 2m, float 都是非法的标识符。

2.3.4　整型变量赋值

在 C 语言中，赋值运算符是" = "，其作用是将一个数据赋给一个变量。如：

int a;
a = 3;

表示先定义整型变量 a，再将整型常量 3 赋给变量 a，所以 a 的值为 3。

也可以在定义变量的同时给变量赋初值，这种赋值方法称为变量的初始化。如：

int b = 2;

表示在定义变量 b 的同时就赋初值 2。

又如：

int a, b, c; a = b = c = 5;

表示先定义了 a、b、c 三个变量，再将 5 赋给变量 c，接着将 c 的值赋给变量 b，最后再将 b 的值赋给变量 a，所以最终 a、b、c 三个变量的值都相同，都是 5。但是如果简写成"int a = b = c = 5;"，则在编译程序时会报错，提示变量 b 和 c 没有定义，因此不能对其作赋值操作，其错误信息提示如图 2.6 所示。

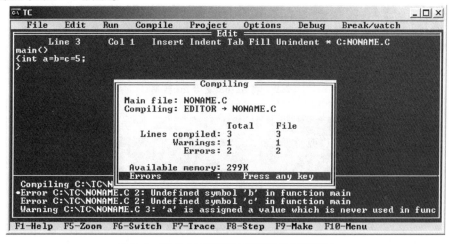

图 2.6　对多个变量赋以相同值的错误写法

关于变量赋值操作的注意事项如下：

（1）C语言在运行程序时才对变量进行赋值操作,在编译阶段系统只负责给变量分配存储空间。

（2）定义变量后如果没有对变量进行赋值操作,则其值是不确定的。如图 2.7 所示,在程序中定义了变量 b,但是没有对其赋值就直接将 b 的值输出,得到的结果如图 2.8 所示,是一个不确定的值。

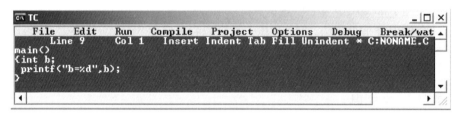

图 2.7　未对变量赋值就输出变量的值

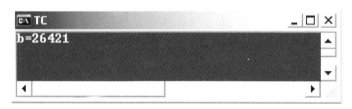

图 2.8　输出结果是一个不确定的值

（3）对整型变量进行赋值时要注意不能超出变量的取值范围。如果所赋的值超出取值范围,则不能得到正确的结果。如,int 类型变量的取值范围是 −32768 ～ 32767,如果将 32768 赋给 int 类型的变量,则其得到的实际值为 −32768,如图 2.9、2.10 所示。这种现象称为数据溢出。

图 2.9　将 32768 赋给 int 变量

图 2.10　将 32768 赋给 int 变量得到的实际值为 −32768

出现数据溢出的原因是每种变量都有固定长度的存储空间,由于存储空间是有限的,因此每种变量的取值范围也是有限的。int 类型的变量,其存储空间为 2 个字节,即 16 个二进制位,一共能存储 2^{16}(即 65536)个数码。每个数码对应一个整数,所以一共能表示 65536 个整数。在这 65536 个整数中又分为正整数、0 和负整数,正整数的范围是 1 ~ 32767,负整数的范围是 –32768 ~ –1。负整数二进制补码的符号位为 1,正整数和 0 的二进制补码的符号位为 0。32768 用 16 位二进制代码表示为 1000 0000 0000 0000,其符号位为 1,所以这个代码实际表示的是一个负整数,而 –32768 的 16 位补码为 1000 0000 0000 0000,所以输出 –32768。

如果出现数据溢出了,那计算机中实际存储的数值究竟是多大呢? 对此,可以采取以下快速算法进行计算。

以 int 类型为例,如果对其赋的值大于 32767 但又小于或等于 65536,则其实际得到的值为这个数减去 65536 的差。如:"int a = 32768;",则 a 中实际存储的值为 32768 减去 65536 的差,即 –32768;又如:"int b = 65530;",则 b 中实际存储的值为 65530 减去 65536 的差,即 –6。

如果对 int 类型的变量赋的值小于 –32768 但又大于或等于 –65536,则其实际得到的值为这个数加上 65536 的和。如:"int b = –65510;",则 b 中实际存储的值为 –65510 与 65536 的和,即 26。

以上关于 int 类型变量的赋值技巧,通俗点讲,即赋的值超过 32767 了,就减去 65536;小于 –32768 了,就加上 65536,其最终目的就是要把超出范围的数据重新拉回 –32768 ~ +32767范围内。如果赋的值大于 65536 了,就先求出该数除以 65536 的余数,如果余数小于或等于 32767,则这个余数就是实际存储的值;如果余数大于 32767,则将余数减去 65536,得到的差即实际存储的值。

对于 unsigned int 类型的变量,其允许的取值范围是 0 ~ 65535,如果赋的值大于 65535,则将该数值除以 65536,得到的余数即实际存储的值;如果赋的值是大于 –65536 的负整数,则将这个负整数加上 65536,得到的和即实际存储的值。如:"unsigned int b = –1;",则 b 中实际存储的值为 –1 与 65536 的和,即 65535。

不同类型的整型变量可以相互赋值,但实际存储的数值仍然由变量的取值范围来决定。如:

unsigned int b = 65535;
int a = b;

则 a 中实际存储的值为 65535 与 65536 的差,即 –1。

数据溢出时求变量实际存储的值,还可以利用二进制补码的原理进行。如对于上述程序段,unsigned int 类型变量 b 的值为 65535,其在内存中存储的形式为 1111 1111 1111 1111。将 b 赋给 int 型变量 a 时,由于 a 是带符号的整型变量,当符号位为 1 时,其表示的是负整数。因此 1111 1111 1111 1111 实际上是某个负整数的补码。要想知道这个负整数的数值大小,就必须求其原码。根据负整数的补码求其原码的方法是:先将补码减 1 得到反码,再将反码按位取反(符号位不变),即得到原码。上述程序段中,补码 1111 1111 1111 1111 减 1 得到反码 1111 1111 1111 1110,再将反码除符号位外每位都取反,得到原码 1000 0000 0000 0001。这个原码的符号位为 1,绝对值为 000 0000 0000 0001,即 1,所以这个补码所对应的

整数是 -1,因此 a 中实际存储的值是 -1。

(4) 对整型变量赋以小数时,只保留整数部分,小数部分被直接舍弃掉,不作四舍五入。如:

int a = 1.8;

则 a 中实际存储的值为 1。

(5) 赋值语句和赋值表达式的区别在于有没有分号,赋值表达式不带分号,赋值语句必须带分号。如:"j = i"为赋值表达式,"j = i;"则称为赋值语句。C 语言中任何合法的表达式加上分号就变成了语句,分号是 C 语句的组成部分。

2.3.5 整型数据输入

对于整型变量,除了在程序中通过赋值操作为其提供数据外,更常用的方法是通过键盘向变量输入数据,这样做的好处是每次运行程序时都可以输入不同的数据,因此可以得到不同的结果,从而大大提高程序的灵活性。

C 语言没有输入输出语句,所有数据的输入输出操作都是由函数完成。最常用的输入函数为 scanf()。scanf 函数的调用格式为:

scanf(格式控制串,地址表列);

格式控制串由格式字符(简称格式符)和普通字符组成。不同类型的数据对应的格式字符也不同,如:int 类型的格式符为%d,unsigned int 类型的格式符为%u,long int 类型的格式符为%ld。

变量地址的表示方法为:

&变量名

符号"&"称为取地址运算符,其作用是取得变量在内存中的地址。如图 2.11 所示,变量 a 所在内存单元的地址为 1000H,其存放的值为十进制数 28,变量 b 所在内存单元的地址为 1002H,其存放的值为十进制数 29。变量地址就好比一个房间的号码,变量的值好比房间内存放的物品。&a 表示变量 a 的地址,所以其值为 1000H,并不是 28。

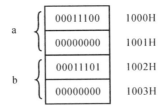

图 2.11 变量存储地址示意图

scanf 函数使用取地址符"&"的作用就是将从键盘输入的数据存放到对应地址的内存单元中。如:

int a;
unsigned b;

```
long int c;
```

其输入数据的格式分别为：

```
scanf("%d",&a);
scanf("%u",&b);
scanf("%ld",&c);
```

关于整型数据输入的注意事项如下：

（1）格式控制串中的普通字符要原样输入。如：

```
scanf("a=%d",&a);
```

在输入数据时"a="也要输入。若使 a 的值为 3，则要输入"a=3"。

又如：

```
scanf("%d,%u",&a,&b);
```

在输入数据时"，"也要原样输入。如果要使 a 的值为 2，b 的值为 3，则要输入"2,3"。

（2）如果用"%d%d%d"格式连续输入多个整数，则各个整数之间要用一个或多个空格、Tab 键或回车键间隔，但要注意不能用逗号、分号、冒号等字符作间隔。如：

```
int a,b,c;
scanf("%d%d%d",&a,&b,&c);
```

如果使 a 的值为 1，b 的值为 2，c 的值为 3，则可以用以下三种方法输入：

① 1　　2　　3（用一个或多个空格间隔）

② 1　　　　2　　　　3（用 Tab 键间隔）

③ 1（用回车键间隔）

　2

　3

（3）可以用"%md""%mld""%mu"（m 为正整数）格式来控制输入数据的宽度。如：

```
int a;
unsigned b;
long c;
scanf("%5d%5u%10ld",&a,&b,&c);
```

运行程序时输入：

```
12345655351234567890
```

则前 5 位将赋给 a，中间 5 位将赋给 b，最后 10 位将赋给 c。因此 a 的值为 12345，b 的值为 65535，c 的值为 1234567890。

注意：通过 scanf 函数对变量赋值同样会存在数据溢出现象，其处理方法与前述方法相同。

（4）取地址符"&"不能遗漏。初学者在使用 scanf 函数时最容易犯的错误就是漏写取地址符,如:将"scanf("%d",&a);"误写成"scanf("%d",a);"。问题在于,即使漏写了取地址符,在编译程序时也不会发现这个错误,因此有些同学还以为自己写的程序是对的,但是一运行就发现结果不正确了,查找原因又找不出来。因此,在刚开始学习 C 语言时就要强化记忆 scanf 函数的调用格式,并逐渐养成好的习惯,以减少错误。

(5) 如果在"%"符号后面有一个"*"符号,则表示跳过这个数据项,即输入的数据不会被赋给变量(这个很少用,稍作了解即可)。如:

```
int a,b;
scanf("%d%*d%d",&a,&b);
printf("a=%d,b=%d",a,b);
```

则运行结果为:

输入:1 2 3

输出:a=1,b=3

2.3.6　整型数据输出

整型数据通过 printf 函数向屏幕输出。printf 函数的调用格式如下:

```
printf(格式控制串,输出表列);
```

和 scanf 函数一样,printf 函数的格式控制串也是由格式符和普通字符组成。输出整型数据的格式符有:

(1) %d:用于输出有符号基本整型数据,即 int 类型数据,输出数据的范围为 $-32768 \sim 32767$。

(2) %u:用于输出无符号基本整型数据,即 unsigned int 类型数据,输出数据的范围为 $0 \sim 65535$。

(3) %ld:用于输出长整型数据,输出范围为 $-2^{31} \sim 2^{31}-1$。

(4) %o:将基本整型数据的二进制补码转换成八进制形式输出,输出的八进制数的范围为 $0 \sim 177777$(177777 对应的二进制补码为 1111 1111 1111 1111)。

(5) %lo:将长整型数据的二进制补码转换成八进制数输出。

(6) %x 和%X:将基本整型数据的二进制补码转换成十六进制数输出,输出的十六进制数的范围为 $0 \sim$ ffff(或 FFFF,其对应的二进制补码为 1111 1111 1111 1111)。

(7) %lx 和%lX:将长整型数据的二进制补码转换成十六进制数输出。

(8) %md 和%-md:用于输出基本整型数据,和%d 不同的是它可以规定输出数据的宽度,即在屏幕上占据的列数。m 是正整数,表示输出数据的宽度(负号也算一位)。如果输出数据的宽度不足 m 位,则用空格补齐,%md 表示在数据左边补空格,%-md 表示在数据右边补空格;如果输出的数据宽度超过 m 位,则按实际长度输出。如:

```
printf("%5d,%-5d,%3d",12,13,12345);
```

输出结果为:

□□□12,13□□□,12345(□表示空格)

（9）% mld 和% – mld：与% md 和% – md 类似，不同的是它用于输出长整型数据。

（10）% #d、% #o、% #x 和% #X：在"%"后面加上"#"，表示在输出数据的同时还要输出前导符。十进制数没有前导符，所以% #d 的和% d 的显示结果一样。% #o 可以输出八进制数前导符 0。% #x 或% #X 可以输出十六进制前导符 0x 或 0X。如：

printf("% #d,% #o,% #x,% #X",100,100,100,100);

输出结果为：

100,0144,0x64,0X64

关于整型数据的输出，需要注意以下几点：

（1）格式控制串中的普通字符要原样输出。如：

int a = 1,b = 2;
printf("a = % d,b = % d",a,b);

输出结果为：

a = 1,b = 2

（2）在为整数选择输出格式符时同样要防止数据溢出。对于% d 和% u，如果待输出的数据超出范围，则仍按 2.3.4 小节中数据溢出的处理规则来求得其实际输出的数值。如：

printf("% d,% u",65535,65536);

输出结果为：

– 1,0

因为% d 格式符输出数据的范围为 – 32768 ~ 32767,65535 大于 32767,所以输出的实际值为 65535 – 65536 = – 1。% u 格式符输出数据的范围为 0 ~ 65535,65536 大于 65535,所以实际输出的数值为 65536 – 65536 = 0。

对于% o、% x 和% X，如果输出的数据长度超出 2 个字节，则截取其低位的 2 个字节转换成八进制或十六进制数输出。如：

printf("% o",65538);

输出结果为：

2

这是因为 65538 的二进制补码为 1 0000 0000 0000 0010,超出 2 个字节，所以系统只输出其低位的 2 个字节 0000 0000 0000 0010,转换成八进制后为 2。

（3）八进制和十六进制格式不会输出负整数。如：

printf("% o,% x", – 1, – 1);

输出结果为：

177777,ffff

这是因为 − 1 的补码为 1111 1111 1111 1111,在转换成八进制和十六进制数时其符号位也一起转换,所以得到 177777 和 ffff。

2.3.7　整型数据的运算

整型数据常用的运算有加法、减法、乘法、除法、模、自增、自减、复合赋值运算等。

1. 加法、减法、乘法运算

C 语言的加法、减法、乘法的运算规则和数学中的加法、减法、乘法的运算规则一样,只是要特别注意乘法的运算符为" * ",且 C 语言中乘法运算符不能省略,如:数学表达式 y = 2x、c = a×b、z = x·y 分别应该写成 y = 2 * x、c = a * b、z = x * y。

2. 除法运算

C 语言的除法运算规则与数学中的除法运算规则极其不同,特别容易出错。C 语言的除法运算符为"/",其运算规则如下:

(1) 当被除数和除数都是整数时,商为整数,如果不能被整除,则结果只保留商的整数部分,小数部分直接被舍弃掉,不作四舍五入处理。

如:10/2 的商为 5,185/100 的商为 1,1/3 的商为 0。

(2) 当被除数和除数中有一个为实数时,则商为实数。

如:124.5/10 的商为 12.45,2/5.0 的商为 0.4,1.2/4.8 的商为 0.25。

3. 模运算

模运算即求余运算,运算结果为被除数除以除数的余数。模运算符为" % "。模运算要求被除数和除数都必须是整型数据,否则将报语法错误。

如:12%5 的值为 2,5%8 的值为 5, − 3%9 的值为 − 3, − 12%7 的值为 − 5,13% − 7 的值为 6, − 15% − 7 的值为 − 1,而 15%2.5 是错误的。

4. 自增、自减运算

自增、自减运算的功能是使变量的值增加或减少 1,其运算符为 ++ 、 − − 。如:对于整型变量 i,i ++ 和 ++i 相当于 i = i + 1,i − − 和 − − i 相当于 i = i − 1。

i ++ 、i − − 称为后缀形式,++i 、 − − i 称为前缀形式。i ++ 、i − − 表示先使用 i 的原值进行运算,之后 i 的值再加 1 或减 1。 ++i 、 − − i 表示先将 i 的值加 1 或减 1,再用 i 的新值参与运算。如:

int i = 1,j;

下面通过四个语句说明 i ++ 和 ++i 的区别:

(1) 执行"j = i ++ ;"之后,j 的值为 1,i 的值为 2。这个语句包含两个操作,一是将 i 的值赋给 j,二是将 i 的值加 1。由于是后缀形式的 ++ 运算,所以要先用 i 的原值对 j 做赋值操作,因此 j 的值为 1。之后,i 再加 1 变成 2。可以把这个语句看成由"j = i;"和"i = i + 1;"两个语句构成。

(2) 若执行"j = ++i;",则 j 的值变成 2,i 的值也变成 2。其执行过程是先将 i 的值加 1 变成 2 后,再将 i 的新值 2 赋给 j。相当于执行以下两个语句:"i = i + 1;"和"j = i;"。

（3）执行"printf("%d",i++);"，输出结果为1，即先输出i的原值，再将i的值加1变成2，但2并不输出，在后面的语句中i的值为2。

（4）执行"printf("%d",++i);"，输出结果为2，即先将i的值加1变成2后再输出。

自增、自减运算是C语言语法简洁的一个体现。但在使用的过程中，特别容易出错，常见的出错点如下：

（1）"int i=1; printf("%d,%d",i++,++i);"，运行结果为"2,2"。很多同学会误以为输出结果为"1,3"。在此，涉及一个非常重要的知识点，即C语言函数参数是按照从右往左的顺序求值的。本题要输出两个表达式的值，i++和++i，因为按照从右往左的顺序求值，所以先执行表达式++i，将i的值变成2并输出2。之后再执行i++，由于i++是后缀形式，所以先输出i的原值2，然后i再加1变成3，但3并不输出。所以输出结果为"2,2"。而"1,3"是按照从左往右求值得出的结果，所以是错误的。

（2）对于"int i=1,j;"：

① 若执行语句"printf("%d",(i++)+(i++));"，则输出结果为3。因为在执行第一个i++时，i用的是原值1，然后i加1变成2；在执行第二个i++时，i的原值为2，所以1+2=3。若问表达式(i++)+(i++)的值为多少？则也是3。这个语句可以分解为以下四个语句进行理解："j=i;""i++;""printf("%d",j+i);""i++;"。

但是若执行"j=(i++)+(i++);"，则j的值为2。对此，很多同学会误以为j的值为3。这就是一个易错点。要注意：本语句与上一个语句不同的是，它是一个赋值语句，其执行的过程是对于所有后缀形式的++、--运算符都用其原值计算，算完之后i再连续做自增或自减运算。在本题中，i的原值为1，前后两个表达式中i都用1做计算，1+1=2，所以j的值为2，之后i连续自增两次变成3。这个语句等价于以下三个语句："j=i+i;""i++;""i++;"。

所以，遇到连续多个++、--运算符时，要注意区分是赋值语句或赋值表达式，还是其他语句或表达式。

② 若执行语句"printf("%d",++i+(++i));"，则输出结果为5。因为在执行第一个++i时，i的值先加1变成2，在执行第二个++i时，i的值又加1变成3，2+3=5，所以输出5。这个语句等价于以下三个语句："j=++i;""++i;""printf("%d",j+i);"。

若执行赋值语句"j=(++i)+(++i);"，则j的值为6。因为在赋值语句中，对于所有前缀形式的++、--运算符都用其自增或自减过后的新值进行计算。在本题中，i的原值为1，连续自增两次后，i的值变成3，3+3=6，所以j的值为6。这个赋值语句等价于以下三个语句："++i;""++i;""j=i+i;"。

说明：自增、自减运算是C语言中的难点和易错点，以上只是列举了几种常见的语句，要想真正领悟其运算规则，需要多上机实践并多总结。

5. 复合赋值运算

复合赋值运算是将赋值运算与其他运算相结合的运算。算术运算和赋值运算相结合是最常用的复合赋值运算，其运算符由算术运算符和赋值运算符组合而成，如：+=，-=，/=，*=，%=。下面以"+="为例说明复合赋值运算符的用法。

通常，表示把变量a的值加上3的写法是"a=a+3;"，而用复合赋值运算符"+="可以

将其改写为"a += 3;",这两个语句功能完全一样,只是用了复合赋值运算符后,程序代码更加简洁。同理:

a = a − 3;	可以写成	a −= 3;
a = a * 3;	可以写成	a * = 3;
a = a/(b + 3);	可以写成	a/ = (b + 3);
a = a%(b * c + 3);	可以写成	a% = (b * c + 3);

其中,"a/ = (b + 3);"和"a% = (b * c + 3);"也可以写成"a/ = b + 3;"和"a% = b * c + 3;",因为复合赋值运算符的优先级别低于算术运算符,所以要先执行赋值运算符右边的算术表达式,然后才执行复合赋值运算。例如:

    int x = 2;
    x += x −= x * x;

执行步骤如下:先进行 x −= x * x 运算,由于 x 的初值为 2,所以等价于 x −= 2 * 2,即 x = x − 4 = 2 − 4 = −2;然后再进行 x += −2 的运算,它等价于 x = x + (−2) = (−2) + (−2) = −4。

除了整型数据以外,其他数据类型也可以进行复合赋值操作。

2.3.8 整型数据编程

【例 2.3】 输入两个整数,求这两个整数的和、差、积、商和模并输出计算结果。

问题分析

本题要求在运行程序时任意输入两个整数,再计算它们的和、差、积、商和模,最后将计算结果输出。需要用到输入函数 scanf 和算术运算,至少需要定义两个整型变量用来保存输入的两个数据,5 个计算结果可以用 5 个变量保存后再输出,也可以不保存,直接将计算结果输出。

程序代码

```
void main( )
{
    int a,b;
    printf("Please input two integer numbers:");
    scanf("%d,%d",&a,&b);
    printf("\n%d + %d = %d",a,b,a + b);
    printf("\n%d − %d = %d",a,b,a − b);
    printf("\n%d * %d = %d",a,b,a * b);
    printf("\n%d/%d = %d",a,b,a/b);
    printf("\n%d%%%d = %d",a,b,a%b);
}
```

代码分析

(1) "printf("Please input two integer numbers:");"在程序中仅起到一个提示作用,即运行程序时提醒输入两个整数。

(2) "printf("\n%d%%%d = %d",a,b,a%b);"中用"%%"输出求余符号"%"。这

是因为"%"作为格式符的一部分,有其特殊含义,如果要输出百分号,就要用"%%"表示。

运行结果(图2.12)

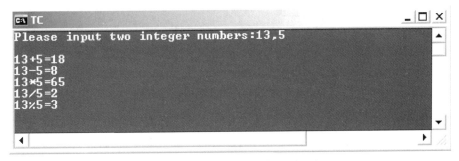

图2.12　两个整数算术运算的运行结果

【例2.4】　输入一个三位整数并输出其逆序数,如输入345,则输出543。

问题分析

求一个整数的逆序数,首先要将这个整数的百位、十位和个位的数字分离出来,然后再将个位数乘上100、十位数乘上10并将这两个乘积与百位数相加,即得到这个整数的逆序数。解题关键在于分离百位、十位和个位的数字。

分离百位数只要将三位整数除以100即可。因为根据除法运算规则,被除数和除数都是整数,商只截取整数部分,如345/100的结果为3,正好是百位数。

求个位数只要将数据除以10并取其余数即可,如345%10的结果为5,即个位数。

比较复杂的是取十位数,主要有三种方法:① 将数据对100求余,再将余数除以10,取商的整数部分;② 将数据除以10得到的商再对10求余,取其余数;③ 将数据减去百位数乘以100的积,得到的差再除以10,取商的整数部分。比较常用的是①、②两种方法。

程序代码

```
void main( )
{
    int number1,bai,shi,ge,number2;
    printf("Please input a number(100~999):");
    scanf("%d",&number1);
    bai = number1/100;
    shi = number1%100/10;
    ge = number1%10;
    number2 = ge * 100 + shi * 10 + bai;
    printf("The inverse number of %d is %d.",number1,number2);
}
```

代码分析

分离十位数除了用"shi = number1%100/10;"外,还可以用以下两个语句实现:"shi = number1/10%10;"或"shi = (number1 – bai * 100)/10;"。

运行结果(图 2.13)

图 2.13　输出逆序数正确的运行结果

上述程序在运行时不能输入个位数为 0 的三位数,否则就会出错,如输入 120,却输出 21,如图 2.14 所示。等到后面学了选择结构以后程序就可以对数据进行判断了,如果输入的数据的个位数为 0 时就可以提示出错信息。

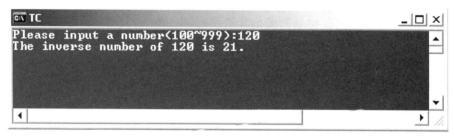

图 2.14　输出逆序数错误的运行结果

【例 2.5】　输入两个整数并交换这两个整数。

问题分析

交换两个变量的值是非常常用的一种操作。假设有 a、b 两个整型变量,a = 3,b = 5,现在要求交换这两个变量的值。

有的人首先想到的方法是采用"a = b;"和"b = a;"。但是这两个语句不但不能交换两个整数,反而是让两个变量的值变成一样的了。因为执行语句"a = b;"后,a 的值变成 5 了,再执行语句"b = a;",这时 b 的值变成了 a 的新值 5,所以最终结果是 a 和 b 的值都变成 5 了。这种做法错在没有注意到变量 a 和 b 的值是动态变化的,即执行"a = b;"这个语句之后,a 的原值就被新的值取代了,这时再执行"b = a;",则赋给 b 的是 a 的新值,而不是 a 的原值。

正确的做法通常有两种:一种是中间变量法,另一种是和差法。

方法一的思路就好比交换一瓶酱油和一瓶醋需要借助一个空瓶子一样,在交换两个变量时也可以借助一个新的变量作为中间变量。具体步骤如下:定义一个中间变量 t,先将 a 的值保存在 t 中,再将 b 的值赋给 a,最后将 t 中保存的 a 的原值赋给 b,即"t = a;a = b;b = t;"。如:a = 3,b = 5,执行"t = a;"后,t 的值为 3,再执行"a = b;",a 的值为 5,最后执行"b = t;",b 的值变成 3。这样就实现了 a、b 两个值的交换。

方法二的思路是:先将 a 与 b 的和赋给 a,再将这个和减去 b 的差赋给 b(实际上就是将 a 的原值赋给 b),最后将这个和减去 b 的差赋给 a 即"a = a + b; b = a − b; a = a − b;"。如:a = 3,b = 5,执行完语句"a = a + b;"后,a 的值为 8,再执行语句"b = a − b;",b 的值为 8 减 5

的差,即3,最后执行"a = a - b;",a的值变为8减3的差,即5。这样就成功地将a和b的值进行交换了。但是这种方法存在一个严重的缺陷,即两数的和可能会超出变量a的取值范围,从而出现数据溢出现象,导致计算结果不正确。

综上所述,交换两个整数最常用的方法是第一种,即借助一个中间变量来实现。

程序代码

```
void main( )
{
    int a,b,t;
    printf( "Input two numbers please:" ) ;
    scanf( "a = % d,b = % d" ,&a,&b) ;
    t = a;
    a = b;
    b = t;
    printf( "a = % d,b = % d" ,a,b) ;
}
```

代码分析

执行"scanf("a = % d,b = % d" ,&a,&b) ;"语句时,要注意数据的输入格式,即格式控制串中的普通字符"a = …,b = …"要原样输入。例如,要使a的值为3 ,b的值为4,则输入的正确格式为:a = 3,b = 4。如果输入的格式不对,则会造成变量赋值不正确,运算结果出错。因此要注意,不仅要把程序写正确了,运行程序时还要正确地输入数据,这样才能得到正确结果。

运行结果(图2.15)

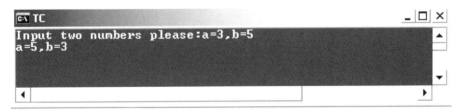

图2.15 交换两个整数程序的运行结果

【例2.6】 任意输入一个五位整数,将其转换成密码。加密算法为:将每位数字加上5后再除以10所得的余数作为新的数字,再将第2位数和第4位数进行交换,即千位数和十位数进行交换,最终得到的数据即密码。

问题分析

数据加密是一门历史悠久的技术,它通过加密算法和加密密钥将明文转变为密文。传统加密方法有两种:替换和置换。替换法是使用密钥将明文中的每一个字符转换为密文中的一个字符,而置换仅将明文的字符按不同的顺序重新排列。将这两种方法结合起来就能提供相当高的安全度。

本题生成密码的具体步骤如下:

(1)将五位整数中的每一位数字分离出来。

（2）将每个数字加上 5 得到的和除以 10 取其余数。

（3）将得到的 5 个新的数字重新组合（千位数和十位数交换）成一个五位数（即密码）输出。

对五位数进行数字位分离的方法与三位数类似，主要方法有两种：

方法一：① 将原数除以 10000，得到的商即该整数的万位数；② 将原数除以 10000 的余数除以 1000，得到的商即千位数；③ 将原数除以 1000 的余数除以 100，得到的商即百位数；④ 将原数除以 100 的余数除以 10，得到的商即十位数；⑤ 将原数除以 10 得到的余数即个位数。

方法二：① 将原数除以 10，得到的余数即个位数；② 将原数除以 10 得到的商再除以 10，得到的余数即十位数；③ 将原数除以 100 得到的商再除以 10，得到的余数即百位数；④ 将原数除以 1000 得到的商再除以 10，得到的余数即千位数；⑤ 将原数除以 10000 得到的商即万位数。

将上述方法分离出的 5 个数字分别加上 5 再除以 10，得到的 5 个余数即新生成的 5 位数字。

将新生成的万位数乘上 10000，十位数乘上 1000，百位数乘上 100，千位数乘上 10，再将这 4 个乘积的和加上个位数，得到新的五位数即要求的密码。

本题容易犯的错误在于用 int 类型的变量来存储五位整数，忽视了五位整数的值有可能大于 32767。为了防止数据溢出造成结果不正确，本题应采用 long int 类型来表示五位整数。

通过分析可知，本题要用到的数据有：① 原始的五位整数，即明文；② 分离出的 5 个数字，分别是万位、千位、百位、十位和个位数；③ 新生成的五位数，即密文。因此需要定义 7 个整型变量。

程序代码

```
void main( )
{
    long original,passward,wan,qian,bai,shi,ge;
    printf("Please input original number:");
    scanf("%ld",&original);
    ge = original%10;
    shi = original/10%10;
    bai = original/100%10;
    qian = original/1000%10;
    wan = original/10000;
    ge = (ge +5)%10;
    shi = (shi +5)%10;
    bai = (bai +5)%10;
    qian = (qian +5)%10;
    wan = (wan +5)%10;
    passward = wan * 10000 + shi * 1000 + bai * 100 + qian * 10 + ge;
    printf("\nThe passward is %ld\n",passward);
}
```

代码分析

程序中定义了 7 个 long 型变量，original 表示原始的五位整数，passward 表示密码。可是各个数位上的数字只可能是 0 ~ 9 之间的数据，为什么也要定义成 long 型呢？这就涉及 C 语言中不同数据类型之间的混合运算规则了。

假如将各个数位上的数字用 int 型变量表示，则在执行"passward = wan ∗ 10000 + shi ∗ 1000 + bai ∗ 100 + qian ∗ 10 + ge；"这个赋值语句时，因为 wan、shi、bai、qian、ge 都是 int 型，所以等号右边的算术表达式的计算结果为 int 型，而对于 int 型的数据，当计算结果大于 32767 时就会发生数据溢出，造成运算结果不正确。所以为了避免出错，本程序将 7 个变量都定义成 long 型。

如果既想将各个数位上的数字定义成 int 型，又想得到正确结果，该怎么办呢？可以将"passward = wan ∗ 10000 + shi ∗ 1000 + bai ∗ 100 + qian ∗ 10 + ge；"改成"passward = (long)wan ∗ 10000 + (long)shi ∗ 1000 + (long)bai ∗ 100 + (long)qian ∗ 10 + (long)ge；"，其中"(long)"是强制类型转换符，"(long)ge"表示将变量 ge 中存放的数据从 int 型强制转换成 long 型。在计算"(long)wan ∗ 10000"时，(long)wan 是 long 型，10000 是 int 型，C 语言规定，int 型数据和 long 型数据做计算时，int 型数据会自动转换成 long 型后进行计算，所以计算结果为 long 型。其他各个数位的处理方法类似，这样整个表达式的计算结果为 long 型，就不会发生数据溢出了。

运行结果

为了验证程序是否正确，本题用两个数据进行测试，一个是不超过 32767 的整数，另一个是大于 32767 的整数，从图 2.16 与图 2.17 可以看出运行结果是正确的。

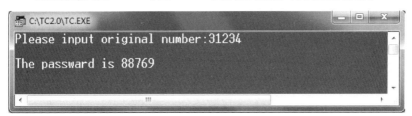

图 2.16　不超过 32767 的整数的加密结果

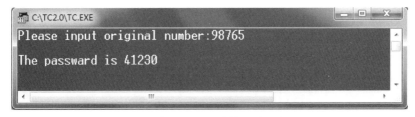

图 2.17　超过 32767 的整数的加密结果

2.4　实型数据

实型数据也称为实数或浮点数，它分为实型常量和实型变量两种。

2.4.1 实型常量

在 C 语言中实型常量有两种表示形式:十进制小数形式和指数形式。

十进制小数形式:由数码 0 ~ 9 和小数点组成,注意必须有小数点,如 0.0、25.0、1.23、100.、− 123.45、.23 等均为合法的实数。

指数形式:由十进制数、阶码标识符 e 或 E 和阶码组成,一般格式为 aEn 或 aen,表示 $a \times 10^n$。a 为十进制小数,n 为十进制整数,二者都不可省略,如 2.1E5、3.7E − 2、0.5e7、− 2.8e − 5 均为合法的指数形式,E7(阶码 E 前无数字)、− 5e(无阶码)、53. − E3(负号位置不对)均为不合法的指数形式。一个实数有多种指数表示形式,其中有一种称为规范化指数形式,即在 e 或 E 之前的小数部分小数点左边有且只有一位非零的数字,如 1.252e3、2.3478E5 是规范化指数形式,而 0.123e2(小数点左边不是非零整数)、13.5e4(小数点左边非零的数字超过 1 个)都不是规范化的指数形式。

2.4.2 实型变量

实型变量分为单精度实型、双精度实型和长双精度实型三类。

单精度实型变量的类型说明符为 float,其在内存中占用 4 个字节(32 位)的存储空间,有效数字位为 6 ~ 7 位,数值范围为 $− 3.4 \times 10^{−38} ~ 3.4 \times 10^{38}$。

双精度实型变量的类型说明符为 double,其在内存中占 8 个字节(64 位)的存储空间,有效数字位为 15 ~ 16 位,数值范围在 $− 1.7 \times 10^{−308} ~ 1.7 \times 10^{308}$。

长双精度实型变量的类型说明符为 long double,其在内存中占 16 个字节(128 位)的存储空间,有效数字位为 18 ~ 19 位,数据范围为 $− 1.2 \times 10^{−4932} ~ 1.2 \times 10^{4932}$。long double 类型极其少用,所以后面不作详细介绍。

实型数据是按照指数形式进行存储的,将尾数和指数分开存放。如 123.4567 在内存中的存放形式如下:

+	.1234567	3
数符	尾数部分	指数

下面列举了实型变量的定义:

float f1;
double f2;
long double f3;

为了保证计算结果的精度,C 语言对实型常量默认采用双精度(64 位)进行运算。如:

float f1;
f1 = 1.23456 ∗ 5.67891;

系统先将 1.23456 和 5.67891 按照双精度类型进行计算,得到的乘积再转换成单精度类型赋给变量 f1。

有时为了提高计算速度,会希望将实型常量按单精度实型进行运算,那就需要在实型常量后面加上 f 或 F,如对于"f1 = 1.23456f ∗ 5.67891f;",则 1.23456 和 5.67891 就按照单精度类型进行计算,计算结果的精确度就会降低一些。

2.4.3　实型变量赋值

对实型变量可以用十进制小数形式或指数形式的实型常量对其赋值。如:

float f1 = 1.23456;
double f2 = 1.23e5;

对实型变量也可以用整数给其赋值,它会自动在整数后面加上.0,如:

float f3 = 3;

则 f3 中实际存储的值为 3.0。

对实型变量进行赋值操作时可能会出现舍入误差。这是因为实型变量的存储空间有限,所能提供的有效数字位数也有限,在有效位以外的数字会被舍去,所以可能会产生一些误差。如:

float a = 123456789.0;
printf("%f",a);

运行结果如图 2.18 所示。

图 2.18　实型变量赋值舍入误差示例

如果不出现误差,这个程序的输出结果应该是 123456789.000000,然而其真正的输出结果却只有前 7 位是正确的,后面几位数字是错误的。这是因为 float 型变量的有效数字为 7位,超过 7 位就可能出现误差。双精度类型的有效位数可以达到 16 位。

2.4.4　实型数据输入

用 scanf 函数可以为实型变量输入数据。为 float 类型变量输入数据的格式符为:%f、%e、%E、%g、%G。为 double 类型变量输入数据的格式符为:%lf、%le、%lE,%lg、%lG。

1. %f 和 %lf 格式符

这是最常用的实型数据输入格式符。如:

float f1;
double f2;

可以用以下两个语句为其输入数据:

scanf("%f",&f1);
scanf("%lf",&f2);

输入实数的形式可以是小数形式,也可以是指数形式。如果要使 f1 的值为 123.456,则输入数据的形式可以为 123.456 这样的小数形式或 1.23456e2、12.3456e1 等指数形式。

%e、%E、%g、%G、%le、%lE、%lg、%lG 的用法同上,但不常用。

2. 指定输入实数的宽度

上述几种格式符都可以在"%"后面加一个正整数 m 来指定输入数据的宽度,小数点也算一位,例如%mf、%mlf、%me 等。如:

```
float f3;
scanf("%7f",&f3);
```

若输入 123.4567,则截取前 7 位 123.456 赋给 f3(小数点也算一位),所以 f3 中实际存储的值为 123.456。

实型数据输入要注意以下事项:

(1)%f 格式符用于输入 float 类型的数据,对于 double 类型的变量不能用%f 格式符输入数据,否则会得到错误的结果。如:

```
double k;
scanf("%f",&k);
```

输入 123.234 后将 k 输出,得到的结果如图 2.19 所示。

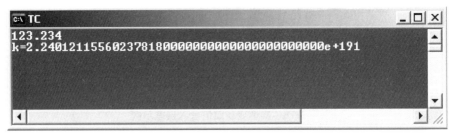

图 2.19　对 double 型变量用%f 格式符输入数据后的出错情况

(2)%lf 格式符用于对 double 类型的变量输入数据,对于 float 类型的变量不能用%lf 格式符输入数据,否则也会得到错误的结果。如:

```
float g;
scanf("%lf",&g);
```

输入 123.234 后将 g 输出,得到的结果如图 2.20 所示。

图 2.20　对 float 型变量用%lf 格式符输入数据后的出错情况

(3)对实型变量输入数据时如果误用了%d 格式符,则不能得到正确的数据。如:

float n;
scanf("%d",&n);

输入 123.456 后将 n 输出,得到的结果如图 2.21 所示。

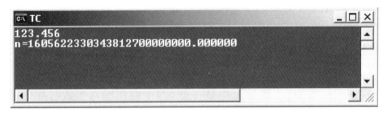

图 2.21　对 float 型变量用 %d 格式符输入数据后的出错情况

同样,对于整型变量也不能用 %f 格式符输入数据。

总而言之,要选择和变量类型一致的格式符进行数据输入,如整型变量用 %d,float 型变量用 %f,double 型变量用 %lf,不要混用,否则将不能得到正确的数据。

2.4.5　实型数据输出

实型数据用 printf 函数输出,常用的格式符如下:

1. %f

以小数形式输出实数,小数位数默认为 6 位,若小数位数超过 6 位则进行四舍五入。float 和 double 类型的实数都可以用 %f 格式符输出。double 类型的数据也可以用 %lf 格式符输出,其输出结果和用 %f 格式符一样。如:

float f1 = 1.4561238;
printf("%f",f1);

输出:1.456124。

2. %m.nf

以小数形式输出实数,指定输出的数据含小数点在内一共占 m 位,其中小数部分占 n 位。如果数据长度小于 m,则在数据左边补空格;反之,则按实际长度输出。如:

printf("%8.3f", 1.4561238);

输出:□□□1.456。

3. %-m.nf

与 %m.nf 类似,只是当数据长度小于 m 时,要在数据右边补空格。如:

printf("%-8.3f", 1.4561238);

输出:1.456□□□。

4. %e 或 %E

表示以指数形式输出实数。如:

printf("%e", 1456.1238);

输出:1.45612e +03。

%E 与%e 相同,只是指数标志为 E。%e 也可以用%m.ne、%−m.ne 来指定输出数据的宽度和精度。

5.%g 或%G

以使用%f 或%e 格式符的格式中输出数据的宽度比较短的那种格式输出数据。这种格式符用得很少,仅作一般性了解即可。

对于实型数据输出格式符要重点掌握%f、%m.nf、%−m.nf。

使用%m.nf、%−m.nf 格式符时要注意:只能在 printf 函数中指定输出实数的小数位数,在使用 scanf 函数输入实数时,不能指定小数位数,即不能在输入实数时规定其精度。

例如:

float f2;
scanf("%7.2f",&f2);

虽然程序编译时不报错,但是一运行程序,屏幕就显示如图 2.22 所示的错误数据。

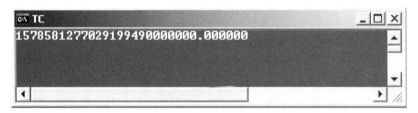

图 2.22　用%m.nf 格式符输入实型数据的出错情况

2.4.6　实型数据编程

【例 2.7】　已知一个三角形的三条边长分别为 a,b,c,利用海伦公式:$p = (a + b + c)/2$, $s = \sqrt{p(p-a)(p-b)(p-c)}$ 求三角形面积。

问题分析

利用海伦公式求三角形面积,首先要求出半周长 p,然后再求 p(p−a)(p−b)(p−c)的平方根。

解题步骤如下:

(1)定义 5 个变量,分别用于表示三角形的三个边长、半周长和面积。

(2)输入三个边长的值。

(3)计算半周长 p。

(4)求 p(p−a)(p−b)(p−c)的平方根。

(5)输出三角形面积。

三角形的三个边长不一定都是整数,有可能是小数,半周长也不一定是整数,p(p−a)(p−b)(p−c)的平方根就更不一定是整数了,所以本题中的数据应该用实型来表示。

求平方根函数为 sqrt( ),使用格式为:sqrt(表达式),表达式可以为变量或常量表达式,函数返回结果为大于或等于 0 的实数,如 sqrt(100)的返回值为 10.0。

程序代码

```
#include < math. h >
void main( )
{
    float a,b,c,p,s;
    printf(" \nPlease input three numbers:\n");
    scanf("%f,%f,%f",&a,&b,&c);
    p = (a + b + c)/2;
    s = sqrt(p * (p - a) * (p - b) * (p - c));
    printf("s = %.2f",s);
}
```

代码分析

本程序中用到了数学函数 sqrt( )求平方根,所以必须在 main 函数之前加"#include < math. h >"。"math. h"中包含了许多数学函数的定义,常用的还有求整数绝对值函数 abs( ),求实数绝对值函数 fabs( ),求幂函数 pow( )。如,abs(n)表示求整数 n 的绝对值,fabs (m)表示求实数 m 的绝对值,pow(x,y)表示 x^y。

运行结果(图 2.23)

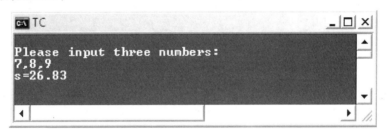

图 2.23　求三角形面积程序的运行结果

【例 2.8】　输入一个圆的半径,求其面积和周长,计算结果保留 2 位小数。

问题分析

在计算圆面积和周长时必须用到 π,通常为了计算方便,取 π 的值为 3.14,但有时为了计算更准确,也会让 π 取更多位小数,如 3.1415926 等。因此,如果在编程时,直接写 s = 3.14 * r * r 或 s = 3.1415926 * r * r,那么当要求改变 π 的精度时,就要将包含 π 的算式一一进行修改,很不方便。为此,可以考虑定义一个符号常量,让它的值为 π 的值,这样当要修改 π 的精度时,只要修改该符号常量所对应的值就可以将整个程序中所有的 π 的精度都改过来,做到一改全改,非常方便。

本题需要定义 3 个实型变量,分别表示圆的半径、面积和周长。

程序代码

```
#include < math. h >
#define PI 3. 14159
void main( )
{
```

```
    float r,s,l;
    printf("input r:\n");
    scanf("r=%f",&r);
    s = PI * r * r;
    l = 2 * PI * r;
    printf("r=%f,s=%.2f,l=%.2f",r,s,l);
}
```

代码分析

① "#define PI 3.14159"表示定义一个符号常量 PI,用于表示 3.14159。在正式编译程序之前,即预编译阶段,系统会将"s = PI * r * r;""l = 2 * PI * r;"这两个语句中的 PI 替换成 3.14159,然后才开始正式编译,检查无语法错误后就可以运行程序。

② "s = PI * r * r;"也可以写成"s = PI * pow(r,2);"。

③ "%.2f"表示结果保留 2 位小数并按实际长度输出。

运行结果(图 2.24)

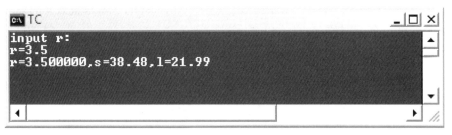

图2.24 求圆的面积和周长程序的运行结果

运行程序时要注意圆半径的输入格式为"r=%f",普通字符"r="要原样输入,如果只输入数值,则会出错。

程序运行成功后,还可以尝试着改变符号常量 PI 的值,并观察运算结果的变化情况,从而体验一下符号常量一改全改的优点。

【例 2.9】 编写一个程序,将华氏温度转换为摄氏温度,转换公式为:摄氏温度 = 5/9 × (华氏温度 −32)。

问题分析

这个问题本身并不难,但还是有不少同学在表达公式时出错。如下这个程序即典型的错误程序:

```
void main()
{
    float c,f;
    printf("input f:\n");
    scanf("f=%f",&f);
    c = 5/9 * (f - 32);
    printf("f=%f,c=%.2f",f,c);
}
```

上述程序的运行结果如图 2.25 所示,输入 92 华氏度,转换结果竟然为 0 摄氏度,很明显是错误的。

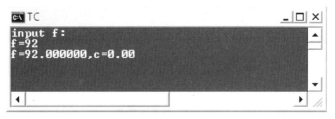

图 2.25　错误华氏温度转换成摄氏温度程序的运行结果

上述代码错在哪里呢？错在忽视了 C 语言除法运算的特点:当除号两边都是整数时,运算结果为整数。因此 5/9 的计算结果为 0,0×(f－32)还是 0,所以最终得到 c 的值也是 0。

要想得到正确结果,只需将 c＝5/9＊(f－32)改为 c＝5.0/9＊(f－32)或 c＝5/9.0＊(f－32)即可,也就是要让除号两边至少有一个为实数。还可以写成 c＝(f－32)＊5/9,因为 f 是 float 类型,f－32 是实数,所以(f－32)＊5 是实数,因此(f－32)＊5/9 也是实数。

程序代码

```
void main( )
{
    float c,f;
    printf( "input f:\n" ) ;
    scanf( "f = % f" ,&f) ;
    c = 5.0/9 * ( f - 32) ;
    printf( "f = % f,c = % . 2f" ,f,c) ;
}
```

运行结果(图 2.26)

图 2.26　正确华氏温度转换成摄氏温度程序的运行结果

2.5　字符型数据

字符型数据主要指 ASCII 码(美国标准信息交换码)字符。标准的 ASCII 码表有 128 个字符(详见附录二),其中有 95 个为可显示字符,包括阿拉伯数字、大小写英文字母和标点符号等,这些字符可以从键盘上直接输入;其余 33 个字符为控制字符,不能在屏幕上显示,如删除键、换行键、空字符等。扩展的 ASCII 码字符集有 256 个字符。

字符型数据分为字符常量和字符变量。

2.5.1　字符常量

字符常量分为普通字符和转义字符两种。普通字符常量是由一对单引号括起来的单个字符,如'a','3','A',' '等都是普通字符常量。

转义字符由一对单引号、反斜杠,再加上被转义的字符构成,其所代表的含义不是反斜杠后面的字符本身所表示的含义,而是其他特殊含义,如'\n'代表的含义并不是字符 'n',而是表示换行操作。C 语言中还用到很多转义字符,如表 2.2 所示。

表 2.2　转义字符表

转义字符	意义
\a	响铃
\b	退格,将光标移到前一列
\f	换页,将光标移到下页开头
\n	换行,将光标移到下一行开头
\r	回车,将光标移到本行开头
\t	将光标移到下一个制表位
\v	垂直制表(VT)
\\	代表一个反斜杠字符
\'	代表一个单引号(撇号)字符
\"	代表一个双引号字符
\0	空字符(NULL)
\ddd	1 到 3 位八进制数所代表的 ASCII 码字符
\xhh	1 到 2 位十六进制数所代表的 ASCII 码字符

注意:

(1) 斜杠"/"与反斜杠"\"不可混淆,转义字符中用的是反斜杠"\"。

(2) '\t'表示跳到下一个制表位。每个制表位包含 8 列,第一个制表位是 1~8 列,第二个制表位是 9~16 列,第三个制表位为 17~24 列,以此类推。从第一个制表位跳到第二个制表位,即表示跳到第 9 列的位置。例如,"printf("abc\tdef") ;"表示输出"abc"三个字符之后,光标跳到第 9 列,从第 9 列起再输出"def",输出结果为"abc□□□□□def"('c'和'd'中间空了 5 个空格)。

(3) '\ddd'表示 1 到 3 位八进制数所代表的 ASCII 码值所对应的字符,由于是八进制数,因此 d 的取值范围为 0~7。如,'\123'表示的十进制 ASCII 码值为 $1 \times 8^2 + 2 \times 8^1 + 3 \times 8^0$ =83,所以其表示的字符是十进制 ASCII 码值为 83 的大写字母'S'。同理,'\7'代表的是 ASCII 码值为 7 的字符,'\67'代表的是 ASCII 码值为 $6 \times 8^1 + 7 \times 8^0 = 55$ 的阿拉伯数字字符 '7'。'\018'、'\79'等都是非法的转义字符,因为 d 的取值大于 7,不符合八进制数的要求。

(4) '\xhh'表示 1 到 2 位十六进制数所代表的 ASCII 码值所对应的字符。其中,x 是十六进制的标志;h 代表一个十六进制数字,h 的取值范围是 0~9、a~f(或 A~F),a 相当于十进制数 10,b 相当于 11,以此类推,f 相当于 15。例如,'\xa2'表示的是 ASCII 码值为 10×16^1

$+2 \times 16^0 = 162$ 的字符。

$'\backslash 0'$ 表示的是 ASCII 码值为 0 的字符,它是一个空字符,不代表任何含义,在屏幕上也无法输出。而 $'0'$ 完全不同, $'0'$ 是一个普通的阿拉伯数字字符,它的 ASCII 码值为 48,可以在屏幕上输出一个"0"字符。

2.5.2 字符串常量

字符串常量是指用一对双引号括起来的多个字符序列,如"LiMing"、"Hello"。

字符串常量在机器内存储时,系统会自动在其末尾加一个字符串结束标志符 $'\backslash 0'$,即空字符。字符串结束标志符在内存中占一个字节,但不记入字符串长度,输出时也不会输出 $'\backslash 0'$。字符串的长度是指该字符串中第一个空字符之前所有字符的个数,又称作有效字符个数,不包括双引号。

如字符串常量"Hello World"在内存中占 12 个字节的存储空间,但其实际长度为 11,即空字符前面有 11 个非空字符,如下所示。

H	e	l	l	o		W	o	r	l	d	\0

字符串常量和字符常量的区别如下:

(1)字符常量由单引号括起来,字符串常量由双引号括起来。例如, $'a'$ 是字符常量,而 "a" 是字符串常量。

(2)字符常量只能包含一个字符,而字符串常量可以包含多个字符。

(3)字符常量只占一个字节的内存空间,而字符串常量占用的字节数等于其长度再加上 1,因为字符串结束标志空字符($'\backslash 0'$)也要占用一个字节的存储空间。例如,字符常量 $'a'$ 和字符串常量"a"在内存中的存储情况是不同的, $'a'$ 占一个字节,"a" 占两个字节。

求字符串长度要注意以下事项:

(1)字符串长度是指该字符串中第一个空字符之前所有字符的个数。因为空字符是字符串结束标志符,所以在遇到第一个空字符时,字符串实际上已经结束了,后面的字符并不属于字符串本身,所以不记入长度。

如:字符串" abcd\0edfgdg"的长度为 4,因为第一个空字符 $'\backslash 0'$ 前面只有 4 个字符。

用 strlen 函数可以求字符串长度。图 2.27 与 2.28 证实了字符串" abcd\0edfgdg"的长度为 4。

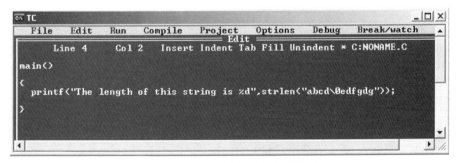

图 2.27 求字符串长度的程序代码

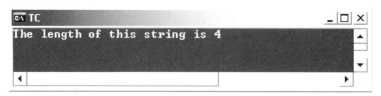

图 2.28　求字符串长度程序的运行结果

（2）当字符串常量中包含转义字符'\ddd'时,求字符串的长度时要特别注意"d"必须是介于 0 ~ 7 之间的数字,因为'\ddd'表示的是由 1 到 3 个 0 ~ 7 之间的数字所构成的八进制数。

如:字符串" abcdef\1ghijkl"、" abcdef\12ghijkl"、" abcdef\127ghijkl"的长度均为 13,其中,'\1'、'\12'、'\127'都算 1 个字符。但是字符串" abcdef\18ghijkl"的长度为 14,因为 8 > 7,所以 18 不能构成一个八进制数,于是只能将'\1'和'8'当作两个字符看待。

字符串常量的输出方法有以下 5 种:

（1）printf(字符串常量);

如:

printf(" hello world! ");

（2）puts(字符串常量);

如:

puts(" hello world! ");

（3）printf(" % s", 字符串常量);

% s 是输出字符串的格式符,如:

printf(" % s "," hello world! ");

（4）printf(" % m. ns",字符串常量);

% m. ns 格式符表示截取字符串左边 n 个字符,并按照 m 列的宽度显示出来。如果 n < m,则在字符串左边补空格,反之则按实际长度输出。如:

printf(" %10.5s"," hello world! ");

输出:

□□□□□hello

printf(" %3.5s"," hello world! ");

输出:

hello

（5）printf(" % - m. ns",字符串常量);

% - m. ns 格式符的功能与% m. ns 格式符类似,不同的是当 n < m 时,在字符串右边补空格。如:

printf(" % – 10.5s" ,"hello world! ") ;

输出:

hello□□□□□

2.5.3　字符变量定义

字符变量在内存中占一个字节的存储空间,其中存放的是字符所对应的 ASCII 码,是一个整数。

字符变量分为有符号的和无符号的两种。

有符号的字符变量的定义格式为:

［signed］　char　变量名;

其中,signed 可以省略。如:

char　a;
char　b,c;

无符号的字符变量的定义格式为:

unsigned　char　变量名;

如:

unsigned　char　d;

2.5.4　字符变量赋值

字符变量可以用普通字符、转义字符或 ASCII 码值(即整数)给其赋值。如:

char c1 ;

对于 c1 可以有以下几种赋值形式:

c1 = 'a' ;
c1 = '\123' ;
c1 = 56 ;

由于字符变量在内存中实际存储的是字符的 ASCII 码,所以字符变量和整型变量是可以通用的。对于字符变量,可以用整型常量或变量给其赋值,也可以用整数形式将其输出;反之,对于整型变量,可以用字符常量或变量给其赋值,也可以用字符形式将其输出。

有符号的字符变量能表示的整数范围为 – 128 ~ 127,无符号的字符变量的表示范围为 0 ~ 255。如果对字符变量赋值时超出上述范围,则其处理方法与 2.3.4 节中介绍的整型数据溢出时的处理方法类似,但是要将 65536 改为 256。即如果将大于 127 或小于 – 128 的整数赋给 char 型变量,则将其值除以 256,求得的余数如果介于 – 128 ~ 127,则其实际存储的值就是这个余数;如果余数大于 127,则将余数减去 256,得到的差即实际存储的值;如果余数小于 – 128,则将余数加上 256,得到的和即实际值。如:

```
char a = 129;
```

由于 129 大于 127,超出 a 的取值范围,所以 a 中实际存储的整数值为 129 - 256 = - 127。

　　如果用二进制代码进行推算,得到的结果也是一样的。首先将 129 转换成八位二进制代码 1000 0001,因为符号位为 1,所以这个代码其实是某个负整数的补码,为了求出其所对应的负整数的大小,就要推算其所对应的原码。所以按照补码计算规则,将补码减 1 得到其反码 1000 0000,再将反码按位取反(符号位不变)得到其原码 1111 1111。这个原码符号位为 1,绝对值为 111 1111,即 127,所以其所对应的负整数为 - 127。因此 a 中实际存储的数值是 - 127。

2.5.5　字符型数据输入

　　为字符变量输入数据主要有两种方式:使用 scanf 函数和使用 getchar 函数。

　　1. scanf 函数

　　使用 scanf 函数输入字符数据的格式符为% c。如:

```
char a;
scanf(" % c" ,&a);
```

　　2. getchar 函数

　　getchar 函数的功能是从键盘或其他输入设备输入一个字符。其使用格式非常简单,直接写"getchar( )"即可。getchar( )是一个无参数的函数,括号里面必须是空的。如:

```
char c;
c = getchar( );
```

　　字符型数据输入要注意以下事项:

　　(1)用 scanf 函数或 getchar 函数输入字符时要注意空格、回车和 Tab 键都会被当作有效字符予以接收。如:

```
char a,b,c;
scanf(" % c% c% c" ,&a, &b, &c);
```

如果输入的数据是"A□B□C"(□表示空格),则变量 a 中存放的是′A ′,而变量 b 中存放的字符则是空格,变量 c 中存放的是′B ′。如果要使三个变量的值分别为′A ′,′B ′,′C ′,则输入的数据格式应该为"ABC"。

　　(2) scanf 函数也可以按指定宽度来接收字符。如:

```
char a,b;
scanf(" %3c%3c" ,&a, &b);
```

此时,如果从键盘输入"abcdef",则变量 a 中存放的字符是′a′,变量 b 中存放的字符则是′d′。

2.5.6　字符型数据输出

　　字符型数据的输出也有两种方式:使用 printf 函数和使用 putchar 函数。

　　1. printf 函数

　　使用 printf 函数输出字符数据的格式符为% c,一个% c 格式符只能输出一个字符。如:

```
char a;
a = 'b';
printf("a = %c",a);
```

输出结果为:a = b。

又如:

```
printf("%c", 'A');              /*表示向屏幕输出大写字母'A'*/
printf("%c", 97);              /*表示向屏幕输出 ASCII 码为 97 的字符'a'*/
```

字符型数据也可以用整数形式输出。如:

```
printf("%d", 'A');              /*表示向屏幕输出大写字母'A'的 ASCII 码值 65*/
```

2. putchar 函数

putchar 函数的功能是向屏幕或其他输出设备输出一个字符。其使用格式为:

putchar(变量名、常量或表达式);

putchar 函数括号内的参数最常见的是字符型数据和整型数据,但实际上实型数据也可以作为 putchar 函数的参数。如:

```
char c = 'E';
putchar(c);          /*表示输出变量 c 中存放的字符'E'*/
putchar('a');        /*表示输出小写字母'a'*/
putchar(65);         /*表示输出 ASCII 码值为 65 的字符'A'*/
putchar(97);         /*表示输出 ASCII 码值为 97 的字符'a'*/
putchar(100.5);      /*表示将实数 100.5 转换成整型数据 100 后再输出 ASCII 码值为
                        100 的字符'd'*/
```

getchar 和 putchar 函数在使用时要注意以下事项:

(1) 在使用 getchar 和 putchar 输入和输出函数时,要在 main 函数之前加一句"#include < stdio.h >",否则编译程序时将出现"undefined symbol _getchar"、"undefined symbol _putchar"这样的错误信息。"stdio.h"是标准的输入输出头文件,"stdio"是"standard input output"的缩写,"h"是"head"的缩写。C 语言中用到的输入和输出函数的定义都包含在这个头文件中,包括 scanf 和 printf 函数在内。但是由于 scanf 和 printf 这两个函数的使用频率非常高,所以系统规定如果程序中只用到 scanf 和 printf 这两个函数,则可以不加"#include < stdio.h >",但是如果用到 getchar、putchar、gets、puts 等不常用的输入输出函数,则必须加"#include < stdio.h >"。

(2) getchar 和 putchar 函数虽然语法比较简洁,使用起来比较方便,但是它们只能用于输入和输出一个字符,与 scanf 和 printf 函数相比,它们的功能要单一得多,因为 scanf 和 printf 函数不但能一次输入和输出多个数据,而且还可以对输入和输出的格式进行控制。

2.5.7　字符型数据编程

【例 2.10】　任意输入一个大写的英文字母,将其转换成小写字母并输出。

问题分析

一对大小写字母的 ASCII 码值相差 32,小写字母比大写字母大 32。因此,要将大写字母转换成小写字母,只要将其 ASCII 码值加上 32 即可;反之,要将小写字母转换成大写字母,只要将其 ASCII 码值减去 32 即可。

本题解题步骤如下:

(1)定义一个字符变量。

(2)从键盘输入一个大写字母并将其赋给字符变量。

(3)将字符变量中存放的 ASCII 码值加上 32,使其变成小写字母。

(4)通过输出函数将小写字母输出。

程序代码

```
#include < stdio. h >
void main( )
{
    char c;
    c = getchar( );
    c += 32;
    putchar( c);
}
```

代码分析

(1)"c = getchar( );"表示从键盘输入一个字符赋给变量 c。这个语句也可以用 scanf 函数改写为"scanf(" % c" ,&c);"。

(2)"c += 32;"相当于"c = c + 32;",它表示将 c 的 ASCII 码值加上 32 以转换成小写字母。

(3)"putchar(c);"表示将 c 中存放的小写字母输出。这个语句也可以改写为"printf (" % c" ,c);"。

(4)该程序的函数体可以简化成一条语句,直接将 getchar 函数输入的字符的 ASCII 码值加上 32 后,再将其所对应的字符输出,如下所示:

```
#include < stdio. h >
void main( )
{
    putchar( getchar( ) + 32);
}
```

(5)实际上系统提供了将大写字母转换成小写字母的函数 tolower( )以及将小写字母转换成大写字母的函数 toupper( ),在使用这两个函数时要在 main( )前加一句预处理命令"#include < ctype. h >"。下面用 tolower( )函数改写上述程序:

```
#include < stdio. h >
#include < ctype. h >
```

```
void main( )
{
    char c;
    c = tolower( getchar( ) );
    putchar( c );
}
```

也可以简化成:

```
#include < stdio. h >
#include < ctype. h >
void main( )
{
    putchar( tolower( getchar( ) ) );
}
```

运行结果

输入:A

输出:a

2.6 各种类型数据之间的混合运算

整型、实型、字符型数据间可以进行混合运算,例如,7 + 1.5 * ′A′ − 28。在进行运算时,不同类型的数据要先转换成同一类型,然后进行运算。转换的方法有两种:一种是自动转换,另一种是强制转换。

2.6.1 自动类型转换

在 C 语言中,在两种情况下会发生自动类型转换:一种情况是不同数据类型之间的混合运算时,另一种情况是赋值运算符两边的数据类型不同时。

不同数据类型进行混合运算时,由编译系统自动完成类型转换。转换规则如图 2.29 所示。

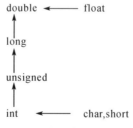

图 2.29　自动类型转换规则

图中水平向左的箭头表示必须进行的转换。即在进行混合运算时,char 和 short 类型的数据必须先被转换成 int 类型,float 类型的数据必须先被转换成 double 类型,然后再作运算。

图中竖直向上的箭头表示数据类型的转换方向,但不是转换步骤。即若 int 类型和 unsigned 类型的数据作运算,则将 int 类型的数据转换成 unsigned 类型的再作计算;若 int 类型和 long 型的数据作运算,则将 int 类型的数据转换成 long 类型的再作计算;若 unsigned 类型和 double 类型的数据作运算,则将 unsigned 类型的数据转换成 double 类型的再计算。总之,不同类型的数据进行混合运算时,系统会按数据长度增加的方向对数据类型进行转换,以保证计算结果的精度不降低。但要注意的是转换的只是数值的数据类型,参与运算的变量本身的数据类型并没有改变。

例如:

char ch;
int i;
float x;
double z;

则表达式 ch * i + (i - x) * (x/z) 在执行过程中的类型转换情况及结果类型如图 2.30 所示。

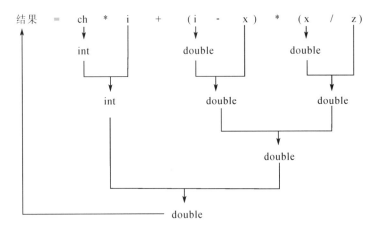

图 2.30　各类型数据混合运算中的自动类型转换

上述表达式的计算结果为 double 类型,但 ch、i、x、z 四个变量各自的类型都没有改变。

在赋值运算中,赋值符号两边的数据类型不同时,系统首先将赋值符号右边的值转换为左边变量的类型后再进行赋值,也就是说赋值操作最终的数据类型是由变量决定的,如果所赋的值的类型与变量的类型不同,则将值的类型转换成与变量相同的类型后再作赋值操作。

【例 2.11】　赋值运算中的自动类型转换。

程序代码

```
void main()
{
    float pi = 3.14159;
    int s,r = 5;
    s = pi * r * r;
    printf("s = % d\n",s);
}
```

代码分析

在程序中,pi 为 float 型,s 和 r 为 int 型。在执行"s = pi ∗ r ∗ r;"语句时,r 和 pi 的值都被转换成 double 型进行计算,所以 pi ∗ r ∗ r 的结果也为 double 型,其计算结果为 78. 539749。但由于 s 为 int 型,所以赋值结果仍为 int 型,因此 pi ∗ r ∗ r 结果中的小数部分直接被舍弃掉,不作四舍五入处理,所以最终得到的结果为 78,如图 2.31 所示。

运行结果

图 2.31　赋值运算自动类型转换示例程序的运行结果

2.6.2　强制类型转换

强制类型转换是通过类型转换运算符来实现的。其一般形式有两种:

(类型说明符)变量名
(类型说明符)(表达式)

强制类型转换的功能是把变量的值或表达式的运算结果强制转换成类型说明符所表示的类型。例如:

(float)a　　　　　　/∗把变量 a 的值强制转换成 float 型∗/
(int)(x + y)　　　　/∗把表达式 x + y 的运算结果强制转换成 int 型∗/
(float)(5/3)　　　　/∗把表达式 5/3 的运算结果强制转换成 float 型∗/

在进行强制类型转换时需要注意,类型说明符和表达式都必须加括号(单个变量可以不加括号)。例如,如果把(int)(x + y)写成(int)x + y,则其表示的含义是把 x 的值转换成 int 型之后再与 y 相加。

注意:在对变量进行强制类型转换时,只是将变量的值转换成另一种类型,而变量本身的数据类型并没有发生改变。

【例 2.12】　强制类型转换示例程序。

程序代码

```
void main( )
{
    float f = 8.17;
    int i;
    i = (int)f;
    printf(" f = % f,i = % d\n",f,i);
}
```

运行结果(图 2.32)

图 2.32　强制类型转换示例程序的运行结果

从运行结果可以看出在执行"i = (int)f;"语句时,f 的值 8.17 被强制转换成整数 8 后赋给变量 i,因此 i 的值为 8,但从输出结果可以看出 f 本身的值和数据类型都没有发生改变。

2.7　C 语言的运算符、表达式和语句

C 语言中运算符和表达式数量之多,在高级语言中是少见的。正是丰富的运算符和表达式使 C 语言的功能十分完善。这也是 C 语言的主要特点之一。

C 语言的运算符可分为以下几类:

(1) 算术运算符:用于各类数值运算,包括 +(加)、-(减)、*(乘)、/(除)、%(求余,或称模运算)、++(自增 1)、--(自减 1),共 7 种。

(2) 关系运算符:用于比较运算,包括 >(大于)、<(小于)、==(等于)、>=(大于等于)、<=(小于等于)、!=(不等于),共 6 种。

(3) 逻辑运算符:用于逻辑运算,包括!(非)、&&(与)、‖(或),共 3 种。

(4) 位运算符:按二进制位进行运算,包括 &(按位与)、|(按位或)、~(按位取反)、^(按位异或)、<<(左移)、>>(右移),共 6 种。

(5) 赋值运算符:用于赋值运算,包括 =(简单赋值)、+=、-=、*=、/=、%=(复合算术赋值)和 & =、|=、^=、>>=、<<=(复合位运算赋值)三类,共 11 种。

(6) 条件运算符(?:):这是一个三目运算符,用于条件判断。

(7) 逗号运算符(,):用于把若干表达式组合成一个表达式,并按从左到右的顺序进行求值。

(8) 指针运算符(* ,&):用于取值(*)和取地址(&)两种运算。

(9) 求字节数运算符(sizeof):用于计算数据类型所占的字节数。

(10) 特殊运算符:有括号()、下标[ ]、成员(-> 、.)等。

表达式由运算符和变量或常量连接而成,如"a + b"称为算术表达式,"a = 6"称为赋值表达式。

在表达式末尾加上分号就可以构成语句,如"s = a + b"称为赋值表达式,而"s = a + b;"称为赋值语句。

在函数调用后面加上一个分号,就构成了函数调用语句,如"printf("% d",a);"。

如果一个语句只由一个分号构成,则称该语句为空语句,空语句是什么也不执行的语句。在程序中它可以用来延时,也可以用作空循环体。

用一对大括号{}(又称为花括号)将若干语句括起来,则这些语句称为复合语句。

例如：

```
{
    a = 2;
    b = 3;
    c = a + b;
}
```

复合语句可以看成一条语句,如果它被执行,则括号中的所有语句都要被执行。

2.8　逗号运算符和逗号表达式

在 C 语言中,逗号也是一种运算符,称为逗号运算符,其功能是把几个表达式连接起来组成一个新的表达式。

逗号表达式的一般形式为：

表达式 1 , 表达式 2 , … , 表达式 n

其求值过程是:先求表达式 1 的值,再求表达式 2 的值,以此类推,最后求表达式 n 的值,并将表达式 n 的值作为整个逗号表达式的值。例如,逗号表达式 1 + 2 , 3 + 4 的值为 7。

逗号运算符是所有运算符中优先级别最低的。例如:a = 2 + 3 , 4 + 6,在这个表达式中逗号运算符的优先级比赋值运算符低,所以先执行赋值表达式 a = 2 + 3,然后执行算术表达式 4 + 6,整个逗号表达式的值为最右边那个表达式的值,即 10,但是 a 的值为 5。

【**例 2.13**】　逗号表达式的应用。

程序代码

```
void main( )
{
    int a = 8 , b = 2 , c = 6 , x , y;
    y = ( x = a + b ) , ( b + c );
    printf( "x = % d , y = % d\n " , x , y );
}
```

代码分析

对于表达式 y = (x = a + b) , (b + c),由于赋值运算符的优先级高于逗号运算符,因此先求解 y = (x = a + b),经计算和赋值后得到 x 的值为 10,y 的值也为 10,然后求解(b + c)的值为 8,整个逗号表达式的值为 8。

运行结果(图 2.33)

图 2.33　逗号表达式示例程序的运行结果

需要指出的是,并不是在所有出现逗号的地方都组成逗号表达式,如在变量定义中或在函数参数列表中逗号都只是用作间隔符。

【例2.14】 逗号表达式综合应用。

程序代码

```
void main( )
{
    int a = 1, b = 2, c = 3;
    printf("%d,%d,%d\n", a, b, c);
    printf("%d,%d,%d\n", (a, b, c), b, c);
    a = (c = 0, c + 5);
    b = c = 3, c + 8;
    printf("%d,%d,%d\n", a, b, c);
}
```

代码分析

在程序中,第一个 printf 函数中的"a,b,c"不是逗号表达式,在此,逗号起到间隔函数参数的作用。第二个 printf 函数中的"(a,b,c)"是逗号表达式,其值是 3。对于表达式 a = (c = 0, c + 5),先求解逗号表达式(c = 0, c + 5)的值,然后将逗号表达式的值赋给 a,因此在求解逗号表达式时,先执行 c = 0,所以 c 的值为 0,再执行 c + 5 得到逗号表达式的值为 5,所以 a 的值为 5。对于表达式 b = c = 3, c + 8,先求解赋值表达式 b = c = 3,因此 b 的值为 3,c 的值为 3,最后整个逗号表达式的值为 11。

运行结果(图2.34)

图2.34　逗号表达式综合应用示例程序的运行结果

习题二

一、选择题

1. 以下是合法的 C 语言标识符的是_____。

　　A. int　　　　　　　B. 3num　　　　　　C. _123　　　　　　D. a$3

2. 在 C 语言中,合法的字符常量是_____。

　　A. '\084'　　　　　　B. '\x48'　　　　　　C. 'ab'　　　　　　D. "\0"

3. 设 x、y、z 和 k 都是 int 型变量,则执行表达式 x = (y = 52, z = 26, k = 32)后, x 的值为_____。

A. 4　　　　　　　　B. 26　　　　　　　　C. 32　　　　　　　　D. 52

4. 设有如下变量定义：

int i = 8 , k , a , b ;
unsigned long w = 5 ;
double x = 1 , y = 5. 2 ;

则以下符合 C 语言语法的表达式是_____。
A. a += a -= (b = 4) * (a = 3)　　　　　B. x% (-3)
C. a = a * 3 = 2　　　　　　　　　　　　D. y = int(i)

5. 设有如下的变量定义：

int k = 7, x = 12 ;

则能使值为 3 的表达式是_____。
A. x% = (k% = 5)　　　　　　　　　B. x% = (x - k% 5)
C. x% = k + k% 5　　　　　　　　　　D. (x% = k) + (k% = 5)

6. 以下程序的输出结果是_____。

```
void main( )
{
    int a = 12 , b = 12 ;
    printf(" % d % d" , -- a , ++ b );
}
```

A. 10　11　　　　　B. 11　13　　　　　C. 11　10　　　　　D. 11　12

7. 若已定义 x 和 y 为 double 类型，则表达式 x = 1 , y = x + 5/2 的值是_____。
A. 2.0　　　　　B. 2.5　　　　　C. 3.5　　　　　D. 3.0

8. 若变量 a、i 已正确定义，且 i 已正确赋值，则合法的语句是_____。
A. a == 1　　　　　B. ++i;　　　　　C. a = a += 5;　　　　　D. a = int(i);

9. 若有以下程序段：

```
int c1 = 2 , c2 = 3 , c3 ;
c3 = 1.0/c2 * c1 ;
```

则执行后 c3 的值是_____。
A. 0　　　　　B. 3　　　　　C. 1　　　　　D. 2

10. 有如下程序：

```
main( )
{
    int x = 3 , y = 6 , z = 1 ;
    printf(" % d % d" , ( ++x , ++y ) , z ++ );
}
```

运行该程序的输出结果是_____。

　　A. 7　2　　　　　　　B. 4　1　　　　　　　C. 7　1　　　　　　　D. 6　2

11. 若有以下程序段,则执行后输出结果是_____。

```
int x =3;
float y =3.14;
printf(" x = % d,y = % f",x,y);
```

　　A. 3,3.14　　　　　　　　　　　　B. x = 3 y = 3.140000

　　C. x = 3,y = 3.140000　　　　　　D. 3 3.14

12. 若有定义语句"int x,y;",若要通过"scanf(" % d,% d",&x,&y);"语句使变量 x 得到数值 11,变量 y 得到数值 12,则下面 4 组输入形式中,正确的是_____。

　　A. 11　12 < 回车 >　　　　　　　B. 11,12 < 回车 >

　　C. 1112 < 回车 >　　　　　　　　D. 11 < 回车 >12 < 回车 >

13. 执行下列程序段后,输出结果是_____。(□代表空格)

```
float x = 3.14159;
printf(" % f,% 5.2f,% -5.2f",x,x,x);
```

　　A. 3.141590,3.14□,□3.14　　　B. 3.14159,3.14159,3.14159

　　C. 3.141590,□3.14,3.14□　　　D. 3.14159,3.14,3.14

14. 以下程序段的输出结果是_____。

```
char c = 'a';
int a =65;
printf(" % c,% c,% d,% d",c,a,c,a);
```

　　A. a,65,97,A　　　B. a,A,65,97　　　C. a,A,97,65　　　D. A,a,97,65

15. 设有定义语句"long x =- 123456L;",则以下能够正确输出变量 x 值的语句是_____。

　　A. printf(" x = % d\n",x);　　　　　B. printf(" x = % ld\n",x);

　　C. printf(" x = % 8dL\n",x);　　　　D. printf(" x = % LD\n",x);

16. 以下不能将 c 中存放的大写字母转换成小写字母的表达式是_____。

　　A. c = c + 32　　　　　　　　　　B. c += 32

　　C. c = c - 'A' + 'a'　　　　　　　　D. c = (c + 'A') % 26 - 'a'

17. 以下语句能正确输出整数 32768 的是_____。

　　A. printf(" % d",32768);　　　　　B. printf(" % ld",32768);

　　C. printf(" % f",32768);　　　　　D. printf(" % c",32768);

18. 已知语句"long x,y;",x 有 n 位(4 < n < 10),现要求去掉 x 的最高位,将剩下的 n - 1 位数保存在 y 中,以下能够实现这一功能的表达式是_____。

　　A. y = x/(10 * (n - 1))　　　　B. y = x% (10 * (n - 1))

　　C. y = x% (long) pow(10,n - 1)　　D. y = x% (10(n - 1))

19. 程序中已有预处理命令"#include < math. h >"和声明"char x =4,y;",以下语句能通过编译且无警告信息的是_____。

  A.　y = sqrt(x)%2;   B.　y = "x";

  C.　y = 'x' + 1;   D.　y = &'x';

20. 以下语句有语法错误的是_____。

  A. printf("%d",0xAB);   B. printf("%f",2.34E3.6);

  C. printf("%d",037);   D. printf("%c",'\\');

二、填空题

1. 若有定义语句"int a = 7,b = 8,c = 9;",接着顺序执行下列语句后,变量 a、b、c 的值分别为

 _____ 、_____ 、_____。

 c = (a -= (b - 5));

 c = (a%11) + (b = 3);

2. 下列程序的输出结果是_____。

```
void main( )
{
    unsigned a = 32769;
    printf( "a = %d\n",a);
}
```

3. 若有以下定义:

```
char a;
unsigned int b;
float c;
double d;
```

 则表达式 a * b + d - c 的值的类型为_____。

4. 下列程序的输出结果是_____。

```
main( )
{
    int x = 'F';
    printf( "%c\n", 'a' + ( x - 'a' + 1));
}
```

5. 下面程序的输出结果是_____。

```
main( )
{
    char x = 0xFFFF;
    printf( "%d\n",x -- );
}
```

6. 有定义语句"int x,y;",若要为 x、y 赋值,完整的输入语句是"scanf("%d,%d",

 _____);"。

7. 下列程序的输出结果是_____。

```
#include < stdio. h >
main( )
{
    int x =9;
    float y =9.5;
    printf("%3d,%4.2f",x,y);
}
```

8. 下列程序的输出结果是_____。

```
#include < stdio. h >
main( )
{
    char c ='a';
    char b;
    b = c +5;
    printf("%c",b);
}
```

三、计算题

1. 写出下列表达式的值:

    (1) x + a%3 * (int)(x + y)%2/4,设 x =2.5、a =7、y =4.7

    (2) (float)(a + b)/2 + (int)x%(int)y,设 a =2、b =3、x =3.5、y =2.5

2. 写出执行下列表达式后 a 的值,设原来 a =12、n =5,a 和 n 已定义为整型变量:

    (1) a += a   (2) a -=2

    (3) a * =2 +3   (4) a/ = a + a

    (5) a% = (n% =2)   (6) a += a -= a * = a

四、编程题

1. 根据一个人的身高和体重计算其体重指数 BMI,BMI = 体重/(身高×身高),体重单位为公斤,身高单位为米。

2. 使用 getchar 函数输入一个字符,通过 putchar 函数输出该字符后面的第三个字符。

3. 输入圆柱体的底面半径和高,输出该圆柱体的体积。

第三章 选择结构程序设计

所谓选择结构,就是在程序执行过程中根据所指定的条件成立与否而选择执行不同操作的一种程序结构,又称为分支结构。

选择结构可以帮助程序实现逻辑判断功能,如比较两个数的大小,判断一个整数能否被另一个整数整除,判断一个数是正数还是负数,判断某年是不是闰年等等。有了选择结构,就可以编写出功能较强、结构较复杂的程序了。

本章先介绍关系运算符、逻辑运算符及其表达式,然后介绍选择结构的两个重要语句:if语句和switch语句,最后介绍条件运算符和条件表达式。

3.1 关系运算符和关系表达式

关系运算符用于实现两个数据大小的比较,并判断其比较的结果是否符合给定的条件。C语言共有6个关系运算符: > 、>= 、< 、<= 、== 和! = ,它们的含义及优先级见表3.1。

表3.1 关系运算符含义和优先级

关系运算符	含义	优先级
>	大于	高
>=	大于或等于	
<	小于	
<=	小于或等于	
==	等于	低
! =	不等于	

关系表达式是指用关系运算符将常量、变量甚至是表达式连接而成的表达式,如 6 <7,120%10! =0,a >=b +4 等等。

关系表达式的值只有真和假两种可能。若比较结果符合条件,结果为真,否则为假。在C语言中判断结果为真用1表示,为假用0表示。例如:6 <7 成立,所以表达式值为1;120%10! =0 不成立,所以表达式值为0。

关于关系运算符和关系表达式注意有以下事项:

(1)"等于"要用" =="表示,而不是" ="。

a ==1 和 a =1 是完全不一样的。前者是关系表达式,用于判断a的值是不是等于1,后者是赋值表达式,表示将a的值变成1。通俗一点说,可以将前者理解为疑问句,即"a等不等于1?",后者理解为肯定句,即"a的值为1"。假设有语句"int a =2;",则 a ==1 是不成立的,这个关系表达式的值应该为假。但是如果误写成 a =1,由于这个赋值表达式的值为非

0,因此被判定为真,结果就出现错误了。所以 == 和 = 的区别尤其要引起注意。

（2）"大于或等于"用" >= "表示,"小于或等于"用" <= "表示。

初学者在纸上写程序时会习惯性地将"大于或等于"和"小于或等于"误写成数学运算符" ≥ "和" ≤ ",这个习惯要慢慢改掉,要牢记你正在学的是计算机编程课程,而不是数学课,要注意程序设计语言与数学的区别。

（3） > 、>= 、< 、<= 的优先级高于 == 和! =。

例如:1! =3 >2 相当于1! =(3 >2),结果为 0。

（4）关系运算符的优先级低于算术运算符,高于赋值运算符。

例如:a =7 >2 +5 相当于 a =(7 >(2 +5)),结果为 0。

（5）比较字符型数据时,按照其 ASCII 码值的大小进行比较。

例如:'a' > 'b'的结果为假,'3' > '0'的结果为真。

（6） 关系表达式也可能出现嵌套的情况。

在一个关系表达式中可能又包含其他的关系表达式,这种情况下要注意运算的次序。例如:2 <=1! =3 >2 相当于(2 <=1)! =(3 >2),因为 2 <=1 不成立,故值为 0,而 3 >2 成立,故值为 1,0! =1 成立,所以整个关系表达式的判断结果为 1。

3.2　逻辑运算符和逻辑表达式

逻辑运算包含或运算、与运算和非运算三种。或运算表示"或者"的意思,即假如 A 和 B 分别代表两个条件,那么 A 和 B 进行或运算的含义就是 A、B 两个条件只要其中一个条件成立,结果就成立。与运算表示"并且"的意思,即 A 和 B 进行与运算的含义是 A 和 B 两个条件要同时成立,结果才成立。非运算表示"相反"的意思,即如果原来条件是成立的,非运算后就变成不成立的,反之,就变成成立的。

三种逻辑运算对应的运算符分别为:||（或运算符）、&&（与运算符）、!（非运算符）。逻辑运算符通常用于连接多个条件,并判断多个条件之间的组合结果是否符合要求。如果符合要求即为真,用 1 表示;反之,则为假,用 0 表示。

或运算和与运算都是双目运算,需要两个操作数;非运算是单目运算,只需要一个操作数。操作数可以是常量、变量或任意类型的表达式。判断操作数是真（即成立）还是假（即不成立）的依据是看操作数的值是 0 还是非 0,如果操作数的值为 0,则判定为假;如果为非 0,则判定为真。整数 0、实数 0.0、空字符'\0'（ASCII 码值为 0）以及运算结果为 0 的任何表达式（如 a =0,1 >2,8% 2,5/9 等）都判定为假;非 0 的整数或实数、非空字符以及运算结果不为 0 的任何表达式（如 b =6,6% 3 ==0,7% 5 等）都判定为真。

或运算的规则是两个操作数中只要有一个操作数的值为真,结果就为真;只有当两个操作数的值都为假,结果才为假。即两个操作数中只要有一个操作数的值为非 0,结果就为 1;只有当两个操作数的值都为 0,结果才为 0。例如,5||0 的运算结果为真,表达式的值为 1;2 <1||5 ==3 的运算结果为假,因为 2 <1 和 5 ==3 都不成立,两个关系表达式的值都为 0,所以或运算结果为 0;0||'\0'的运算结果为假,因为两个操作数的值都为 0,所以或运算结果也为 0。

与运算的规则是只有当两个操作数都为真时,结果才为真;只要有一个操作数的值为假,结果就为假。也就是说只有当两个操作数的值都为非 0 时,运算结果才为 1;只要有一个操作数的值为 0,结果就为 0。例如,5 > 3&&2 < 4 的运算结果为真,表达式的值为 1;2 < 1&&5 > 3 的运算结果为假,因为 2 < 1 这个关系表达式不成立,值为 0,而与运算只要有一个操作数的值为 0,结果就为 0,所以这个表达式的结果为 0。

非运算的作用是将表达式的值取反,原来是真的,就变成假,原来是假的就变成真。即原来表达式的值为非 0,经过非运算后就变成 0;原来表达式的值为 0,经过非运算后就变成 1。例如,!(2 > 1)的值为 0,因为 2 > 1 的值为 1,非运算后变成 0;!(1 > 2)的值为 1,因为 1 > 2 的值为 0,非运算后变成 1。

三个逻辑运算符的优先级从高到低依次是:!(非)、&&(与)、||(或)。当多种运算符同时出现时,优先级从高到低的顺序如下:

!(非运算符)→算术运算符→关系运算符→ &&(与运算符)→ ||(或运算符)→ 赋值运算符

例如:

① a < b&&c < d 等价于 (a < b)&&(c < d)。

② !a == b||c < d 等价于 ((!a) == b)||(c < d)。

③ a + b > c&&x + y < b 等价于 ((a + b) > c)&&((x + y) < b)。

④ x%2 == 0||x%5 == 0 等价于((x%2) == 0)||((x%5) == 0),表示能被 2 或 5 整除的数。

⑤ a%2 == 0&&a%7! = 0 等价于((a%2) == 0)&&((a%7)! = 0),表示能被 2 整除但不能被 7 整除的数。

关于逻辑运算要注意以下事项:

(1) 在使用多个 && 和||连接的逻辑表达式中,并非每一个表达式都要执行。

其规则是:只有当必须执行该表达式才能得出整个逻辑表达式的结果时,才去执行它。换言之,一个逻辑表达式如果执行到其中的某个表达式时就能得到整个表达式的结果了,那么剩下的表达式就不会被执行。

例如:假设有语句"int a = 1,b = 2;",分别执行以下逻辑表达式后,看看 a、b 值的变化有何规律。

① 执行(a = 0)&&(b = 1)后,a 的值变成 0,b 仍保留原值 2,没有改变。为什么呢? 这是因为执行 a = 0 这个表达式后,a 的值变成 0,因此第一个表达式的值为 0,而与运算的规则是只要有一个操作数为 0,结果就为 0,因此不管第二个表达式的值是否为 0,整个逻辑表达式的值都为 0,所以 b = 1 这个表达式没有被执行,b 仍然保留原值 2,整个逻辑表达式的值为 0。

② 执行(a = 3)&&(b = 5)后,a 的值为 3,b 的值为 5,整个逻辑表达式的值为 1。这是因为 a = 3 这个表达式的值为 3,是非 0 的,但是与运算规则是只有当两个操作数的值都为非 0 的,结果才会为 1,因此还要继续判断第二个表达式,看看它的值是 0 还是非 0。因为 b = 5 的值也是非 0 的,所以整个表达式的值为 1。

③ 执行(−−a)||(b=5)后,a 的值为 0,b 的值为 5,整个逻辑表达式的值为 1。这是因为执行 −−a 后,a 的值为 0,第一个表达式的值也为 0,而或运算规则是只有当两个表达式的值都为 0,结果才为 0,因此还要看第二个表达式的值是否为 0。执行 b=5 后,b 的值变为 5,第二个表达式的值也为 5,是非 0 的,所以整个或运算表达式的值为 1。

④ 执行(a−−)||(b=5)后,a 的值为 0,b 的值仍为 2,整个逻辑表达式的值为 1。这是因为执行 a−−时先用 a 的原值 1 作为第一个表达式的值参与或运算,然后 a 的值再减 1。因为第一个表达式的值为 1,是非 0 的,而或运算的规则是只要有一个操作数的值为非 0 的,结果就为真,所以第二个表达式不需要执行,b 仍保留原值 2,整个或运算表达式的值为 1。

⑤ 执行(b=6)&&(a=3)||(a=5)后,a 的值为 3,b 的值为 6,整个逻辑表达式的值为 1。(b=6)&&(a=3)||(a=5)等价于((b=6)&&(a=3))||(a=5),在执行这个逻辑表达式时,首先执行左边的与运算表达式,得到其值为 1,对于或运算而言,只要有一个操作数的值为 1,结果就为 1,所以右边的表达式 a=5 就不需要执行,a 的值仍为 3。

⑥ 执行(a=5)||((b=6)&&(a=3))后,a 的值为 5,b 的值仍为 2。尽管与运算的优先级比或运算高,但是该表达式从整体上看是一个或运算表达式,又因为第一个表达式 a=5 的值为非 0,因此整个或运算表达式的值就已经能确定为 1 了,所以后面的表达式就没必要执行,因此 b 仍保留原值。由此可见,当与运算和或运算组合在一起时,并不是所有的与运算都要在或运算之前执行。如果一个逻辑表达式执行完前面的或运算表达式就已经可以得出结果了,则后面的与运算表达式就不执行了,尽管其优先级比或运算高。

(2) 区间的表示方法与数学不同。

在数学领域经常会用区间来表示某个参数的取值范围,如 1 < x < 10,在数学表达式中其含义为 x 大于 1 并且 x 小于 10,当这个表达式用 C 语言表示时,其正确写法为 x > 1&&x < 10。但是有很多初学者会误写为 1 < x < 10,而这两个表达式的含义完全不一样。1 < x < 10 的含义是先判断 1 < x 是否成立,如果成立,则值为 1,反之,值为 0;然后将这个判断结果和 10 进行比较,看其是否小于 10,由于 1 < x 的值不是 0 就是 1,肯定都小于 10,因此不管 x 为何值,1 < x < 10 都成立,如 x 为 100 时,1 < 100 < 10 也是成立的,因此这个表达式并不能正确表示 x 的区间。

例如:

① 表示考试成绩 score 介于 80 到 90 之间(包含 80 和 90)的正确写法为 score >= 80&&score <= 90。

② 表示字符变量 ch 中存放的是一个大写英文字母的正确写法为 ch >= 'A'&& ch <= 'Z'。

③ 表示字符变量 ch 中存放的是一个小写英文字母的正确写法为 ch >= 'a'&&ch <= 'z'。

④ 表示字符变量 ch 中存放的是一个英文字母的正确写法为(ch >= 'A'&&ch <= 'Z')||(ch >= 'a'&&ch <= 'z')。

⑤ 表示字符变量 ch 中存放的是一个阿拉伯数字的正确写法是 ch >= '0'&&ch <= '9'。

3.3　if 语句

用 if 语句可以构成选择结构,又称为分支结构。if 语句对给定的条件进行判断,并根据判断结果而执行不同的语句块。

C 语言的 if 语句有三种基本形式:if 语句、if-else 语句和 if-else if 语句。

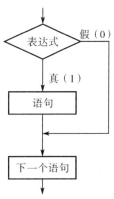

图 3.1　if 语句流程图

3.3.1　最基本的 if 语句

最基本的 if 语句的一般形式为:

if(表达式)
　　语句;

执行过程为:如果表达式的值为真,则执行其后的语句,否则不执行该语句,跳到下一个语句去执行。其执行过程如图 3.1 所示。

注意:构成判断条件的表达式要写在括号中。第一行的结尾没有分号,因为这一行和下一行实际上是联系在一起的。所以第二行代码也可以紧跟在第一行之后,形式如下:

if(表达式)　语句;

但第一种写法使程序看起来更为清晰,所以更提倡用第一种写法。

关于 if 语句有以下注意事项:

(1) if 后面括号中的表达式可以是各种类型的表达式,如关系表达式、逻辑表达式、算术表达式、赋值表达式、逗号表达式等等,也可以是常量或变量。

例如:

if(a>b && b>c)
if(! n)
if(x=5)
if(i%5==0)
if(5)
if(a)
if('0')
if(0)
if('\0')

这些表达式的值只可能是真(非 0)或假(0)。如上面几个例子中,if(x=5)、if(5)和 if('0')都表示真,if(0)和 if('\0')都表示假。

(2) 若表达式的值为真时要执行两个以上的语句的话,则必须将这组语句用大括号{}括起来,构成一个整体,这种用{}括起来的多个语句称为复合语句。

例如:

if(a>b)
{
　t=a;
　a=b;

```
    b = t;
}
```

【例 3.1】 任意输入一个实数,求其绝对值并输出。

问题分析

因为负数的绝对值是其相反数,正数和 0 的绝对值是其本身,因此只需判断输入的实数是否小于 0,如果是,则将其变成相反数即可。

程序代码

```
void main( )
{
    float x;
    printf ("please input a number:");
    scanf ("%f", &x);
    if (x < 0)
        x = - x;
    printf ("%f\n", x);
}
```

代码分析

求一个数的绝对值除了可以用上述代码实现以外,还可以用求绝对值的函数 abs( ) 和 fabs( ) 来实现。abs( ) 用于求整数的绝对值,fabs( ) 用于求实数的绝对值。例如,对于语句 "float f = -5.6;"与"int a = -10;",可以分别用 fabs(f) 与 abs(a) 求绝对值。在使用这两个函数时,要在 main 函数前面加上"#include < math. h >"。

上述程序代码也可以改写为:

```
#include < math. h >
void main( )
{
    float x;
    printf ("please input a number:");
    scanf ("%f", &x);
    printf ("%f\n", fabs(x));
}
```

运行结果(图 3.2)

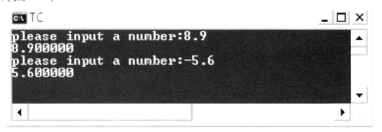

图 3.2 求实数绝对值程序的运行结果

3.3.2　if-else 语句

if-else 语句是更为常用的 if 语句。它用于实现双分支结构,即当需要在两组语句中选择一组去执行时,常用 if-else 语句实现。if-else 的语义就是"如果"、"否则"。else 所表示的条件与 if 相反,如与 if(a>b)相对应的 else 的含义就是 a<=b。

if-else 语句的一般形式为:

if(表达式)
　　语句 1;
else
　　语句 2;

其语义是:如果表达式的值为真,则执行语句 1,否则执行语句 2。语句 1 和语句 2 可以是单个语句,也可以是多个语句。如果是多个语句,必须包含在一对大括号{}中,成为一个复合语句。

if-else 语句中,无论表达式的值是真还是假,在语句 1 和语句 2 中,总有一组要被执行。其执行过程如图 3.3 所示。

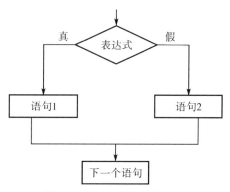

图 3.3　if-else 语句流程图

例如,求 a、b 两个数中的较大数可以用以下 if-else 语句表示:

if(a>b)
　　max = a;
else
　　max = b;

其语义是如果 a 大于 b 为真,则 max 的值为 a,否则(即 a 小于或等于 b)max 的值为 b。

关于 if-else 语句有以下注意事项:

else 语句是 if-else 语句的组成部分,必须与 if 语句配对使用,不能单独使用。即程序中的每一个 else 语句都必须有一个 if 语句与之相对应,但并不是每一个 if 语句都有 else 语句与之匹配。通俗地讲,有 else 的地方必定有 if,但有 if 的地方未必有 else。

例如:

if(a<5)
　　a++;
if(b>10)
　　b--;
else
　　b++;

上述程序段有两个 if 语句,但 else 语句只有一个。这个 else 语句与 if(b>10)相匹配,代表的含义是 b<=10。if(a<5)没有与之对应的 else 语句,因此如果 a 的值大于或等于 5,

则第一个 if 语句不执行,直接执行第二个 if 语句。

【例 3.2】　输入一个字符,如果是小写字母,则将其变成大写字母并输出,否则输出"error"。

问题分析

本题的解决步骤如下:

(1) 输入一个字符。

(2) 判断其是否是小写字母,如果是,则将其 ASCII 码值减去 32 得到相应的大写字母并输出该大写字母,否则输出"error"。

程序代码

```
#include < stdio. h >
void main( )
{
    char ch;
    printf( "please input a character:" );
    ch = getchar( );
    if( ch >= 'a' && ch <= 'z' )
      {
        ch -= 32;
        printf( "%c\n" ,ch );
      }
    else
        printf( "error\n" );
}
```

代码分析

在 if 语句中,当 ch >= 'a' && ch <= 'z' 条件成立时要执行两个语句,所以要用大括号将"ch -= 32;"和"printf("%c\n" ,ch);"括起来,构成一个复合语句。如果漏写了大括号,则编译时将会报语法错误,因为 else 语句没有 if 语句与之匹配。

运行结果(图 3.4)

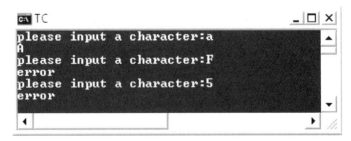

图 3.4　将小写字母转换成大写字母程序的运行结果

【例 3.3】　输入一个年份,判断其是否是闰年。

问题分析

闰年分为两种:一种是指能被 4 整除,但不能被 100 整除的年份;另一种是指能够被 400 整除的年份,如 2012、2000 是闰年,2015、1900 不是闰年。因此,如果要判断 year 是否为闰年,只需验证其是否满足上述两个条件之一即可,用逻辑表达式可以表示为:$(year\%4==0\&\&year\%100!=0)||(year\%400==0)$,也可以不用括号,直接写成 $year\%4==0\&\&year\%100!=0||year\%400==0$。

程序代码

```c
#include < stdio. h >
void    main( )
{
    int year;
    printf( "Please input a year: " ) ;
    scanf( "%d" ,&year) ;
    if( year%4 ==0&&year%100! =0||year%400 ==0)
        printf( "yes\n" ) ;
    else
        printf( "no\n" ) ;
}
```

运行结果(图 3.5)

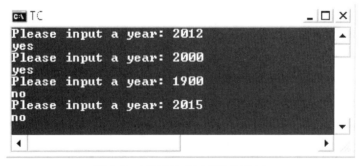

图 3.5 判断闰年程序的运行结果

在运行上述程序时至少要输入 4 种不同类型的年份(如图 3.5 所示):① 非整百的闰年(能被 4 整除,但不能被 100 整除);② 整百的闰年(能被 400 整除);③ 整百的平年(能被 100 整除,但不能被 400 整除);④ 非整百的平年(不能被 4 整除)。看看这 4 种数据的输出结果是否都正确,如果是,才能确定程序的判断结构是正确的,只要有一种数据的输出结果是错误的,就要查看程序的流程,找出错误的原因并调试程序直到正确为止。

3.3.3 if-else if 语句

在程序设计中,有时会出现多个分支结构的情况,也就是将表达式的取值分为多种不同的情况,每种情况都有一组语句与之相对应,这样就需要在程序中进行多层判断,才能将该表达式各种取值所对应的操作都表示出来。对此,可采用 if-else if 语句来实现,其一般形

式为:

```
if( 表达式 1)
    语句 1;
else if( 表达式 2)
        语句 2;
else if( 表达式 3)
        语句 3;
…
else if( 表达式 n - 1)
        语句 n - 1;
else
        语句 n;
```

执行过程为:先判断表达式 1 的值,若表达式 1 的值为真,则执行语句 1,如果为假,则判断表达式 2 的值;若表达式 2 的值为真,则执行语句 2,如果为假,则判断表达式 3 的值,以此类推。一旦遇到结果为真的表达式,就执行该表达式所对应的语句,然后结束整个 if 语句,开始执行下一个语句。如果所有的表达式的值均为假,则执行语句 n,然后结束该 if 语句。

if-else if 语句的执行过程如图 3.6 所示。

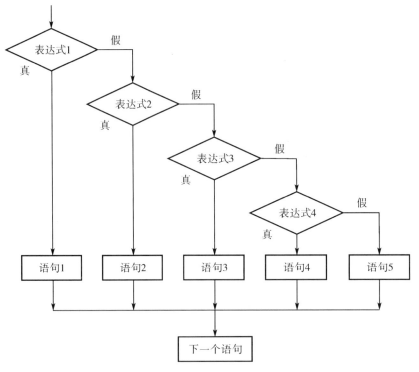

图 3.6　if-else if 语句流程图

需要注意的是,最后一个 else 和语句 n 并不是必需的,如:

```
if( x > 0 )
    y = 1 ;
else if( x < 0 )
    y = - 1 ;
    else
    y = 0 ;
```

可以改写为,

```
y = 0 ;
if( x > 0 )
  y = 1 ;
else if( x < 0 )
    y = - 1 ;
```

【例3.4】　输入一个字符,如果是大写字母,则将其变成小写字母并输出;如果是小写字母,则将其变成大写字母并输出。

问题分析

本题属于大小写字母互换题,首先要判断该字母是否为大写字母,如果是,则将其 ASCII 码值加上32,使其变成小写字母并输出,否则就继续判断其是否是小写字母,如果是,则将其 ASCII 码值减去32,使其变成大写字母并输出。如果既不是大写字母,也不是小写字母,则输出提示信息"It's not an English letter"。

程序代码

```c
#include < stdio. h >
void main( )
{
  char ch ;
  printf( "please input a character : " ) ;
  ch = getchar( ) ;
  if( ch >= 'A'&& ch <= 'Z')
    {
      ch += 32 ;
      printf( "% c" ,ch ) ;
    }
  else if( ch >= 'a'&& ch <= 'z')
      {
        ch -= 32 ;
        printf( "% c" ,ch ) ;
      }
      else
        printf( "It's not an English letter" ) ;
}
```

运行结果(图 3.7)

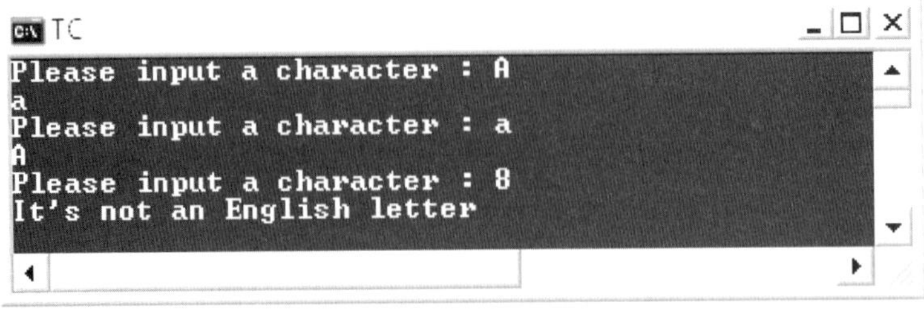

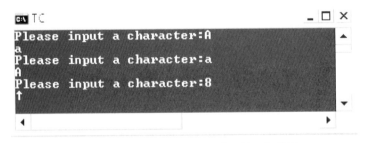

图 3.7　大小写字母转换程序的运行结果

大小写字母转换这个程序看似简单,但是还是有不少人因为粗心,将程序误写成:

```
#include < stdio. h >
void main( )
{
  char ch;
  ch = getchar( );
  if( ch > = 'A'&&ch < = 'Z')
    ch + = 32;
  else
    ch - = 32;
  printf( "% c \n",ch);
}
```

该程序运行时,如果输入的是大小写字母,则运行结果是正确的,但如果输入的不是字母,它却也把其 ASCII 码值减去 32 后输出。如图 3.8 所示,输入字符'8',输出的结果是'↑'。

图 3.8　大小写字母转换程序错误的运行结果

出错的原因在于 ASCII 码表中有 128 个字符,除了大写字母以外并非全是小写字母,还有可能是阿拉伯数字、标点符号等。因此,如果判断出一个字符不是大写字母,还要进一步判断其是否是小写字母,如果是小写字母,才能转换成大写字母,否则就输出提示信息“It's not an English letter”。

因此,在涉及大小写字母的编程时尤其要注意对大写字母和小写字母都要进行判断。

【例 3.5】　输入一个字符,判断它属于数字、大写字母、小写字母还是其他字符。

问题分析

由 ASCII 码表可知,如果一个字符的 ASCII 码值介于'0'和'9'之间,则为数字,介于'A'和'Z'之间为大写字母,介于'a'和'z'之间为小写字母,其余为其他字符。

程序代码

```
#include < stdio. h >
void main( )
{
    char c;
    printf( "please input a character:\n" );
    c = getchar( );
    if( c >= '0'&&c <= '9')
        printf( "This is a digit. \n" );
    else   if( c >= 'A' &&c <= 'Z')
            printf( "This is an uppercase letter. \n" );
        else   if( c >= 'a'&&c <= 'z')
                printf( "This is a lowercase letter. \n" );
            else
                printf( "This is an other character. \n" );
}
```

运行结果(图 3.9)

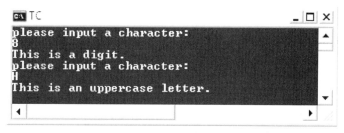

图 3.9　判断字符程序的运行结果

【例 3.6】　空气污染指数等级划分如表 3.2 所示。

表 3.2　空气污染指数等级表

空气污染级别	空气污染指数	空气质量等级
一级	≤50	优
二级	≤100	良
三级	≤200	轻度污染
四级	≤300	中度污染
五级	>300	重度污染

请编程实现以下功能:输入一个空气污染指数值,输出其所对应的空气质量等级,"A"代表优,"B"代表良,"C"代表轻度污染,"D"代表中度污染,"E"代表重度污染。

问题分析

根据空气污染指数大小的不同,空气质量被分为 5 个等级,可见输入一个空气污染指数后需要作多个层次的判断,首先判断其是否小于或等于 50,如果是,则输出"A",否则就继续判断其是否小于或等于 100,如果是则输出"B",以此类推。所以本题可以采用 if-else if 语句实现。

程序代码

```c
#include < stdio. h >
void main( )
{
    float p;
    char level;
    scanf( "% f" ,&p) ;
    if( p <= 50)
        level = 'A' ;
    else if( p <= 100)
            level = 'B' ;
        else if( p <= 200)
                level = 'C' ;
            else if( p < -300)
                    level = 'D' ;
                else
                    level = 'E' ;
    printf( "pollution = % . 1f,level = % c" ,p,level) ;
}
```

运行结果(图 3.10)

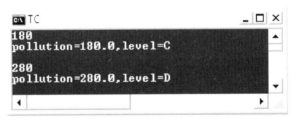

图 3.10　判定空气质量程序的运行结果

3.3.4　if 语句的嵌套

实现多分支结构的第二种方法是使用 if 语句嵌套结构。当 if 语句中的执行语句部分又包含了一个 if 语句时,则构成了 if 语句嵌套的情形。其一般形式可表示如下:

```c
if( 表达式 1)
    if( 表达式 2)
        语句 1;
    else
```

```
        语句2;
    else
        if(表达式3)
            语句3;
        else
            语句4;
```

关于 if 语句嵌套有以下注意事项:

(1) 嵌套内的 if 语句还可以嵌套 if 语句,构成多重嵌套的情况。

(2) 在有多个 if 和 else 出现的嵌套结构中,要注意 if 和 else 的匹配问题。C 语言规定, else 总是与它前面最近的没有匹配过的 if 语句匹配。

例如:

```
if(x! =0)
if(x >0)
    y =1;
else
    y =-1;
```

其中,else 应与 if(x >0)中的 if 匹配,所以当 x! =0 为真而 x >0 为假时,程序执行的语句是"y =-1;"。如果 x! =0 为假,则什么也不做。但是,如果匹配错了,误以为 else 与 if(x! =0)匹配,则当 x! =0 为假时,就会误以为程序执行的是"y =-1;"这个语句。可见弄清楚 else 与哪个 if 相匹配是非常重要的,因为只有这样,才能明确每个 else 所隐含的条件。

在输入程序时,为了使 if 语句的嵌套结构看起来更有层次感,使得 if 和 else 的匹配情况一目了然,通常要将嵌套在内部的 if-esle 语句向右缩进一些,并且使互相配对的 if 和 else 对齐。例如,将上述程序改写成如下格式后看起来就清晰多了:

```
if(x! =0)
    if(x >0)
        y =1;
    else
        y =-1;
```

(3) 如果整个 if 语句都包含在大括号{ }内,则认为它已经被匹配过了。

例如:

```
if(x! =0)
    {if(x >0)
        y =1;
    }
else
    y =-1;
```

在上述程序段中,由于"if(x >0) y =1;"被大括号括起来,因此认为这里的 if 已经被匹配过了,所以 else 只能与 if(x! = 0)中的 if 匹配。此时,如果 x 等于 0,则执行"y = -1;";如果 x 不等于 0 且 x > 0,则执行"y = 1;";如果 x 不等于 0 且 x < 0,则什么也不做。

【例 3.7】 求三个整数中的最大数并将其输出。

问题分析

求三个整数中的最大数,采用的方法就是两两比较法,一个数如果能比另外两个数都大,那它就是最大数。因此,可以先对两个数进行比较,找出比较大的那个数,让它再和第三个数进行比较,如果也比第三个数大,则这个数是最大的,如果比第三个数小,则第三个数最大。

假设求 a、b、c 三个整数中的最大数,其求解步骤用流程图表示如图 3.11 所示。

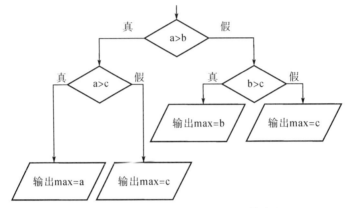

图 3.11　求三个整数中的最大数程序的流程图

程序代码

```
#include < stdio. h >
void main( )
{
    int a,b,c,max;
    printf( "Please input three numbers:\n" );
    scanf( "% d% d% d" ,&a,&b,&c );
    if( a > b)
        if( a > c)
            max = a;
        else
            max = c;
    else
        if( b > c)
            max = b;
        else
            max = c;
    printf( "max = % d\n" ,max);
}
```

运行结果(图3.12)

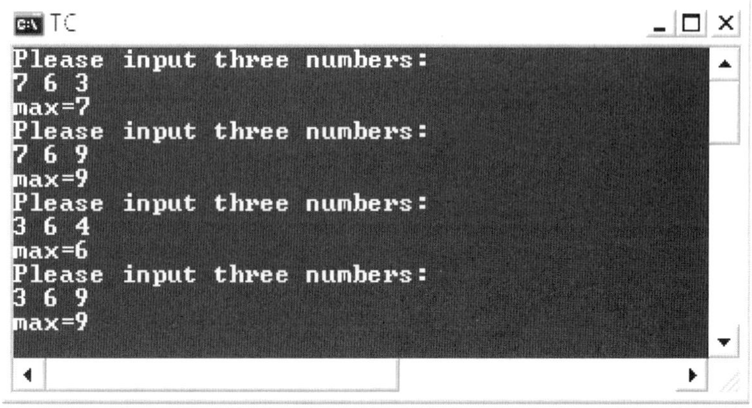

图 3.12 求三个整数中的最大数程序的运行结果

在测试这个程序时,输入的三个数要包含以下 4 种情况:① a>b 且 a>c;② a>b 且 a
<=c;③ a<=b 且 b>c;④ a<=b 且 b<=c。如果代表 4 种情况的 4 组数据的执行结果都
正确了,才能说明这个程序是正确的。这是因为这个程序一共有 4 个流程可以执行,在测试
程序时,要使得这 4 个流程都能至少执行一次,所以至少要用 4 组代表不同情况的数据来验
证程序是否正确。

虽然上述程序能将三个数中的最大数求出来,但这个程序还是有明显的局限性的。比
如求四个数中的最大数,求五个或者更多个数中的最大数时,如果还采用这种做法,那程序
代码将会变得非常冗长,而且逻辑关系非常复杂。因此,其实可以将上述程序换用一种结构
简单点的做法,其解题思路是先假设 a 为最大数并将 a 的值保存在 max 中,再将 max 和 b 作
比较,如果 max 小于 b,就将 max 的值换成 b;然后将 max 和 c 作比较,如果 max 小于 c,就将
max 的值换成 c,最后输出 max 的值即可。程序代码如下所示:

```c
#include < stdio. h >
void main( )
{
    int a,b,c,max;
    printf( "Please input three numbers: \n" ) ;
    scanf( "% d% d% d" ,&a,&b,&c) ;
    max = a;
    if( max < b) max = b;
    if( max < c) max = c;
    printf( "max = % d" ,max) ;
}
```

这种做法比用 if 嵌套逻辑关系简单很多,代码长度也大大缩短,可见同一道题目可以有
多种做法,在编程时不应只满足于把程序写出来,还应进一步探索更好的方法,这样才能提
高编程能力。

【例 3.8】 用 if 语句嵌套结构改写判断闰年程序。

问题分析

例 3.3 根据闰年的定义,采用了一个简洁的逻辑表达式来判断一个年份是否是闰年,这种做法是非常方便的,也是一种比较好的做法。不过,除了这种做法外,还可以利用多分支结构来判断闰年,虽然复杂点,但有助于大家更清楚地了解闰年的判断过程。

判断闰年的流程图如图 3.13 所示。

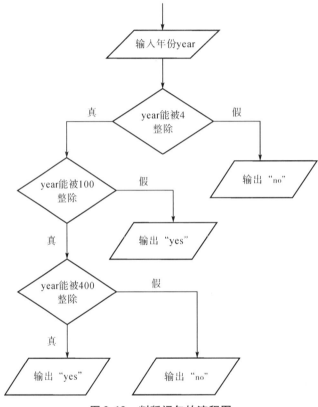

图 3.13 判断闰年的流程图

程序代码

```c
#include < stdio. h >
void main( )
{ int year;
   printf( "Please input a year:" );
   scanf( "% d" ,&year);
   if( year% 4 ==0)
     if( year% 100 ==0)
       if( year% 400 ==0)
         printf( "yes\n" );
       else
         printf( "no\n" );
     else
```

```
        printf("yes");
    else
        printf("no");
}
```

代码分析

这个程序代码比例 3.3 的要复杂很多,在书写时要非常注意 if 和 else 的匹配关系,写的时候就要将互相匹配的 if 和 else 对齐。

运行结果(图 3.14)

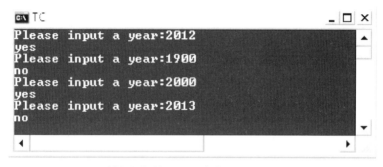

图 3.14　判断闰年的 **if** 语句嵌套结构程序的运行结果

3.4　switch 语句

除了 if 语句外,C 语言还用 switch 语句实现多分支结构。使用 switch 语句,可以根据表达式的结果,在多组语句中选择执行。其一般形式为:

```
switch(表达式)
{
  case 常量表达式 1：语句 1；[ break；]
  case 常量表达式 2：语句 2；[ break；]
  …
  case 常量表达式 n：语句 n；[ break；]
  default ：语句 n +1；
}
```

执行过程为:首先计算表达式的值,并逐个与其后的常量表达式的值相比较,若该表达式的值与某个 case 常量表达式的值相等, 则执行这个 case 后面的语句;如果表达式的值与所有常量表达式的值均不相等,则执行 default 后面的语句。

语句 1、语句 2……语句 n +1 可以由多个语句构成,不需要用大括号括起来。如:

```
switch(a)
{case 1：a ++ ；a ++ ；break；
 case 2：a -- ；a -- ；break；
 default：a +=5；
}
```

关于 switch 语句有以下注意事项:

(1) case 后面必须跟常量表达式,不能跟变量、关系表达式或逻辑表达式等其他表达式。如以下写法是错误的:

```
int a = 1, b = 2;
switch(a)
{
    case a > 1: b ++; break;
    case 1 < 2: b -- ; break;
    case a: b += 2; break;
    default: b -= 2;
}
```

(2) 关键字 switch 后面括号中的表达式可以是任何类型,如整型、字符型、实型等等,但是 case 后面跟的常量表达式必须是整型或字符型,如 case 1, case 'A', case 2 + 4 都是正确的,但如果写成 case 2.6, case 1.0, case 2.0 就是错误的。

例如:

```
int a = 2;
switch(a)
{case 1: a ++; break;
 case 2: a -- ; break;
 default: a += 2;
}
```

执行上述程序段时,由于 a 的值为 2,所以执行的是 case 2 后面的语句,即 a -- ,所以 a 的值变成 1。

如果 switch 后面括号内的表达式的值是实型的,在匹配时只取实数的整数部分进行匹配,不要四舍五入。如:

```
float x = 3.8;
switch(x)
{
    case 1: x ++; break;
    case 2: x -- ; break;
    case 3: x += 2; break;
    default: x -= 2;
}
```

则与 x 的值相匹配的是 case 3 这一行,所以这个程序段执行后 x 的值为 5.8。

(3) 在同一个 switch 语句中,各个 case 后面的常量表达式的值不能重复。如以下代码是错误的,因为出现了两个 case 3:

```
switch(x)
{
  …
  case 1 + 2：…
  case 3：…
  …
}
```

（4）case 和常量表达式之间必须有空格。如：

```
case 1：
case 2：
…
```

是正确的。

以下写法是错误的：

```
case1：
case2：
…
```

（5）break 语句并不是 switch 语句中必需的部分，在大多数情况下，每个 case 后面都有一个 break 语句，其作用是让程序执行完某个 case 后的语句即跳出 switch 语句，不再去执行其他 case 后面的语句。如：

```
switch(a)
{case 1：a ++ ;break;
 case 2：a -- ;break;
 default：a += 2;
}
```

如果 a 的值为 1，则执行完 case 1 后面的"a ++ ;"后就遇到 break 语句，从而结束整个 switch 语句。如果 a = 2 也一样，执行完"a -- ;"后就跳出 switch 语句。如果 a 不等于 1 和 2，就执行 default 后面的语句，然后结束 switch 语句。因为在此程序段中，default 位于 switch 语句的最后一行，所以不用加 break 语句。

如果 case 后面没有 break 语句，则意味着执行完这个 case 后面的语句后，还要继续执行其后的 case 语句。

如果上述程序段不加 break 语句，则变成如下程序段：

```
switch(a)
{case 1：a ++ ;
 case 2：a -- ;
 default：a += 2;
}
```

此时，如果 a = 1，则意味着从 case 1 这行开始执行，由于 case 1 这行没有 break 语句，因此 switch 语句没有结束,所以继续执行 case 2 这行,同样因为 case 2 这行也没有 break 语句,所以又接着执行 default 这一行,执行完"a += 2;"后,结束整个 switch 语句。因此,假如 a 的值为 1,则在执行这个程序段时,a 先后经过了"a ++ ;""a −− ;""a += 2;"三个语句,最终 a 的值变成了 3。

由上可见,在执行 switch 语句时,如果在某一行遇到 break 语句,则结束整个 switch 语句,如果没有遇到 break 语句就继续执行,直到遇到 break 语句或执行到 switch 语句的最后一行为止。

例如:

```
int x = 1,a = 1,b = 2;
switch(x)
{case 1:a ++ ;
  case 2:a ++ ;b ++ ;break;
  default:b ++ ;
}
```

执行完上述程序段后,a 的值为 3,b 的值为 3。

(6) default 也不是 switch 语句所必需的,当 switch 后面括号内的表达式的值和所有的 case 后面的常量表达式的值都不相同时,如果不用做任何操作,就可以省略 default 这一行。default 可以写在最后一行,也可以写在前面。

例如:

```
switch(x)
{
  case 1: x ++ ;break;
  case 2: x −− ;break;
  case 3:x += 2;break;
  default: x −= 2;
}
```

也可以写成:

```
switch(x)
{
  default: x −= 2;break;
  case 1: x ++ ;break;
  case 2: x −− ;break;
  case 3:x += 2;
}
```

在上述两个程序段中,当 x 的值不等于 1、2、3 时,程序都是执行 default 这一行,和 default 所处的位置无关。例如,若 x 的值为 4,则两个程序段执行后 x 的值都是 2。

不过,default 放在最后一行时,其后面跟的语句可以不用加 break 语句。但如果 default

放在前面,又不加 break 语句的话,那执行结果可能就不一样了。如:

```
switch(x)
{
    default: x -=2;
    case 1: x ++ ;break;
    case 2: x -- ;break;
    case 3: x +=2;
}
```

若 x 的值为 4,则执行完上述程序段后,x 的值为 3。

(7) 多个 case 可以共用同一组语句。

例如:

```
switch(x)
{
    case 1:
    case 2:
    case 3: printf("10 <= x <40"); break;
    …
}
```

x 的值为 1、2、3 时都是执行"printf("10 <= x <40");"与"break;"这两个语句。对此,可以这样理解:假设 x 的值为 1,则从 case 1 这一行开始执行,由于 case 1 后面是空的,所以什么也不做,直接执行 case 2 这一行,因为 case 2 后面也是空的,所以还是什么也不做,直接执行 case 3 这一行,所以执行"printf("10 <= x <40");"与"break;"两个语句。因此,case 1、case 2、case 3 执行的是同一组语句。

【例 3.9】　输入一个 1 到 7 之间的整数,并将其转换为英文的星期几并输出。

问题分析

一周有 7 天,每天对应的星期名称不同,因此 7 个取值对应 7 个不同的语句,程序至少需要 7 个分支。对于这种多分支结构用 if 语句嵌套结构做的话代码会比较冗长,但是如果用 switch 语句来做则非常方便。只要输入一个整数,对整数值进行判断,如果是 1 ~ 7 之间的某个数字就输出与其相应的星期名称,如果是超出 1 ~ 7 的数字就输出出错信息。

程序代码

```
void    main()
{
    int a;
    printf("input an integer number: ");
    scanf("% d",&a);
    switch (a)
    {
        case 1: printf("Monday\n");break;
```

```
        case 2: printf("Tuesday\n"); break;
        case 3: printf("Wednesday\n");break;
        case 4: printf("Thursday\n");break;
        case 5: printf("Friday\n");break;
        case 6: printf("Saturday\n");break;
        case 7: printf("Sunday\n");break;
        default: printf("input error\n");
      }
    }
```

运行结果(图 3.15)

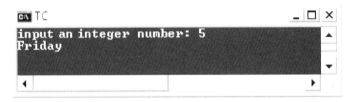

图 3.15　输出英文星期几程序的运行结果

上述程序中每个 case 后面都有 break 语句,如果在编写程序时漏写了 break 语句,即将程序写成如下:

```
    void main()
    {
      int a;
      printf("input an integer number: ");
      scanf("%d",&a);
      switch (a)
      {
        case 1: printf("Monday\n");
        case 2: printf("Tuesday\n");
        case 3: printf("Wednesday\n");
        case 4: printf("Thursday\n");
        case 5: printf("Friday\n");
        case 6: printf("Saturday\n");
        case 7: printf("Sunday\n");
        default: printf("input error\n");
      }
    }
```

虽然在编译程序时没有报错,但是运行结果却是错误的,如图 3.16 所示,输入 5,却输出了以下 4 行错误的结果:

Friday
Saturday
Sunday
input error

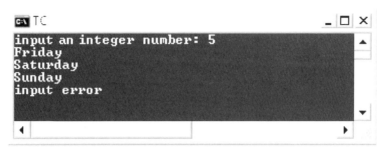

图 3.16 输出英文星期几程序错误的运行结果

出错的原因在于 case 后面没有了 break 语句,所以在找到第一个符合条件的 case 之后,除了执行这个 case 后所跟的语句之外,还要执行这个 switch 语句中剩下的语句,直到遇到 break 语句或执行到最后一行为止。所以输入 5 时,实际执行的语句有 4 行:

case 5：printf("Friday\n")；
case 6：printf("Saturday\n")；
case 7：printf("Sunday\n")；
default：printf("input error\n")；

因此输出结果也有 4 行。可见在写 switch 语句时尤其要注意 case 后面要不要加上 break 语句。有时不用加,有时必须加,要根据具体程序而定。

【例 3.10】 输入某年某月,求这个月的总天数。

问题分析

一年有 12 个月,其中,1、3、5、7、8、10、12 为大月,有 31 天;4、6、9、11 为小月,有 30 天;2 月份分为平年和闰年两种情况,平年 2 月有 28 天,闰年 2 月有 29 天。由于月份的取值有 12 种情况且都为整数,因此本题属于多分支结构,适合用 switch 语句来实现。

本题易错点和难点在于求解 2 月份天数时要先判断年份是否是闰年。对此,可以借鉴例 3.3 中判断闰年的简便方法。

程序代码

```
void main()
{
    int year,month,day;
    printf("input year and month：")；
    scanf("%d-%d",&year,&month)；
    switch (month)
    {
        case 1：
```

```
         case 3：
         case 5：
         case 7：
         case 8：
         case 10：
         case 12：printf("days＝31\n")；break；
         case 4：
         case 6：
         case 9：
         case 11：printf("days＝30\n")；break；
         case 2：if(year%4＝＝0&&year%100！＝0||year%400＝＝0)
                     printf("days＝29\n")；
                 else
                     printf("days＝28\n")；
                 break；
         default：printf("error\n")；
     }
}
```

代码分析

本程序主要用了 switch 语句中多个 case 共用同一组语句这种结构。对于 2 月份天数的求解方法是本程序的关键点,要重点掌握。

运行结果(图 3.17)

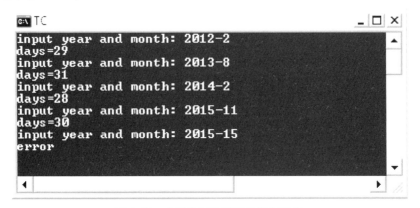

图 3.17　求月份天数程序的运行结果

3.5　条件运算符和条件表达式

条件运算符为"？：",用于连接三个操作数,是唯一的三目运算符。

条件表达式的一般形式为:

表达式 1? 表达式 2:表达式 3

条件表达式的求解规则为:如果表达式 1 的值为真,则执行表达式 2,并以表达式 2 的值作为条件表达式的值;否则,执行表达式 3,并以表达式 3 的值作为条件表达式的值。

例如:表达式 a > b? a:b 的求解过程为先判断 a 大于 b 是否成立,如果成立,则表达式的值为 a,否则为 b。表达式 32 > 28? 32:28 的值为 32。

使用条件运算符时有以下注意事项:

(1) 条件运算符的优先级低于关系运算符和算术运算符,但高于赋值运算符。

例如:对于表达式 max = a > b? a:b,先求解条件表达式 a > b? a:b 的值,再将其赋给 max。相当于如下 if 语句:

```
if( a > b)
    max = a;
else
    max = b;
```

max = a > b? a:b 也可以改写成 a > b? (max = a):(max = b),但一定要注意 max = a 和 max = b 两边要加括号,因为赋值运算符的优先级比条件运算符低,如果写成 a > b? max = a: max = b,则系统会将其当成(a > b? max) = (a:max) = b,而 a > b? max、a:max 都不是合法的变量名,不能对其做赋值操作,所以编译时会出现语法错误。

(2) 条件运算符可以嵌套。

例如:对于表达式 a > b? a:b > c? b:c,它的执行步骤是先判断 a > b 是否成立,如果成立,则表达式的值为 a;如果不成立,则继续判断 b > c 是否成立,如果成立则表达式的值为 b,否则表达式的值为 c。相当于如下 if 语句:

```
if( a > b)
    a;
else if( b > c)
        b;
    else
        c;
```

假设 a = 1,b = 2,c = 3,d = 4,则表达式 a < b? a:c < d? a:d 的值为 1。因为 a < b 成立,所以表达式的值为 a 的值,即 1。

假设 a = 2,b = 1,c = 3,则执行语句"m = a > b? a + + :b > c? b + + :c + + ;"后 m 的值为 2,a 的值为 3,b 为 1,c 为 3;假设 a = 1,b = 2,c = 3,则执行语句后,m 的值为 3,a 为 1,b 为 2,c 为 4。对此,只要将该语句转换成如下 if 语句就不难理解了:

```
if( a > b)
    m = a + + ;
else if( b > c)
        m = b + + ;
    else
        m = c + + ;
```

【例 3.11】　求 a、b、c、d 四个整数中的最大数,并输出结果。

问题分析

在例 3.7 中介绍了求三个整数中最大数的两种做法,本题要求四个整数中的最大数。如果用 if 语句嵌套结构来做,程序代码将非常复杂,而且逻辑关系容易搞错,所以本题采取的思路是先求出前两个数中的较大数,再将这个数和第三个数作比较,取较大的那个数继续和第四个数进行比较,较大的那个数即四个数中的最大数。求两个整数中的最大数可以用条件运算符来表示,这样程序代码将更为简洁。

程序代码

```c
void main( )
{
    int a,b,c,d,max;
    printf ("please input 4 numbers:");
    scanf ("%d,%d,%d,%d", &a,&b,&c,&d);
    max = (a>b)? a:b;
    max = (c>max)? c:max;
    max = (d>max)? d:max;
    printf ("max=%d\n",max);
}
```

代码分析

本程序用了三个条件表达式求出了四个数中的最大数,代码精炼,逻辑关系简洁明了,不易出错。因此,在求解几个数中的最大数或最小数时,用条件运算符是非常方便的。

运行结果(图 3.18)

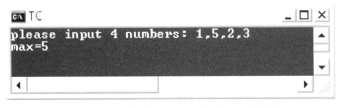

图 3.18　求四个整数中的最大数程序的运行结果

3.6　编程实战

【例 3.12】　根据百分制成绩输出等级,90～100 为 A,80～89 为 B,70～79 为 C,60～69 为 D,60 以下为 E。成绩可以有小数,但不能为负数,也不能超过 100。

问题分析

在本题中百分制成绩被分为 5 种情况,每种情况对应一个等级。所以可以用 if-else if 语句实现,也可以用 switch 语句实现。下面分别用两种语句实现。

因为成绩可以有小数,所以要用实型变量表示。在编程过程中还要考虑非法数据的处理,即当输入的成绩为负数或大于 100 时要提示出错信息。

程序代码

方法一:用 if-else if 语句实现

```
void main( )
{
   float score;
   printf ("please input a score: ");
   scanf ("%f",&score);
   if( score >=90&&score <=100)
     printf("A\n");
   else   if( score >=80&&score <=89)
             printf("B\n");
          else if( score >=70&&score <=79)
                  printf("C\n");
              else if( score >=60&&score <=69)
                      printf("D\n");
                 else if( score <60&&score >=0)
                         printf("E\n");
                    else printf("error\n");
}
```

方法二:用 switch 语句实现

```
void main( )
{
   float score;
   int k;
   printf ("please input a score: ");
   scanf ("%f", &score);
   if( score <0||score >100)
     printf("error\n");
   else
   {k = score/10;
     switch( k)
     {
        case 10:
        case 9:printf("A\n");break;
        case 8: printf("B\n");break;
        case 7: printf("C\n");break;
        case 6: printf("D\n");break;
        default: printf("E\n");
     }
   }
}
```

代码分析

方法二中"k = score/10;"这个语句将 score 除以 10 得到的商赋给变量 k,因为 k 是整型变量,将实数赋给整型变量时要舍弃小数部分,因此只把商的整数部分赋给 k。这样就可以

将百分制成绩转换成 0~10 之间的整数。100 分对应的 k 为 10,90~99 分对应的 k 为 9,80
~89 对应 8,70~79 对应 7,60~69 对应 6,50~59 对应 5,……,10~19 对应 1,0~9 对应 0。
所以,k 的值为 9 或 10 时,输出 A 等级;k 的值为 8 时,输出 B 等级;k 的值为 7 时,输出 C 等
级;k 的值为 6 时,输出 D 等级;k 的值为其他,则输出 E 等级。

其实方法二也可以不用定义变量 k,直接用 switch(score/10) 就可以了。因为虽然
score/10 是实数,但是在与后面的 case 匹配时,会自动舍弃小数部分进行匹配。如下
所示:

```
void main( )
{
  float score;
  printf ("please input a score: ");
  scanf ("%f",&score);
  if( score <0||score >100)
     printf("error\n");
else
     switch( score/10)
     {
       case 9:
       case 10:printf("A \n");break;
       case 8: printf("B\n");break;
       case 7: printf("C\n");break;
       case 6: printf("D\n");break;
       default: printf("E\n");
     }
}
```

运行结果

上述三个程序的运行结果都一样,如图 3.19 所示。

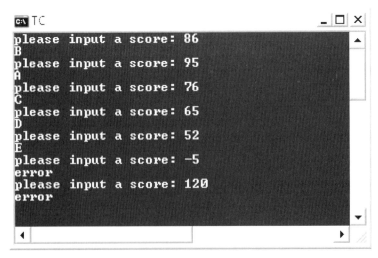

图 3.19　输出成绩等级程序的运行结果

【例3.13】　输入一个整数,如果不超过五位数,则求其位数并输出每一位数字,否则输出出错信息。

问题分析

在本题中,由于输入的整数位数不是确定的,可能两位,可能五位,还有可能超过五位,因此位数不同,其要输出的数位也不同,如四位数要输出千位、百位、十位和个位,而两位数则只要输出十位和个位数即可。所以要先判断其究竟是几位数,然后再分离出万位、千位、百位、十位和个位数,最后再根据其位数决定输出哪几位数字。如果超过五位则输出出错信息;反之,则根据其位数输出相应数位上的数字。

确定数据的位数可以用 if 语句实现,根据位数来输出各个数位上的数字可以用 switch 语句实现。

程序代码

```c
void main( )
{
    long n;
    int count,wan,qian,bai,shi,ge;
    printf("Please input a number: ");
    scanf("%ld",&n);
    if(n>=0&&n<=9)
        count=1;
    else if(n>=10&&n<=99)
            count=2;
        else if(n>=100&&n<=999)
                count=3;
            else if(n>=1000&&n<=9999)
                    count=4;
                else if(n>=10000&&n<=99999)
                        count=5;
                    else count=0;
    wan=n/10000;
    qian=n%10000/1000;
    bai=n%1000/100;
    shi=n%100/10;
    ge=n%10;
    switch(count)
    { case 0: printf("error\n");break;
      case 1: printf("count=%d,ge=%d\n",count,ge);break;
      case 2: printf("count=%d,shi=%d,ge=%d\n",count,shi,ge);break;
      case 3:
      printf("count=%d,bai=%d,shi=%d,ge=%d\n",count,bai,shi,ge);break;
      case 4:
      printf("count=%d,qian=%d,bai=%d,shi=%d,ge=%d\n",count,qian,bai,shi,
            ge);break;
      case 5:
```

```
    printf( "count = % d, wan = % d, qian = % d, bai = % d, shi = % d, ge = % d \n", count,
        wan, qian, bai, shi, ge);
    }
}
```

代码分析

在上述程序中, n 代表输入的整数, 因为数值可能超过 32767, 所以要用 long 型表示。count 代表位数, 当数据超过五位数时, count 的值用 0 表示。

本程序由以下四个部分组成:

(1) 输入数据;

(2) 用 if 语句根据数据的范围来确定其位数;

(3) 分离万位、千位、百位、十位和个位数字;

(4) 用 switch 语句根据位数的不同确定要输出哪几位数字。

本程序是 if 语句和 switch 语句的综合应用。

运行结果 (图 3.20)

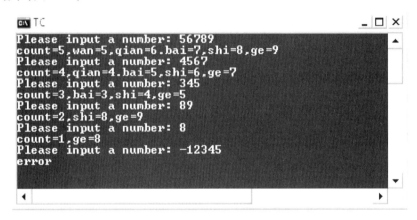

图 3.20　分离数位程序的运行结果

【例 3.14】　求一元二次方程 $ax^2 + bx + c = 0$ 的实数解。

问题分析

求解一元二次方程采用的基本公式是 $x = \dfrac{-b \pm \sqrt{b^2 - 4ac}}{2a}$ ($a \neq 0$)。

当 $b^2 - 4ac = 0$ 时, 方程有两个相等的实数解 $\dfrac{-b}{2a}$;

当 $b^2 - 4ac > 0$ 时, 方程有两个不等的实数解 $x_1 = \dfrac{-b + \sqrt{b^2 - 4ac}}{2a}$, $x_2 = \dfrac{-b - \sqrt{b^2 - 4ac}}{2a}$;

当 $b^2 - 4ac < 0$ 时, 方程没有实数解。

程序代码

```
#include < math. h >
void main( )
{
    float a,b,c,x1,x2,k;
    printf( "please input a number:" );
    scanf( "% f,% f,% f",&a,&b,&c);
    k = b * b - 4 * a * c;
    if( fabs( a) < 1e - 6)
        printf( "error" );
    else if( k < 0)
            printf( "has no real roots\n" );
        else if( fabs( k) < 1e - 6)
                printf( "x = % f\n" , - b/( 2 * a) );
            else
                printf( "x1 = % f,x2 = % f\n" ,( - b + sqrt( k) )/( 2 * a) ,( - b - sqrt( k) )/
                    ( 2 * a) );
}
```

代码分析

上述程序先判断 a 是否为 0,如果是,则输出出错信息,否则再判断 $b^2 - 4ac$ 是否小于 0,如果是,则输出"has no real roots",即没有实数解,如果不是,则继续判断 $b^2 - 4ac$ 是否等于 0,如果是,则输出一个解 $-b/(2a)$,否则输出两个不同解 x1 和 x2。

该程序有一个难以理解之处,即为什么判断 a 和 k 是否为 0,不直接写 if(a ==0)或 if(k ==0),而是写 if(fabs(a) < 1e - 6)与 if(fabs(k) < 1e - 6)? 这就涉及第二章讲的实数误差问题了。因为实数只能保留 7 位有效数字,即使计算结果为 0,但因为存在误差,在内存中实际存储时只能保证前 7 位是 0,后面几位数字可能有误差,如 0.000000000023,如果取 7 位有效数字的话,其实际值为 0.000000,相当于 0。因此,如果用是否等于 0 来判断,则其判定结果为假,因为二者并不相等。所以为了防止出现这种误判的情况,在程序中用 a、k 的绝对值是否小于一个很小的数 1e - 6(即 0.000001)来判断其是否为 0,如果小于 1e - 6,则认为这个数为 0。这种处理方法在以后的编程中还会遇到。

运行结果(图 3.21)

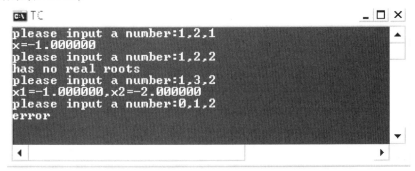

图 3.21　求一元二次方程解程序的运行结果

习题三

一、选择题

1. 表示关系 $x \leq y \leq z$ 的 C 语言表达式为_____。
   - A. (x <= y)&&(y <= z)
   - B. (x <= y)AND(y <= z)
   - C. (x <= y <= z)
   - D. (x <= y)&(y <= z)

2. 已知有声明"int a =3,b =4,c =5;",以下表达式中值为 0 的是_____。
   - A. a&&b
   - B. a <= b
   - C. a||b&&c
   - D. !(!c||1)

3. 一元二次方程 $ax^2 + bx + c = 0$ 有两个相异的实根的条件是 $a \neq 0$ 且 $b^2 - 4ac > 0$,以下选项中能正确表示该条件的表达式是_____。
   - A. a! =0,b^2 -4 * a * c >0
   - B. a! =0||b * b -4ac >0
   - C. a&&b * b -4 * a * c >0
   - D. ! a&&b * b -4 * a * c >0

4. 已知有声明"int a,b;",要求编写一段程序实现"当 $a \geq 0$ 时 b 的值为 1,反之,b 的值为 -1",则以下程序段中错误的是_____。
   - A. if(a >=0)b =1;else b = -1;
   - B. b = a >=0?1: -1;
   - C. switch(a)
     ```
     {case a >=0:b =1;break;
      default:b = -1;
     }
     ```
   - D. switch(a - abs(a))
     ```
     {case 0:b =1;break;
      default:b = -1;
     }
     ```

5. 有声明"int x,y =3,z =2;",执行"x = y > z ++? y ++ :z ++ ;"语句后,变量 x,y,z 的值分别为_____。
   - A. 3,4,3
   - B. 3,3,4
   - C. 3,3,3
   - D. 4,3,4

6. 下列 4 个程序段中与其他 3 个执行效果不同的是_____。
   - A. if(x > y)z = x,x = y,y = z;
   - B. if(x > y){z = x,x = y,y = z;}
   - C. if(x > y)z = x;x = y;y = z;
   - D. if(x > y){z = x;x = y;y = z;}

7. 对于语句"int x =5,y;float z =2;",以下表达式语法正确的是_____。
   - A. y = x% z
   - B. x >0? y = x:y = - x
   - C. y = x/2 = z
   - D. y = x = z/2

8. 下面程序的输出结果是_____。

```
void main( )
{
  int x =3,y =0,z =0;
  if ( x = y + z)   printf("*****");
  else              printf("#####");
}
```

   - A. 有语法错误不能通过编译

B. 输出＊＊＊＊

C. 可以通过编译,但是不能通过连接,因而不能运行

D. 输出#####

9. 设 x,y,z,t 均为 int 型变量,则执行以下语句后,t 的值为＿＿＿＿＿＿。

x = y = z = 1; t = ++x || ++y&& ++z;

　　A. 不定值　　　　　　　B. 2　　　　　　　　C. 1　　　　　　　　D. 0

10. 下列程序段中,能将变量 x,y 中值较大的数保存到变量 a,值较小的数保存到变量 b 的是＿＿＿＿＿＿。

　　A. if(x > y) a = x;b = y;else a = y;b = x;

　　B. if(x > y) { a = x;b = y; } else a = y;b = x;

　　C. if(x > y) { a = x;b = y; } else { a = y;b = x; }

　　D. if(x > y) { a = x;b = y; } else(x < y) { a = y;b = x; }

二、填空题

1. C 语言编译系统在给出逻辑运算结果时,以数值＿＿＿＿＿＿代表"真",以＿＿＿＿＿＿代表"假";但在判断一个数值是否为"真"时,以＿＿＿＿＿＿代表"假",以＿＿＿＿＿＿代表"真"。

2. 表达式(6 > 5 > 4) + (float)(3/2)的值是＿＿＿＿＿＿。

3. 当 m = 2,n = 1,a = 1,b = 2,c = 3 时,执行完 d = (m = a! = b)&&(n = b > c)后,m 的值为＿＿＿＿＿＿,n 的值为＿＿＿＿＿＿。

4. 若有声明"int x,y,z;",且 x = 3,y = -4,z = 5,则表达式!(x > y) + (y! = z) || (x + y)&&(y - z)的值为＿＿＿＿＿＿。

5. 已知有声明"int x = 1,y = 2,z = 3;",则执行语句"x > y? (z -= --x):(z += ++x);"后,变量 x、z 的值分别是＿＿＿＿＿＿。

6. 下列程序的运行结果是＿＿＿＿＿＿。

```
void main( )
{ int i = 1,m = 0;
  switch( i )
  {
    case 1:
    case 2:m ++ ;
    case 3:m ++ ;
  }
  printf( "% d",m);
}
```

7. 下列程序的运行结果是＿＿＿＿＿＿。

```
void main( )
{
  int x = 1,y = 0,a = 0,b = 0;
  switch( x )
```

```
        {
            case 1:
                switch(y)
                    {case 0:a ++ ;break;
                     case 1:b ++ ;break;
                    }
            case 2:a ++ ;b ++ ; break;
            case 3:a ++ ;b ++ ;
        }
    printf(" \na = % d,b = % d",a,b);
}
```

三、完善程序题

1. 以下程序的功能是判断一个三位整数是否为"水仙花数",所谓"水仙花数"是指一个三位数,其各位数字的立方和等于该数本身。例如:153 是一个"水仙花数",因为 $153 = 1^3 + 5^3 + 3^3$。请根据提示完善程序。

```
void main( )
{
    int i,j,k,n;
    printf("Input a number please:");
    scanf("% d",&n);
    i = ____(1)____ ;         /*分离百位数*/
    j = ____(2)____ ;         /*分离十位数*/
    k = ____(3)____ ;         /*分离个位数*/
    if( ____(4)____ )
    printf("yes\n");
    else
    printf("no\n");
}
```

2. 以下程序的功能是判断输入的字符是大写字母、小写字母、阿拉伯数字还是其他字符。如果是大写字母,则输出"upperletter";小写字母,则输出"lowerletter",阿拉伯数字,则输出"number";其他字符则输出"other"。请根据提示完善程序。

```
#include  <stdio. h >
void main( )
{
    char c;
    c = getchar( );
    if( ____(5)____ ) printf("upperletter\n");
    else if( ____(6)____ ) printf("lowerletter\n");
        else if( ____(7)____ ) printf("number\n");
            else printf("other\n");
}
```

四、编程题

1. 输入一个整数,如果其是 5 的倍数,但不是 7 的倍数,则输出"yes",否则输出"no"。

2. 输入整数 a 和 b,若 $a^2 + b^2$ 大于 100,则输出 $a^2 + b^2$ 百位以上的数字,否则输出两数之和。

3. 根据输入的三条边长的值,判断它们是否能构成三角形,若能构成,则再判断是等边三角形、等腰三角形(不包括三条边相等的特例)还是一般三角形。

4. 输入三个整数,要求按从小到大的顺序输出。

5. 编程求解如下分段函数的值(假设 x 和 y 均为实数,且 x 的值由键盘输入):

$$y = \begin{cases} x & (x < 0) \\ 2x + 1 & (x = 0) \\ 3x - 5 & (x > 0) \end{cases}$$

6. 用 switch 语句编一程序,对于一个给定的五分制成绩,输出其百分制成绩范围:等级 A 成绩范围为 90 ~ 100,等级 B 为 80 ~ 89,等级 C 为 70 ~ 79,等级 D 为 60 ~ 69,等级 E 为低于 60 分。

7. 输入一个不多于 5 位的正整数,要求输出其逆序数,例如原数为 12345,应输出 54321。除此之外,程序还应当对不合法的输入作必要的处理,例如:① 输入负数;② 输入的数据超过 5 位(如 123456);③ 输入个位数为 0 的数。

第四章　循环结构程序设计

循环结构是结构化程序设计的基本结构之一。在解决实际问题时循环结构通常都是必不可少的,如:求数列之和(或数列之积),判断一个数是否为素数(即质数),求两个数的最大公约数和最小公倍数,求斐波那契数列(Fibonacci),求三位数中所有的水仙花数,解决鸡兔同笼、百钱买百鸡、猴子吃桃等问题。

C语言循环结构的特点是:当给定的条件成立时,就反复执行某个语句或语句块,一旦给定的条件不成立,循环就终止。给定的条件称为循环条件,反复执行的语句或语句块称为循环体。

循环结构通常包含三个要素:循环控制变量、循环条件、循环体。

循环控制变量是指用来控制循环条件值的变量。在循环开始前要对循环控制变量赋初值,在循环时要对循环控制变量的值进行更改,以使循环条件趋于不成立,这样循环才能停止,否则将会造成死循环。

C语言用于实现循环结构的语句主要有 while、do-while 和 for,goto 语句配合 if 语句虽然也能实现循环结构,但几乎不被采用。

4.1　while 语句

while 语句的特点是先判断循环条件是否为真(即表达式的值是否为非 0),如果是,就执行循环体并改变循环控制变量的值,然后继续判断循环条件,如果循环条件仍为真,则继续执行循环体,否则就结束整个循环。如果一开始循环条件就为假,则循环体一次也不执行。因此,while 语句的循环次数最少为 0 次。while 语句的执行过程如图 4.1 所示。

while 语句的一般形式为:

while(表达式)
　语句;

或:

while(表达式)
{
　语句 1;
　语句 2;
　…
　语句 n;
}

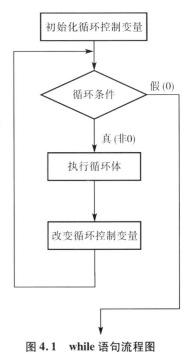

图 4.1　while 语句流程图

其中,表达式是循环条件,语句或语句块为循环体,即需要反复执行的操作。

例如,下面的代码段表示了一个 while 循环结构:

```
sum = 0;
i = 1;                  / * 循环控制变量初始化 * /
while( i < = 100 )      / * 循环条件 * /
{
    sum = sum + i;      / * 循环体 * /
    i + + ;             / * 改变循环控制变量的值 * /
}
```

此例是计算 $1 + 2 + 3 + \cdots + 99 + 100$ 的代码片段。i = 1 是对循环控制变量 i 进行初始化,i < = 100 是循环条件,i + + 用于改变循环控制变量的值。i 从 1 开始,每循环一次,sum 的值就要增加 i,同时 i 的值加 1,当 i 的值大于 100 时结束循环,因此这个循环体一共执行了 100 次。由于每执行一次"sum = sum + i;",就要执行一次"i + + ;",所以"sum = sum + i;"和"i + + ;"必须用大括号括起来,构成一个整体,即循环体。如果不加大括号,则循环体只包含"sum = sum + i;",如下所示:

```
i = 1;
while( i < = 100 )
    sum = sum + i;
i + + ;
```

这样,由于每次循环时都只执行"sum = sum + i;"这一个语句,i 的值没有发生改变,始终为 1,而 i < = 100 永远都成立,所以这个循环体将被执行无数次,永远都停不下来,即出现了死循环现象,程序也因此而无法得到正确结果。

由此可见,在编写循环结构程序时尤其要注意改变循环变量的值,使循环结构能逐渐趋于结束,避免出现死循环的情况。

【例 4.1】　求 $1 + 3 + 5 + \cdots + 99$ 的和。

问题分析

本题要求 $1 \sim 99$ 之间奇数的和。在编程之前,要先将循环结构的三个要素确定下来。即循环控制变量的初始值为 1,其变化规律是每循环一次值递增 2;循环条件为循环控制变量的值小于或等于 99;循环体的任务是把循环控制变量的值进行累加。确定好循环结构的三个要素后,程序就不难写了。

程序代码

```
void main( )
{
    int i = 1, sum = 0;
    while( i < = 99 )
    {
        sum + = i;
        i + = 2;
    }
    printf( "The sum is : % d", sum);
}
```

运行结果(图4.2)

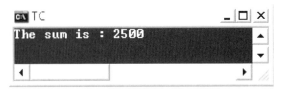

图4.2 求1~99间奇数和程序的运行结果

【例4.2】 求 n!,即 $1 \times 2 \times 3 \times \cdots \times n$(n 为正整数)。

问题分析

本题要求 $1 \times 2 \times 3 \times \cdots \times n$ 的乘积,即 n 阶乘。n 个乘数构成一个等差数列,因此可以用循环结构来实现。与例4.1不同的是,本题循环体执行的次数不是固定不变的,而是由 n 的值来决定。在开始循环之前要先输入一个正整数 n。循环控制变量的初始值为1,循环条件为循环控制变量的值小于或等于 n,循环体的任务是把循环控制变量的值进行累乘,每循环一次,循环控制变量的值增加1。

程序代码

```
void main( )
{
    int i,n;
    long s;
    printf(" \n Please input a number( >0): ");    /* 提示输入一个正整数 */
    scanf("% d",&n);
    s = 1;
    i = 1;                                /* 循环控制变量 i 的初始值为 1 */
    while (i <= n)                        /* 设置控制循环条件为 i 的值小于或等于 n */
    {
        s = s * i;
        i ++ ;                            /* 循环控制变量的值增加 1 */
    }
    printf(" \n % d! = % ld\n",n,s);
}
```

代码分析

(1) 程序中用 long 型变量 s 存放乘积的原因是阶乘计算结果比较大,用 long 型变量可以防止数据溢出。

(2) 用于保存乘积的变量 s 的初始值要设置为1,不能为0,因为0乘以任何数的结果都是0。

运行结果(图4.3)

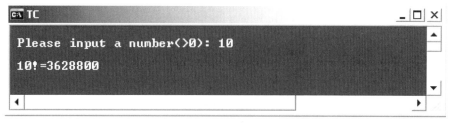

图4.3 n阶乘程序的运行结果

【例4.3】 通过键盘输入一个正整数 n,将其每位数字分离出来并逆序输出。

问题分析

本题实际上是要对一个正整数各个数位上的数字进行分离。对此,在第二章的例2.4和例2.6中已经分别介绍了为三位整数和五位整数分离各个数位的方法,但这种方法只能用在已知位数的情况下。而本题中任意输入的正整数的位数并不确定,可能是三位,也可能是五位,甚至七位、八位……所以那种方法不适合本题。那究竟有什么办法能在不知道位数的情况下就能将这个整数的各个数位上的数字拆分出来并逆序输出呢?

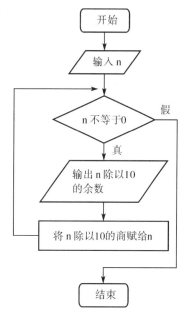

假设这个数字为3456,我们可以用以下方法进行拆分:

(1)输出3456除以10的余数6,再将3456除以10得到商345;

(2)输出345除以10的余数5,再将345除以10得到商34;

(3)输出34除以10的余数4,再将34除以10得到商3;

(4)输出3除以10的余数3,再将3除以10得到商0,拆分结束。

上述每个步骤实际上都在做两件事:输出一个整数除以10的余数,再求这个整数除以10的商。最后当这个整数除以10的商为0时,就说明数字已经全部拆分完毕。如果用 n 表示需要拆分的数,则上述每个步骤执行的操作可以表示为"printf("%d",n%10),n=n/10"。具体流程如图4.4所示。

图4.4 拆分正整数程序流程图

程序代码

```
void main( )
{
    long n;
    printf(" \n Please input a number ( >0): ");
    scanf("%ld",&n);
    while ( n! =0)
```

```
    {
        printf("%d ",n%10);
        n = n/10;
    }
}
```

运行结果

程序运行四次,每次输入不同整数,结果如图 4.5 所示。

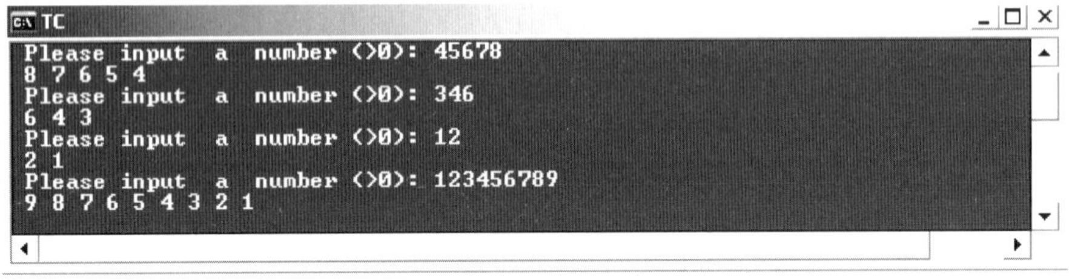

TC
Please input a number (>0): 45678
8 7 6 5 4
Please input a number (>0): 346
6 4 3
Please input a number (>0): 12
2 1
Please input a number (>0): 123456789
9 8 7 6 5 4 3 2 1

图 4.5　拆分正整数程序的运行结果

【例 4.4】　猴子吃桃问题:猴子第一天摘下若干个桃子,当即吃了一半,觉得还不过瘾,又多吃了一个;第二天早上将剩下的桃子吃掉一半后,又多吃了一个。以后每天早上都吃了前一天剩下的桃子数的一半多一个,到第 10 天早上想再吃时,发现只剩下一个桃子了。问猴子第一天一共摘了多少个桃子?

问题分析

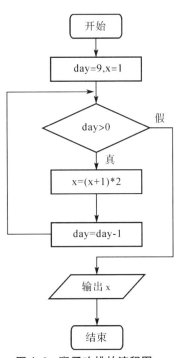

本题如果按照题意直接从第 1 天向第 10 天推算的话,则可以假设第 1 天摘了 x 个桃子,第一天吃了 x/2 +1 个桃子,剩余 x/2 -1;第二天剩余(x/2 -1) -(x/2 -1)/2 -1,以此类推,到第 10 天时就会得到一个异常繁杂的算式,该算式的值为 1,再根据方程解出 x 的值。这种方法可想而知是非常复杂的。

但是如果我们采取逆向思维的方法,从第 10 天向第 1 天倒推,问题一下子就简单了许多。即第 10 天的桃子数是 1,则第 9 天的桃子数为(1 +1) * 2 即 4,第 8 天的桃子数为(4 +1) * 2 即 10 个,以此类推,如果已知当天的桃子数为 x 个,则前一天的桃子数为(x +1) * 2 个,这样倒推到第一天时,就能得到原有的桃子总数了。

由于在推算前一天桃子数时需要反复执行(x +1) * 2,因此本题可以利用循环结构来实现。循环体为 x = (x +1) * 2,循环控制变量为天数 day,由于第 10 天的桃子数是已知的,没必要计算,所以从第 9 天往第 1 天倒推,即 day 的初值为 9,天数递减,当天数等于 0 时,停止循环。具体流程如图 4.6 所示。

开始
day=9,x=1
day>0
假
真
x=(x+1)*2
day=day-1
输出 x
结束

图 4.6　猴子吃桃的流程图

程序代码

```
void main( )
{
    int day = 9, x = 1;
    while( day > 0)
    {
        x = ( x + 1) * 2;
        day -- ;
    }
    printf( " \n The total number of peach is % d",x);
}
```

运行结果(图4.7)

图4.7　猴子吃桃程序的运行结果

【例4.5】　用公式 $\dfrac{\pi}{4} \approx 1 - \dfrac{1}{3} + \dfrac{1}{5} - \dfrac{1}{7} + \cdots$ 求 π 的近似值,直到最后一项的值不大于 10^{-8} 为止。

问题分析

(1)通过观察,推理出该数列第 n 项的通项公式为 $(-1)^{n-1}/(2*n-1)$,第 n 项与第 n-1 项的关系为"符号变反,分母加2"。据此可以设计一个循环结构,每次循环将前一项分母加2,符号变反,即可求得新项;再将新项的值累加求和,即得到 π/4 的值;最后将 π/4 乘以4,就得到 π 的值。

(2) π 要用 double 类型表示,因为 float 类型数据的有效位数只有7位,而本题中最小项的精度要求达到小数点后8位。

程序代码

```
#include < stdio. h >
#include < math. h >
void main( )
{
    double s = 0, x = 1;
    long k = 1;                    / * k 用于表示分母 * /
    int sign = 1;                  / * sign 用于表示符号 * /
    while( fabs( x) > 1e - 8)
    {
        s += x;
```

```
      k += 2;
      sign *= -1;
      x = sign/(double)k;
    }
    s *= 4;
    printf("PI is :%10.8f", s);
}
```

代码分析

（1）fabs(x) > 1e - 8 为循环条件，即 x 的绝对值大于 1×10^{-8}。fabs( ) 用于求实型数据的绝对值。

（2）x = sign/(double)k 用于求每一项值。因为 sign 和 k 都是整型变量，sign/k 只能得到商的整数部分，小数部分被舍弃掉，这样计算结果显然是不正确的。所以必须将 k 强制转换成 double 类型，这样才能比较精确地得到每一项的数值。

运行结果（图 4.8）

图 4.8　求 π 近似值程序的运行结果

4.2　do-while 语句

do-while 语句的一般形式为：

do
{
　语句；
}while(表达式)；

或：

do 语句;while(表达式)；　　　　　　　　/ * 循环体由一个语句构成时,大括号可以省略 * /

或：

do
{
　语句 1；
　语句 2；
　…
　语句 n；
}while(表达式)；

从形式上可以看出来,do-while 语句是先执行循环体,后判断循环条件。第一次执行循环体时不需要判断循环条件,因此,即使一开始时循环条件就不成立,do-while 语句也会执行一次循环体,而 while 语句则一次也不执行。所以,do-while 语句的循环次数至少为 1 次,而 while 语句的循环次数最少为 0 次。

例如,有如下定义语句:

int i = 1, sum = 0;

执行以下 do-while 语句后 sum 的值为 1,因为先执行 sum += i,sum 的值变成 1,再执行 i ++ ,i 的值变成 2,但是 2 > 100 不成立,所以停止循环。因此 sum 的值为 1:

```
do
{
  sum += i;
  i ++ ;
} while( i > 100 );
```

而执行以下 while 语句后 sum 的值仍为 0,因为 1 > 100 不成立,所以循环体一次也不执行:

```
while( i > 100 )
{
  sum += i;
  i ++ ;
}
```

如果一开始时循环条件就是成立的,那么 while 和 do-while 两种循环结构的执行结果都是一样的。

例如,有如下定义语句:

int i = 1, sum = 0;

执行以下 while 语句后,sum 的值为 5050:

```
while( i <= 100 )
{
  sum = sum + i;
  i ++ ;
}
```

执行以下 do-while 语句后,sum 的值也是 5050:

```
do
{
  sum = sum + i;
  i ++ ;
} while( i <= 100 );
```

【例 4.6】 从键盘输入若干个数,如果输入的数不在 1 ~ 10(含 1 和 10)范围内就继续输入,一旦输入的数在 1 ~ 10 之间,就停止输入,并将这个介于 1 ~ 10 之间的数输出。

问题分析

本题要实现的功能是从键盘输入任意多个数据,直到输入的数介于 1 ~ 10 之间为止。这个循环结构的循环控制变量就是键盘输入的数据,循环的次数取决于何时输入 1 ~ 10 之间的数。如果第一次输入的数不是 1 ~ 10 之间的数,则要重新输入一个新的数;然后继续判断其是否介于 1 ~ 10,如果不是,则继续输入新的数;如果是,则停止输入。因此,本程序的循环体就是输入一个新的数。

程序代码

```
void main( )
{
    float num;
    do
    {
        printf("Please enter a number:");
        scanf("%f",&num);
    } while(num < 1 || num > 10);
    printf("The correct number is %f",num);
}
```

代码分析

上述程序执行过程为:先输入一个数,然后判断这个数是不是小于 1 或大于 10 的数,如果是,则继续输入新的数,然后接着判断;如果输入的数是大于等于 1 且小于等于 10 的数,则停止循环,并执行循环后面的语句,将数据输出。

这个程序也可以用 while 语句改写如下,运行结果是一样的。但由于 while 语句是先判断循环条件后执行循环体,所以在循环结构之前要先输入一个数,然后通过 while 循环条件判断其是否小于 1 或大于 10,如果是,就执行循环体,继续输入新的数;如果不是,则停止循环:

```
void main( )
{
    float num;
    printf("Please enter a number:");
    scanf("%f",&num);
    while(num < 1 || num > 10)
    {
        printf("Please enter a number:");
        scanf("%f",&num);
    }
    printf("The correct number is %f",num);
}
```

将两个程序对比后,会发现这道题目用 do-while 语句解决时代码更简洁。也就是说,如果一个循环结构是先执行循环体后判断循环条件,则用 do-while 语句比较合适;反之,则用 while 语句更合适。

运行结果(图 4.9)

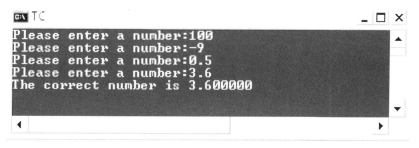

图 4.9 输出 1~10 之间的数程序的运行结果

【**例 4.7**】 猜数游戏:在程序中产生一个 0~99 之间的随机整数,让玩家去猜,并提示玩家猜的数字是太大了还是太小了,最多允许猜测 n 次,一旦玩家猜对了,就提示玩家赢了;如果超过 n 次玩家还是没猜对,则认定玩家输了。

问题分析

本题中,玩家如果猜错了就要继续猜,可见循环体的主要任务就是猜测数字,由于最多允许玩家猜测 n 次,所以循环体最多循环 n 次,如果玩家不到 n 次就猜对了,则循环就要提前结束。因此,除了用 n 来控制最大循环次数外,还要设置一个变量用于标记玩家是否猜对,如果玩家猜对了,标记变量的值为 1,否则为 0。如果玩家猜测的次数小于 n 并且标记变量的值为 0,则可以继续猜测;如果猜测的次数小于 n 但是标记变量的值为 1,则停止猜测。最后根据标记变量的值来决定玩家是否赢了。如果标记变量的值为 1,则玩家赢了;反之,如果为 0,则玩家输了。

题目要求生成一个介于 0~99 之间的随机整数,这可以通过 randomize 和 rand 函数来实现。randomize 函数的作用是产生一个随机种子,rand 函数的作用是产生 0 到 32767 之间的随机整数,在产生随机数之前用 randomize 函数对随机种子进行初始化,这样可以使每次运行时产生不同的随机数。这两个函数的定义都在 stdlib.h 头文件中,所以在写程序时要在程序开头加一句"#include < stdlib.h >"。

在构造循环结构时,可以考虑用 do-while 语句实现。也就是先让玩家猜一个数,看看对不对,如果不对再继续。

程序代码

```
#include < stdlib.h >
void main( )
{int n,m,flag=0,number;
    printf(" How many times do you want to guess? ");      /* 问玩家想猜测几次 */
    scanf("%d",&n);                                         /* 玩家输入最大猜测次数 */
    randomize( );                                           /* 初始化随机种子 */
    number = rand( )%100;                                   /* 产生 0~99 之间的随机整数 */
    do
```

```
    {
        printf(" \n You have % d times to guess. Now you guess the number is:",n);
        scanf("% d",&m);                        /* 玩家输入猜测的数 */
        if(m == number)flag = 1;
        else
            if(m > number)
                printf(" Too large! \n");
            else
                printf(" Too little! \n ");
        n--;                                    /* 剩余的猜测次数减 1 */
    } while(n >0&&flag ==0);
    if(flag ==1)
        printf(" \n Congratulation! You win!");
    else
        printf(" \n Sorry! You lose!");
}
```

代码分析

(1) 变量 n 表示猜测的最大次数,m 表示玩家猜测的数,flag 用于标记玩家是否猜对,number 表示待猜测的随机整数。

(2) rand()%100 用于产生 0~99 之间的随机整数。因为 rand()产生的随机数是 0~32767 之间的整数,将其除以 100 得到的余数正好介于 0~99 之间。

(3) flag 为 1 表示玩家猜对了,为 0 表示猜错。循环条件 while(n >0&&flag ==0)表示如果剩余猜测次数大于 0 次并且 flag 为 0,则玩家可以继续猜测;一旦剩余猜测次数为 0 次或者 flag 的值为 1,则停止猜测。

(4) if(flag ==1)表示循环结束以后,如果 flag 的值为 1,则说明玩家赢了,否则说明玩家输了。

运行结果(图 4.10 与 4.11)

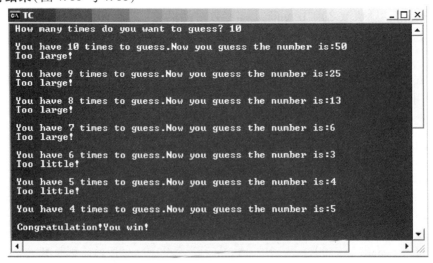

图 4.10　猜数游戏程序的运行结果一

```
TC                                                        _ □ ×
How many times do you want to guess? 5

You have 5 times to guess.Now you guess the number is:50
Too large!

You have 4 times to guess.Now you guess the number is:25
Too little!

You have 3 times to guess.Now you guess the number is:35
Too little!

You have 2 times to guess.Now you guess the number is:45
Too large!

You have 1 times to guess.Now you guess the number is:40
Too large!

Sorry!You lose!
```

图 4.11　猜数游戏程序的运行结果二

4.3　for 语句

在 C 语言中,最常用的也是最灵活的循环语句就是 for 语句,它完全可以取代 while 和 do-while 语句。

for 语句的一般形式为:

for(表达式 1;表达式 2;表达式 3) 语句;

或

```
for( 表达式 1;表达式 2;表达式 3)
{
    语句 1;
    语句 2;
    语句 3;
    …
    语句 n;
}
```

通常情况下,for 语句中三个表达式的功能分别为设置循环控制变量初始值、设置循环条件、改变循环控制变量的值,即 for 语句常见的使用格式为:

for(循环控制变量赋初值;循环条件;改变循环控制变量) 循环体;

它的执行过程如下:

(1) 执行表达式 1,也就是给循环控制变量赋初值。

(2) 执行表达式 2,即判断循环条件是否成立,若表达式 2 的值为真(即非 0),则执行循环体,接着执行步骤(3);若为假(即 0),则跳转到步骤(5)。

(3) 执行表达式 3,即改变循环控制变量的值。

(4) 返回步骤(2)继续判断循环条件是否成立。

(5) 结束循环。

其执行过程如图 4.12 所示。

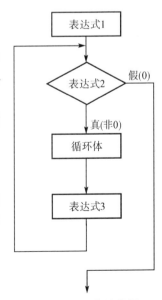

图 4.12　for 语句流程图

例如,对于 1 + 2 + 3 + … +100,假设已经定义了变量 sum 并且 sum = 0,可以用 for 语句实现如下:

for(i = 1 ;i <= 100 ;i ++) sum += i;

这段代码与 while、do-while 循环结构相比要简洁得多。其执行过程为:先执行表达式 1(i = 1),再执行表达式 2(i <= 100),判断 i 是否小于或等于 100,若是,则执行循环体"sum += i;",然后执行表达式 3(i ++),接着又继续执行表达式 2,判断循环条件是否成立,如此反复,直到条件为假(即 i 大于 100)时才退出循环。

for 语句中的四个组成部分用 while 语句表示如下:

表达式 1;
while(表达式 2)
{
　循环体;
　表达式 3;
}

除此之外,for 语句具有更大的灵活性,其三个表达式可以任意省略其中的一个、两个,甚至全部省略。下面分别进行介绍。

(1) 省略表达式 1。

表达式 1 的作用是给循环变量赋初值,如果在 for 语句中省略了表达式 1,则应在 for 语句之前给循环变量赋初值。要注意的是,虽然省略了表达式 1,但是其后的分号是不能省略的。

例如:

i = 1;
for(;i <= 100 ;i ++)　　　　　　　　 / * 分号不能省略 * /
sum += i;

执行时,除了跳过求解表达式 1 这一步,其他不变。

(2) 省略表达式 2。

表达式 2 的作用是用于控制循环的条件,省略表达式 2 意味着这个循环不需要循环条件进行控制(可以认为表达式 2 的值为永真),即不需要判断循环条件就可以直接执行循环体,因此循环体将一直执行下去,这样会造成死循环。为避免出现死循环,就必须在循环体中增加退出循环的控制语句。

同样要注意的是,在省略表达式 2 时,其后的分号也不能省略。

例如:

for(i = 1 ;;i ++)　 / * 分号不能省略 * /
{if(i > 100)break; / * break 语句用于结束整个循环语句 * /
　 sum += i;
}

(3) 省略表达式 3。

表达式 3 通常用于改变循环变量的值,如果省略了表达式 3,则在循环体中要设法让循环控制变量的值发生改变,以保证循环能正常结束。

例如:

```
for(i=1;i<=100;)
{
    sum+=i;
    i++;                    /*在循环体内部改变循环控制变量的值*/
}
```

(4) 同时省略表达式 1 和表达式 3。

例如,下面的代码同样能完成求和运算:

```
i=1;
for( ;i<=100;) sum+=i++;
```

(5) 同时省略三个表达式。

三个表达式同时省略,则等价于循环条件永真,为了避免出现死循环,也要在循环体内部增加退出循环的语句。

例如:

```
i=1;
for( ; ;)                        /*两个分号不能省略*/
{
    sum+=i++;
    if(i>100) break;             /*当 i 大于 100 时退出循环*/
}
```

(6) 表达式 1、表达式 2、表达式 3 都可以为任何表达式。

例如:

```
for(sum=0,i=1;i<=100;i++) sum+=i;        /*表达式1为逗号表达式*/
for(i=1;i=100;i++)sum+=i;                /*表达式2为赋值表达式*/
```

当表达式 2 为赋值表达式时,如果为变量赋的值是非 0 的,则认为循环条件为真,否则为假。

【例4.8】　13 世纪的意大利数学家 Leonardo Fibonacci(斐波那契)于 1202 年撰写了《珠算原理》(Liber Abaci)一书,书中提到著名的"兔子问题"。在问题中他假设一对兔子每月能生一对小兔(一雄一雌),而每对小兔子在它出生后的第三个月,又能开始生小兔子,如果没有死亡,由一对刚出生的小兔子开始,到第 20 个月为止,每个月会有多少对兔子?

问题分析

此问题即著名的斐波那契数列问题,每个月的兔子总对数对应着相应数列中的一项,第 1 个月有 1 对兔子,第 2 个月仍为 1 对,第 3 个月由于生了一对,所以有 2 对,第 4 个月又生了一对,所以有 3 对,第 5 个月由于生了 2 对兔子,所以一共有 5 对,以此类推,就会得到一个数列:1,1,2,3,5……第 20 个月兔子的总数即这个数列的第 20 项。

通过观察,可以发现斐波那契数列的特点是第1、2两项都为1,从第3项开始,每一项都是前两项之和。即:

$$\begin{cases} F1 = 1 & (n = 1) \\ F2 = 1 & (n = 2) \\ F(n) = F(n-1) + F(n-2) & (n >= 3) \end{cases}$$

因此,我们可以定义两个变量 f1 和 f2,令它们的初值为1,用它们算出第3项后,就将 f1 的值改为第2项的值,将 f2 的值改为第3项的值,这样再求和,就可以得到第4项;再用同样的方法,将 f1 的值改为第3项的值,将 f2 的值改为第4项的值,就可以求出第5项,以此类推,直到将第20项求出来为止。为了让数列显示效果好看一些,可以规定每行只显示5项。

程序代码

```
void main( )
{
    long int f1 = 1,f2 = 1,f;              /* 用 long 型变量可以防止数据溢出 */
    int i;
    printf("%8ld%8ld",f1,f2);
    for(i = 3;i <= 20;i ++ )
    {
        f = f1 + f2;
        printf("%8ld",f);
        if(i%5 == 0) printf("\n");          /* 如果输出个数为5的倍数,则换行 */
        f1 = f2;
        f2 = f;
    }
}
```

运行结果(图4.13)

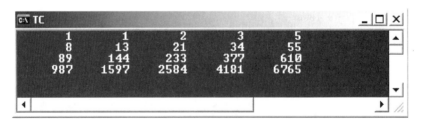

图 4.13　斐波那契数列程序的运行结果

【例4.9】 鸡兔同笼问题:鸡兔同笼是中国古代的数学名题之一。大约在1500年前,《孙子算经》中就记载了这个有趣的问题。书中是这样叙述的:"今有雉兔同笼,上有三十五头,下有九十四足,问雉兔各几何?"这四句话的意思是:有若干只鸡兔关在同一个笼子里,从上面数,有35个头,从下面数,有94只脚。问笼中各有几只鸡和兔?

图 4.14　鸡兔同笼(图片来源于 baike. baidu. com)

问题分析

如果用传统的数学方法来解决鸡兔同笼问题,那首先想到的就是用方程来解决。假设鸡有 x 只,则兔有$(35-x)$只,$2x+4(35-x)=94$,解得 $x=23$,所以有 23 只鸡,12 只兔。

但是如果用计算机编程来解决这个问题,其思路是采用穷举法。即让鸡的只数 x 从 0 递增到 35,则兔子的只数为 $35-x$,然后再根据 $2*x+4*(35-x)==94$ 这个关系表达式的值是否为真来判断是否符合条件,如果是,则输出鸡和兔子的只数。

程序代码

```
void main( )
{
  int chick,rabbit;
  for( chick =0;chick <=35;chick ++ )
  {
    rabbit = 35 - chick;
    if(2 * chick +4 * rabbit ==94)    printf("chick = % d,rabbit = % d\n",chick,rabbit);
  }
}
```

运行结果(图 4.15)

图 4.15　鸡兔同笼程序的运行结果

4.4　goto 语句

goto 语句的功能是将程序流程从它所在的位置转移到标识符所标识的位置。goto 语句配合 if 语句一起使用,可以实现循环结构。

例如,用 goto 语句求从 1 加到 100 的和,程序代码如下:

```
i = 1;
sum = 0;
loop:sum += i ++;
if( i <= 100) goto loop;
printf("The sum is : % d", sum);
```

在该程序中,loop 为语句标号,用标识符表示,其命名规则与变量名相同。

用 goto 语句实现的循环完全可以用 while、do-while 或 for 循环来表示。现代程序设计方法主张限制使用 goto 语句,因为滥用 goto 语句将造成程序流程混乱,可读性差。goto 语句只在一个地方有使用价值:当要从多重循环深处直接跳到所有循环之外时,如果用 break 语句,将要用多次,而且可读性不好,此时 goto 语句可以发挥作用。

4.5　循环嵌套

一个循环体内包含另一个完整的循环结构,称作循环的嵌套。内嵌的循环还可以嵌套循环,这就是多层循环。三种循环(while 循环,do-while 循环和 for 循环)可以互相嵌套。嵌套在内部的循环结构通常称为内循环,外部的循环结构称为外循环。内循环实际上是作为外循环循环体的一部分。

【例 4.10】　百钱买百鸡问题:这是我国古代数学家张丘建在《张丘建算经》一书中提出的数学问题。书中是这样叙述的:今有鸡翁一,值钱五;鸡母一,值钱三;鸡雏三,值钱一。凡百钱买百鸡,翁、母、雏各几何? 题目的意思是公鸡一只五文钱,母鸡一只三文钱,小鸡一文钱可以买三只,现在要用一百文钱买一百只鸡,钱要刚好用完,问公鸡、母鸡和小鸡各买多少只?

问题分析

如果用数学的方法来解决这个问题,通常是列方程组。假设公鸡、母鸡和小鸡各买 x、y、z 只,则列得以下方程组:

$$\begin{cases} x + y + z = 100 \\ 5x + 3y + z/3 = 100 \end{cases}$$

该方程组为不定方程组,有多组解,如果人工计算可能会有遗漏。用计算机来解决这个问题,由于其采用的是穷举法,因此得到的解是完整的,没有遗漏的。

和鸡兔同笼问题不同的是,本题有三个未知数,要对两个未知数进行穷举,因此至少需要用到两层循环。外循环的循环控制变量可以设置为公鸡的只数,从 0 递增到 20(因为最多买 20 只公鸡);内循环的循环控制变量可以设置为母鸡的只数,从 0 递增到 33(因为最多买 33 只母鸡),在内循环的循环体中先计算出小鸡的只数,再将各种鸡的只数与相应的价格相乘,算出总金额,判断总金额是否等于 100,如果是,则输出结果。

程序代码

```
main()
{
```

```
    int cock,hen,chick;
    for( cock = 0;cock <= 20;cock ++ )
    for( hen = 0;hen <= 33;hen ++ )
    {
        chick = 100 - cock - hen;
        if( chick%3 ==0&&5 * cock + 3 * hen + chick/3 == 100)
            printf( "cock = %d,hen = %d,chick = %d\n",cock,hen,chick);
    }
}
```

代码分析

本程序代码包含了一个嵌套循环结构,外循环的循环体为另一个循环结构,每执行一次外循环,内循环都要执行 34 次,所以整个循环结构一共循环了 21 * 34 次,即 714 次。

本程序一个易错点在于将 if(chick%3 ==0&&5 * cock +3 * hen + chick/3 == 100)写成 if(5 * cock +3 * hen + chick/3 == 100)。错误的原因在于小鸡是一文钱买 3 只,所以小鸡的只数必须是 3 的倍数,如果不判断 chick 是否为 3 的倍数,则可能会出现以下错误结果:cock = 3,hen = 20,chick = 77;cock = 7,hen = 13,chink = 80;cock = 11,hen = 6,chink = 83。这些结果都满足 cock + hen + chick == 100 且 5 * cock + 3 * hen + chick/3 == 100,但是小鸡的只数都不是 3 的倍数,所以是错误的。

因此,除了要判断 5 * cock + 3 * hen + chick/3 == 100 以外,还要判断 chick%3 ==0,即看看 chick 是否为 3 的倍数。两个条件都满足了,才是正确的解。

运行结果(图 4.16)

图 4.16　百钱买百鸡程序的运行结果

4.6　break 语句

break 语句用在循环语句中,其功能是提前结束整个循环,使程序流程直接跳到循环后面的语句。通常 break 语句总是与 if 语句配合使用,即满足一定条件时便跳出循环。

需要注意的是,break 语句只能结束其所在层次的循环。因此,在嵌套循环中使用 break 语句,一定要明确 break 语句是属于哪一层循环的循环体,这样才能确定其终止的是哪一层循环。例如,如果 break 语句包含在内层循环的循环体中,则其结束的是内层循环,外层循环仍要继续;反之,如果其包含在外层循环体中,则结束的是外层循环,由于内层循环是外层循环的循环体,所以内层循环也被终止,程序流程直接跳到外层循环后面的语句。

【例 4.11】 输入一个大于 1 的自然数,判断其是否为素数。

问题分析

素数,即质数,其定义是一个大于 1 的自然数,除了 1 和它本身外,不能被其他自然数整除。假设这个自然数为 n,如果 n 不能被 2 ~ n - 1 之间的任何一个自然数整除,则 n 是素数;反之,只要 n 能被 2 ~ n - 1 之间的任何一个自然数整除,就可以得出结论:n 不是素数。因此,一旦 n 能被 2 ~ n - 1 之间的某一个自然数整除,就要终止循环,这就要用到 break 语句了。

由于一个自然数的因数通常是成对出现的,因此也可以只判断 n 能否被 2 ~ n/2 或 2 ~ $\sqrt{n}$ 间的自然数整除即可。

程序代码

```
void main( )
{int n,i;
  printf("Please input a number( >1):");
  scanf("%d",&n);
  for(i=2;i<=n-1;i++) if(n%i==0) break;
  if(i>n-1)
    printf("%d is a prime\n",n);
  else
    printf("%d is not a prime\n",n);
}
```

代码分析

(1)"for(i=2;i<=n-1;i++) if(n%i==0) break;"表示 i 从 2 开始循环到 n - 1 为止,如果 n 能被其中的某个 i 整除,则执行 break 语句提前结束整个循环。

(2)在输出结论之前要对 i 的值进行判断,如果 i 的值大于 n - 1,则说明 n 不能被 2 ~ n - 1 之间的任何一个自然数整除,所以 n 是素数;反之,如果 i 的值小于或等于 n - 1,则说明这个循环结构是被提前终止的,而提前终止的条件是 n 能被 i 整除,所以 n 不是素数。

上述程序代码是直接根据素数的定义来编写的。但是,当给定的 n 值很大时,运算量也就很大,如果用 2 ~ n/2 之间的自然数去除 n,则效率会提高一些,而效率最高的是用 2 ~ $\sqrt{n}$ 间的自然数去除 n。

改进后的程序代码一(用 2 ~ n/2 之间的自然数去除 n)如下:

```
void main( )
{int n,i;
  printf("Please input a number( >1):");
  scanf("%d",&n);
  for(i=2;i<=n/2;i++) if(n%i==0) break;
  if(i>n/2)
    printf("%d is a prime\n",n);
  else
    printf("%d is not a prime\n",n);
}
```

改进后的程序代码二(用 $2 \sim \sqrt{n}$ 之间的自然数去除 n)如下:

```
#include < math. h >                    /*要用平方根函数 sqrt,所以包含头文件 math. h */
void main( )
{ int n,i,k;
    printf("Please input a number( >1):");
    scanf("%d",&n);
    k = sqrt(n);                        /*k 为 n 的平方根的整数部分*/
    for(i = 2;i < = k;i + + )  if(n%i == 0)  break;
    if(i > k)
        printf("%d is a prime\n",n);
    else
        printf("%d is not a prime\n",n);
}
```

运行结果(图 4.17)

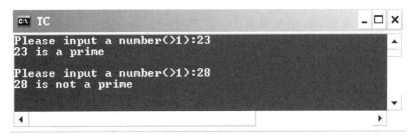

图 4.17 判断素数程序的运行结果

4.7 continue 语句

continue 语句的作用是结束本次循环,开始下一次循环。continue 语句只用在 while、do-while 和 for 语句中,常与 if 条件语句一起使用,用来加速循环或者跳过循环中的某些特殊情况。

continue 语句和 break 语句的区别是:continue 语句结束的是本次循环,而 break 语句结束的是整个循环。

【例 4.12】 从键盘输入任意多个整数,如果不是 3 的倍数就重新输入,如果是 3 的倍数就将其输出,直到输入 0 时程序结束。

问题分析

本题要求从键盘输入若干个整数并将 3 的倍数输出,如果输入的数不是 3 的倍数时,程序并不是终止整个循环,而是提前结束本次循环,开始判断下一个输入的整数是否是 3 的倍数,因此本题可以用 continue 语句来实现。

程序代码

```
#include < stdio. h >
void main( )
```

```
{
    int n;
    do
    {scanf("%d",&n);
        if(n! =0)
        {
            if(n%3! =0) continue;
            printf("%5d",n);
        }
    }while(n! =0);
}
```

代码分析

本程序执行过程是先输入 n,再判断 n 是否等于 0,如果 n 不等于 0,则判断 n%3! =0 是否成立,如果成立,则执行 continue 语句,即跳过"printf("%5d",n);"语句,程序流程直接跳转到"while(n! =0);",开始执行下一次循环。

本题实际上就是要将 3 的倍数输出,因此程序也可以改成:

```
void main()
{
    int n;
    scanf("%d",&n);
    while(n! =0)
    {if(n%3 ==0) printf("%5d",n);
        scanf("%d",&n);
    }
}
```

运行结果(图 4.18)

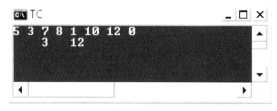

图 4.18　输出 3 的倍数程序的运行结果

4.8　编程实战

【例 4.13】　输出 100 以内所有的素数及素数的个数,每行输出 5 个。

问题分析

由例 4.11 可知,判断一个自然数是否为素数就要用到一个循环结构,而本题要对 2 ～ 100 之间的自然数进行判断,因此需要用到循环嵌套结构。外层循环结构从 2 循环到 100,

内循环结构针对外层循环中的每个自然数判断其是否为素数,如果是,则将其输出,同时计数器加1,一旦素数的个数为5的倍数,则输出换行符。

程序代码

```
#include < math. h >
void main( )
{
    int n,i,k,count = 0;
    for( n = 2;n < = 100;n + + )
    {
        k = sqrt( n) ;
        for( i = 2;i < = k;i + + ) if( n% i = =0) break;
        if( i > k)
        {
            printf( "% - 5d",n) ;
            count + + ;
            if( count% 5 = =0) printf( " \n") ;
        }
    }
    printf( " \ncount = % d",count) ;
}
```

运行结果(图 4. 19)

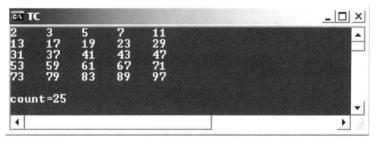

图 4.19　输出 100 以内素数及其个数程序的运行结果

【例 4.14】　求级数数列和:$x - \dfrac{x^2}{2!} + \dfrac{x^3}{3!} - \cdots + (-1)^{n+1} \times \dfrac{x^n}{n!}$,直到 $(-1)^{n+1} \times \dfrac{x^n}{n!}$ 的绝对值小于 10^{-8} 为止(n、x 为整数,n≥1,x≠0)。

问题分析

通过观察,可以发现所求数列从第二项开始,每一项都等于其前一项乘上 $\dfrac{-x}{n}$。因此,假设用 t 保存每一项的值,令 t 的初值为 x,则从第二项开始,每执行一次 t = t * (- x)/n,就可以得到新的一项,当 t 的绝对值小于 10^{-8} 时程序结束。

程序代码

```
#include < math. h >
main( )
```

```
    {
      int n = 2, x;
      double t, sum;
      printf("x = ");
      scanf("%d", &x);
      t = x;
      sum = t;
      while(fabs(t) >= 1e-8)
      {
        t = t * (-x)/n;
        sum += t;
        n++;
      }
      printf("sum = %f", sum);
    }
```

运行结果(图 4.20)

图 4.20　级数数列和程序的运行结果

【例 4.15】　输入两个正整数 m 和 n,求其最大公约数和最小公倍数。

问题分析

求 m 和 n 两个正整数的最大公约数的方法有多种。

(1) 最大公约数定义法,即直接求能被 m 和 n 同时整除的最大因数。具体步骤如下:

① 比较 m 和 n 的大小,将比较小的数保存在变量 k 中。

② 判断 m 和 n 是否都能被 k 整除,如果是,则 k 是最大公约数,结束循环;否则,执行步骤③。

③ 执行 k = k - 1,转到步骤②。

(2) 辗转相减法,即不断用大数减小数,直到差为 0 为止。例如:有两个自然数 35 和 14,不断用大的数减去小的数,35 - 14 = 21, 21 - 14 = 7, 14 - 7 = 7, 7 - 7 = 0,这样就求出了最大公约数 7。具体步骤如下:

① 判断 m 和 n 的大小,如果 m < n,则交换 m 和 n。

② 求 m 减去 n 的差 k,即执行 k = m - n,如果 k 为 0,则 m 或 n 是最大公约数,循环结束;否则,执行步骤③。

③ 比较 n 和 k 的大小,如果 n > k,则 m = n, n = k;反之,则 m = k, n 不变,返回步骤②继续执行。

(3) 辗转相除法,即不断用大数除以小数,直到余数为 0 为止。具体步骤如下:

① 求出 m 除以 n 的余数 r。

② 如果 r 为 0,则 n 是最大公约数,结束循环;否则,执行步骤③。

③ m = n,n = r,返回步骤①继续执行。

上述三种方法中效率最高的是辗转相除法。

最小公倍数等于 m 和 n 的乘积除以最大公约数。

程序代码

程序代码一(最大公约数定义法):

```
void main( )
{
  int m,n,k,i,q;
  printf("Please input two numbers:");
  scanf("%d%d",&m,&n);
  q = m * n;
  if(m > n)
    k = n;
  else
    k = m;
  while(m%k! =0||n%k! =0) k -- ;
  printf("gys = %d,gbs = %d\n",k,q/k);
}
```

程序代码二(辗转相减法):

```
void main( )
{
  int m,n,t,k,q;
  printf("Please input two numbers:");
  scanf("%d%d",&m,&n);
  q = m * n;
  if(m < n)
    {t = m;
     m = n;
     n = t;
    }
  k = m - n;
  while(k! =0)
  {
    if(n > k)
      {m = n;n = k;}
    else
      m = k;
    k = m - n;
  }
  printf("gys = %d,gbs = %d\n",m,q/m);
}
```

程序代码三(辗转相除法):

```
void main( )
{
    int m,n,r,q;
    printf("Please input two numbers:");
    scanf("%d%d",&m,&n);
    q = m * n;
    r = m%n;
    while(r! =0)
    {
        m = n;
        n = r;
        r = m%n;
    }
    printf("gys =%d,gbs =%d\n",n,q/n);
}
```

运行结果(图 4.21)

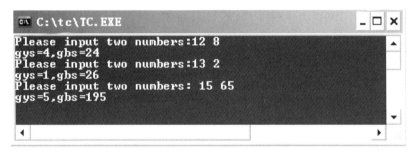

图 4.21　最大公约数、最小公倍数程序的运行结果

【例 4.16】　利用循环语句输出菱形图案,要求构成菱形图案中的小菱形是一个字符常量,其 ASCII 码值为 4,菱形之间没有空格,上下两行之间没有空行,如图 4.22 所示。

图 4.22　菱形图案示意图

问题分析

仔细观察该菱形图案,发现图案每一行输出的空格数和小菱形数呈现的变化规律如表4.1所示。

表4.1　空格数和小菱形数变化规律

行号	空格数	菱形数
1	3	1
2	2	3
3	1	5
4	0	7
5	1	5
6	2	3
7	3	1

1至4行,每行的空格数为4与行号的差,小菱形数为行号的2倍减1,空格数逐行递减,小菱形数逐行递增;5至7行,空格数逐行递增,小菱形数逐行递减。因此,可以将该图案分成上下两部分输出,先输出1至4行,再输出5至7行。

程序代码

```
void main( )
{
  int i,j;
  for( i = 1 ; i <= 4 ; i ++ )            / * 输出1至4行 * /
  {
    for( j = 1 ; j <= 4 - i ; j ++ )
        printf( " " );                    / * 输出第 i 行的空格 * /
    for( j = 1 ; j <= 2 * i - 1 ; j ++ )  / * 输出第 i 行的小菱形 * /
        printf( " % c" ,4 );
    printf( " \n" );                       / * 输出换行符 * /
  }
  for( i = 3 ; i >= 1 ; i -- )            / * 输出5至7行 * /
  {
    for( j = 1 ; j <= 4 - i ; j ++ )
        printf( " " );
    for( j = 1 ; j <= 2 * i - 1 ; j ++ )
        printf( " % c" ,4 );
    printf( " \n" );
  }
}
```

运行结果(图 4.23)

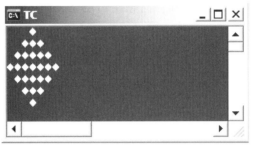

图 4.23   菱形图案输出结果

【例 4.17】 输出一个图案:小人站在台阶上笑。一共有 10 级台阶和 10 个小人,每个小人站在一个台阶上笑,如图 4.24 所示。台阶由白格组成。小人和白格都是字符常量,白格的 ASCII 码值为 219,小人的 ASCII 码值为 2。

问题分析

通过观察图案,可以发现每一行中白格数和小人数呈现的变化规律如表 4.2 所示。

图 4.24   "小人站在台阶上笑"效果图

表 4.2   白格数和小人数变化规律

行号	白格数	小人数
1	0	1
2	1	1
3	2	1
4	3	1
5	4	1
6	5	1
7	6	1
8	7	1
9	8	1
10	9	1
11	10	0

1 至 10 行,白格的数目等于行号减 1 个,小人都为 1 个;第 11 行全部由白格组成,不输出小人。因此,本图案也要分成两部分输出:1 至 10 行的输出规律是先输出 i－1 个白格(i 为行号),再输出 1 个小人;最后一行则输出 10 个白格即可。

程序代码

```
void main( )
{
    int i,j;
    for(i = 1;i <= 10;i ++ )                          /*输出1至10行*/
    {
        for(j = 1;j <= i – 1;j ++ ) printf("%c",219);    /*每行输出i-1个白格*/
        printf("%c",2);                               /*输出1个小人*/
        printf("\n");
    }
    for(i = 1;i <= 10;i ++ ) printf("%c",219);        /*输出最后一行的10个白格*/
}
```

习题四

一、选择题

1. 语句"while (！e);"中的条件！e 等价于_____。

   A. e ==0　　　　　B. e！=1　　　　　C. e！=0　　　　　D. ～e

2. 下面有关 for 循环的正确描述是_____。

   A. for 循环只能用于循环次数已经确定的情况

   B. for 循环是先执行循环体语句,后判定表达式

   C. 在 for 循环中,不能用 break 语句跳出循环体

   D. for 语句的循环体中可以包含多个语句,但要用花括号括起来

3. C 语言中_____。

   A. 不能使用 do-while 语句构成的循环

   B. do-while 语句构成的循环必须用 break 语句才能退出

   C. do-while 语句构成的循环,当 while 语句中的表达式值为非零时结束循环

   D. do-while 语句构成的循环,当 while 语句中的表达式值为零时结束循环

4. C 语言中 while 和 do-while 循环的主要区别是_____。

   A. do-while 是先判断循环条件,再执行循环体

   B. while 的循环控制条件比 do-while 的循环控制条件更严格

   C. do-while 的循环体至少无条件执行一次

   D. 任何时候 do-while 都比 while 多循环一次

5. 关于程序段"int k; for(k = 1;k < 2;k ++) printf("#####\n");"执行情况的叙述中正确的是_____。

   A. 循环体执行一次　　　　　　　　B. 循环体执行两次

   C. 循环体一次也不执行　　　　　　D. 构成无限循环

6. 以下程序的运行结果是_____。

```
#include < stdio. h >
main( )
{ int a = 7 ;
  while( a -- ) ;
  printf( " % d\n" ,a) ;
}
```

A. - 1　　　　　　　　B. 0　　　　　　　　C. 1　　　　　　　　D. 7

7. 以下程序的运行结果是_____。

```
void main( )
{
  int a = - 2 ,b = 0 ;
  while( a ++ && ++ b) ;
  printf( " % d,% d\n" ,a,b) ;
}
```

A. 1,3　　　　　　　B. 0,2　　　　　　　C. 0,3　　　　　　　D. 1,2

8. 以下程序的运行结果是_____。

```
#include  < stdio. h >
main( )
{ int k = 5 ,n = 0 ;
  while( k > 0 )
  {
    switch( k)
      { default : break ;
        case 1 :n += k ;
        case 2 :
        case 3 :n += k ;
      }
    k -- ;
  }
  printf( " % d\n" ,n) ;
}
```

A. 0　　　　　　　　B. 4　　　　　　　　C. 6　　　　　　　　D. 7

9. 下列语句段中是死循环的是_____。

A. i = 100 ;　　　　　　　　　　　　　　B. for (i = 1 ; ;i ++)
　　while (1)　　　　　　　　　　　　　　　　sum = sum + 1 ;
　　{
　　　i = i% 100 + 1 ;
　　　if (i == 20) break ;
　　}

C. k = 0;
do
{
++ k;
} while (k <= 0);

D. int s = 3379;
while (s ++ % 2 + 3 % 2)
s ++ ;

10. 以下程序的输出结果是_____。

```c
#include  < stdio. h >
void main( )
{
  int i;
  for ( i = 4; i <= 10; i ++ )
  {
    if ( i % 3 == 0) continue;
    printf( " % d" , i);
  }
}
```

 A. 45   B. 457810   C. 69   D. 678910

二、程序阅读题

1. 有以下程序段,其输出结果是_____。

```c
int i = 0;
do printf( " % d," , i); while( i ++ );
printf( " % d\n" , i);
```

2. 以下程序的输出结果是_____。

```c
void main( )
{
  int x = 31, y = 2, s = 0;
  do{
      s -= x * y; x += 2; y -= 3;
    } while( x % 3 == 0);
  printf( " x = % d, y = % d, s = % d\n" , x, y, s);
}
```

3. 以下程序的输出结果是_____。

```c
#include < stdio. h >
void main( )
{
  int i, j, m = 55;
  for( i = 1; i <= 3; i ++ )
  for( j = 3; j <= i; j ++ ) m = m % j;
  printf( " % d\n" , m);
}
```

4. 以下程序的输出结果是_____。

```
void main( )
{
  int i = 5;
  do
   {
    if ( i % 3 = = 1)
    if ( i % 5 = = 2)
      {
        printf("*%d", i);
        break;
      }
    i + + ;
   } while( i! = 0);
  printf(" \n");
}
```

5. 以下求数列和的程序运行后输出的结果是错误的,导致错误结果的语句是_____,应该改成_____。

```
void main( )
{
  int n;
  float s;
  s = 1. 0;
  for( n = 100; n > 1; n - - )
  s = s + 1/n;
  printf("%10.4f\n", s);
}
```

三、完善程序题

1. 下面程序的功能是输出直角三角形图案,请完善程序。

```
*
* * *
* * * * *
* * * * * * *
void main( )
{ int i,j;
  for( i = 1; i < = 4; i + + )
  { for( j = 1;_____(1)_____; j + + ) printf(" * ");
    printf(" \n");
  }
}
```

2. 下面程序的功能是将从键盘输入的一对数,按照由大到小的顺序输出,当输入一对相等数时结束循环,请完善程序。

```
#include  < stdio. h >
void main( )
{
    int a,b,t;
    scanf( "% d% d" ,&a,&b);
    while(      (2)      )
    {
       if(      (3)      ) {t = a; a = b; b = t;}
       printf( "% d,% d\n" ,a,b);
       scanf( "% d% d" ,&a,&b);
    }
}
```

3. 以下程序是求 1! + 3! + 5! + … + n! 的和,请完善程序。

```
#include  < stdio. h >
void main( )
{
    long int f,s;
    int i,j,n;
         (4)      ;
    scanf( "% d" ,&n);
    for( i = 1 ;i <= n;      (5)      )
    {
       f = 1 ;
       for( j = 1 ;      (6)      ; j ++ )
             (7)      ;
       s = s + f;
    }
    printf( "n = % d,s = % ld\n" ,n,s);
}
```

四、编程题

1. 任意输入一个小于 32768 的正整数 s,从 s 的个位开始输出每一位数字,每个数字之间用空格作为分隔符。

2. 编程求数列 $\dfrac{2}{1}$, $\dfrac{3}{2}$, $\dfrac{5}{3}$, $\dfrac{8}{5}$, $\dfrac{13}{8}$, $\dfrac{21}{13}$, …前 20 项之和。

3. 用 500 元买苹果、西瓜和梨共 100 个,3 种水果都要有。已知苹果 4 元一个,西瓜 10 元一个,梨 2 元一个。编程求有几种购买方案。

4. 100 匹马驮 100 担货,大马一匹驮 3 担,中马一匹驮 2 担,小马两匹驮 1 担。试编写程序计算大、中、小马的数目。

5. 已知 abc + cba = 1333,其中 a、b、c 均为一位数,编写一个程序求出 a、b、c 分别代表什么数字。

6. 编写一个程序,求满足如下条件的最大的整数 n:$1^2 + 2^2 + 3^2 + … + n^2 \leqslant 1000$。

第五章 数 组

从第二章开始,我们使用整型、实型、字符型等基本数据类型编程解决了很多问题。其实 C 语言中除了基本数据类型外,还有构造数据类型,而数组就是最常见的一种构造数据类型。什么时候需要使用数组? 数组如何定义、赋值? 本章将进行详细介绍。

5.1 一维数组的定义和应用

先来思考这样一个问题:从键盘输入 20 个学生的成绩,然后计算并输出平均分。如果读者对第四章介绍的循环结构掌握得比较好,那么这个问题没有太大难度。程序可以如下:

```
void main( )
{
    float score,sum,ave;
    int i;
    sum = 0;
    for( i = 0;i < 20;i ++ )
    {
        scanf( "% f" ,&score);          / * 输入一个学生的成绩 * /
        sum += score;                   / * 计算总分 * /
    }
    ave = sum/20;                       / * 计算平均分 * /
    printf( "The average score is % . 1f" ,ave);
}
```

程序中使用 for 循环,循环每执行一次,输入一个数据存放到 score 变量中,然后累加到 sum 变量中。当循环结束后,sum 变量中存放的即 20 个数据的和,从而计算出平均值。

如果将这个问题修改如下:从键盘输入 20 个学生的成绩,计算并输出高于平均分的学生的成绩。解决此问题的基本步骤是:① 计算出平均分;② 判断哪些学生的成绩是高于平均分的,将其输出。

如果按照上面的思路,当计算出平均分 ave 时,score 变量中保存的是最后一个学生的成绩,而其他 19 个学生的成绩并没有保存下来,那自然无法输出高于平均分的所有学生的成绩。这种情况下,需要一种数据类型能够存放 20 个学生的成绩,该数据类型即数组。数组就是由数据类型相同的一组数据构造而成。例如,定义一个实型数组 float score[20],那么修改之后的问题就可以利用下面的程序进行求解:

```
void main( )
{
    float score[20],sum,ave;
```

```
    int i;
    sum = 0;
    for(i = 0;i < 20;i + +)
    {
        scanf("%f",&score[i]);
        sum + = score[i];
    }
    ave = sum/20;
    for(i = 0;i < 20;i + +)
    if(score[i]) > ave)
    printf("%d:%.1f",i + 1,score[i]);
}
```

读者可以对比一下这两个程序,观察不同之处。在这个程序中,涉及一维数组的定义、一维数组元素的引用和输入等基本的要点,下面将进行一一介绍。

5.1.1　一维数组的定义

一维数组的定义方式为:

数据类型 数组名[常量表达式];

例如:

float score[20];

此语句定义了一个实型数组,数组名为"score"。score 数组中的元素个数是 20,每个元素的类型都是 float 型,因此数组在内存中占有 $20 \times 4 = 80$ 个字节。

(1)"数据类型"是 C 语言中的基本数据类型或构造数据类型。

(2)"数组名"的命名规则和变量名的命名规则相同。在 C 语言中,数组名表示数组在内存中的起始地址,又称为数组的首地址。

(3)"常量表达式"的值表示数组的长度,即数组所包含元素的个数,该表达式中可以包括常量或符号常量,但不能包括变量。

例如:

int N = 5;

int a[N];

这个程序段首先定义了变量 N 并对其进行赋值,然后定义了整型数组 a,这个数组的长度看似是 5,但实际违背了 C 语言关于数组的定义规则,因此这种定义方法是错误的。

正确写法为:

#define N 5

int a[N];

因为 N 是符号常量,可以用于定义数组的长度,所以这个数组的定义是合法的。

5.1.2　一维数组元素赋值

数组定义完成之后,数组名、数组元素的个数、数组元素的数据类型就确定了。那么数组中的元素应如何表示。如有以下数组的定义：

　　int a[5];

　　此时 a 数组有 5 个元素，分别为 a[0]、a[1]、a[2]、a[3]和 a[4]。C 语言中，数组元素的下标从 0 开始，最后一个元素的下标为数组长度减 1。如：

　　#define N 100
　　int b[N];

则数组 b 所有元素的下标范围为 0～N－1（即 0～99），引用数组元素时下标不能超出这个范围，如引用 b[100]、b[101]、b[－1]都是错误的。

　　下面介绍为一维数组元素赋值的几种方法。

　　1. 定义数组时赋值（即数组初始化）

　　（1）定义数组时给所有元素赋值。

　　例如：

　　int a[5]={2,4,6,8,10};

　　{}中每个数据值为各元素的初值，各值之间用逗号间隔。a 数组中 5 个元素的值分别为 a[0]=2,a[1]=4,a[2]=6,a[3]=8,a[4]=10。数组 a 长度为 5，花括号中有 5 个数据值，此时{}中初始值的个数与数组的长度相同，那么数组的长度可以省略。也就是说：

　　int a[5]={2,4,6,8,10};

等价于

　　int a[]={2,4,6,8,10};

　　（2）定义数组时给部分数组元素赋值。

　　如果将数组 a 的定义语句修改为：

　　int a[5]={2,4,6};

　　此时数组 a 长度仍为 5，花括号中只有 3 个数据值，这表示只给数组的前 3 个元素赋值，后面的元素 a[3]和 a[4]的值都为 0。

　　如果数组 a 中所有元素都为 0，那么可以写成"int a[5]={0};"。但是如果要让数组中所有元素的初始值都为同一个非零的数，则不能采用这种形式。例如，定义一个包含 5 个数组元素的整型数组并使其所有元素的初始值都为 1，不能写成"int a[5]={1};"，而要写成"int a[5]={1,1,1,1,1};"，因为"int a[5]={1};"只是把第 1 个数组元素的值设置为 1，其余 4 个数组元素的值都为 0。

　　2. 使用赋值语句给数组元素赋值

　　需要注意的是，以上介绍的给数组元素赋值的方法都是在定义数组的同时进行赋值，读者千万不能写成：

　　int a[5];
　　a={2,4,6,8,10};

　　因为在 C 语言中,数组名表示数组在内存中的起始地址,即元素 a[0]的地址,在程序运行期间,数组的起始地址是固定不变的,因此数组名实际上是一个常量,而常量是不能做赋值操作的,所以这种写法是错误的。同理,对数组名做 a ++ ,a += 2 等赋值操作都是不允许的。

　　如果在定义数组时没有给数组赋值,那么可以通过赋值语句给数组元素赋值,如:

```
int a[5];
a[0] = 2;
a[1] = 4;
a[2] = 6;
a[3] = 8;
a[4] = 10;
```

　　这种方法显然要繁琐一些,所以只有当数组长度较小或已知数组中部分元素的值时,才采用此方法给数组中的元素赋值。

　　3. 使用 scanf 函数从键盘给数组元素赋值

　　在使用数组求解问题时,数组中元素的值大多是根据实际的问题,在运行程序时从键盘进行输入,如可以采用以下程序段来完成数组元素值的输入:

```
int a[5];
for(i = 0;i < 5;i ++ )
    scanf("%d",&a[i]);
```

　　使用 for 循环完成从键盘给数组元素赋值,这是编程时最常用的方法。读者一定要注意以下两点:

　　(1) for 语句中的表达式 2 通常和数组的长度有关。

　　假设数组的长度为 N(N 为符号常量),for 语句的三个表达式可以写成 for(i = 0;i < N;i ++)或 for(i = 0;i <= N − 1;i ++)。需要注意的是下标不能超出数组范围,如果写成 for(i = 0;i <= N;i ++),则输入的数组元素个数就为 N + 1 个,而不是 N 个了,这是错误的写法。

　　(2) 使用 scanf 函数输入数据时不要遗漏取地址符"&",如果写成" scanf("%f",a[i]);",虽然在编译时不会报错,但数组各元素不能得到正确的值。

　　【例5.1】　使用数组求斐波那契数列的前40项。该数列的前两项为:1,1,从第3项起,每一项都是它前面两项的和。

　　问题分析

　　关于斐波那契数列的具体介绍请参考例4.8。本题与例4.8不同的是要求使用数组来求解,那么可以将数组的长度定义为40,将数组中的每个元素对应数列中的每一项。若数组为 f,那么数组中下标为 0 和 1 的两个元素的值是已知的,即 f[0]和 f[1]的值都为1,然后使用循环结构可将数组中其他的元素(下标从 2 ~ 39)依次求出。数组中的其他元素(下标大于 1 的元素)可看成其前两项的和,也就是说第 i 个元素可以看成第 i − 1 个元素和第 i − 2 个元素的和。

程序代码

```
void main ( )
{
    long f[40] = {1,1};
    int i;
    for (i =2; i <40; i ++)                    /* 计算数列的后 38 项 */
        f[i] = f[i-1] + f[i-2];
    for (i =0; i <40; i ++)
    {   if (i%5 ==0)                           /* 一行输出 5 个数据 */
            printf ("\n");
        printf ("%12ld", f[i]);
    }
}
```

代码分析

(1) 数组的下标是从 0 开始,由于数列前两项的值都为 1,因此数组元素 f[0]=1,f[1]=1,可以采用定义数组时给部分元素赋值的方式给数组 f 进行赋值。

(2) 第一个 for 循环计算出后续 38 项的值,分别存放到数组元素 f[2]~f[39]中;第二个 for 循环将数组中的元素进行输出。在输出时,可以使用格式控制符%12ld,以保证输出的各列数据对齐显示。

运行结果(图 5.1)

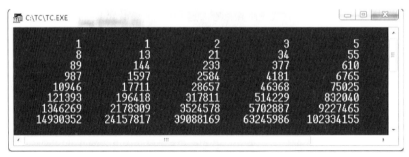

图 5.1　斐波拉契数列程序的运行结果

【**例 5.2**】　给定平面上 10 个点,其坐标分别为(1.1, -6),(3.2,4.3),(-2.5, 4.5),(5.67, 3.67),(3.42, 2.42),(-4.5, 2.54),(2.54, 5.6),(5.6, -0.97),(0.97, 4.65),(4.65, -3.33)。求其中离原点最远的点。

问题分析

首先使用一维数组 x 存放这 10 个点的 x 坐标,用一维数组 y 存放相应的 y 坐标,即第 i 个点的坐标为(x[i], y[i])。数组元素 z[i] 表示第 i 个点离原点的距离。求离原点最远的点,即转化成求 z 数组中的最大值。这里可以用 index 变量记录最远点的下标,用 max 变量记录离原点最远点的距离。

求解最大值问题的基本步骤是:

（1）给 max 变量赋初值，可以将数组的第一个元素 z[0] 赋给 max 变量。

（2）将数组中的第二个元素和 max 变量的值比较，若比 max 变量的值大，则需要修改 max 变量的值；然后将数组中的其他元素依次和 max 变量进行比较。

（3）当数组中所有元素与 max 变量比较结束后，max 变量中存放的即数组中的最大值。

程序代码

```
#include < math. h >
void main( )
{  int i,index;                          /* index 是离原点最远的点的下标 */
   double x[ ] = {1.1,3.2, -2.5,5.67,3.42, -4.5,2.54,5.6,0.97,4.65};
                                         /* 横坐标赋初值 */
   double y[ ] = { -6, 4.3, 4.5, 3.67, 2.42, 2.54, 5.6, -0.97, 4.65, -3.33};
                                         /* 纵坐标赋初值 */
   double z[10], max;              /* max 是到原点的最远距离 */
   for(i =0; i <10; i ++ )           /* 计算 10 个点到原点的距离 */
      z[i] = sqrt(x[i] * x[i] + y[i] * y[i]);
   index =0;
   max = z[0];
   for(i =1; i <10; i ++ )
   {
      if(z[i] > max)
      {max = z[i];
       index = i;
      }
   }
   printf("% d:x = %.2f, y = %.2f ", index +1, x[index],y[index]);
                                         /* 输出最远点的下标和坐标 */
}
```

代码分析

（1）平面中各点的坐标已给定，因此可以在定义数组时给数组 x 和数组 y 进行赋值。

（2）将最大值 max 初始化为 z[0]，下标 index 初始化为 0。通过 for 循环将 z[1] 到 z[9] 逐个与 max 中的内容比较，若比 max 的值大，则把该下标变量送入 index 中。循环结束时，index 中即保存离原点最远点的下标。

运行结果（图 5.2）

图 5.2　计算离原点最远距离程序的运行结果

例 5.2 要求计算离原点最远的点,也就是求最大值,这属于求最值类问题,读者要牢记此类问题的求解步骤。如果将例 5.2 修改为"计算离原点最近的点",那么问题转换为求最小值,此时只需对例 5.2 的程序代码稍作修改即可,读者可以尝试自己编程实现。

【例 5.3】　　给定一个包含 10 个整数的序列,在该序列中查找元素 m。若查找成功,则输出该元素第 1 次出现的位置;若查找不成功,输出"not found"。

问题分析

这里可以使用数组来存储序列中的 10 个整数,而要查找的元素 m 也需要从键盘进行输入。如何在数组中查找元素 m? 我们可以采用最简单的方法:首先从数组的起始元素开始进行查找,若其与元素 m 不同,则继续检查数组的其他元素……若第 i 个元素的值和 m 相等,则输出相对应的位置;若数组中没有元素 m,则输出"not found"。

程序代码

```
void main( )
{
    int a[10],i,m,flag;
    flag = 0;                        /* 将 flag 变量设置为标志 */
    printf("please input the data of array:\n");
    for(i = 0;i < 10;i ++)           /* 输入 10 个整数,存入数组中 */
        scanf("%d",&a[i]);
    printf("please input m:");
    scanf("%d",&m);                  /* 输入需查找的元素 m */
    for(i = 0;i < 10;i ++)
        if(a[i] == m)                /* 判断第 i 个元素是否与 m 相等 */
            { printf(" the place of m is: %d",i + 1);
                                     /* 元素 m 对应位置应是第 i + 1 个 */
                flag = 1;            /* 若查找到元素 m,修改标志变量 */
                break;
            }
    if(flag == 0)                    /* 没有找到元素 m,输出提示信息 */
        printf("not found ");
}
```

代码分析

(1) 程序中第一个 for 循环通过 scanf 函数完成一维数组元素的输入。

(2) 程序中将 flag 变量设置为标志变量,其初值为 0。在第二个 for 循环中,若 a[i] 和 m 相等,flag 设置为 1,对数组中后续元素不用继续进行判断,使用 break 语句退出循环;第二个 for 循环结束后,若 flag 仍为 0,说明在数组中没有找到和 m 相同的元素。

运行结果(图5.3)

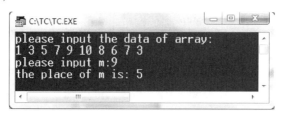

图5.3　查找元素程序的运行结果

读者可以考虑一下：如果程序中没有定义 flag 变量，那么程序最后的 if 语句中的条件 if(flag ==0) 替换成 if(i ==10) 是否可行？

【例5.4】　输入 6 个整数，将这 6 个数按逆时针顺序转动一次后再输出，要求用数组实现。

例如输入：

1　2　3　4　5　6

逆时针转动一次后，输出：

2　3　4　5　6　1

问题分析

首先将输入的数据存放到数组 a 中，要实现数组逆时针转动，只要先将元素 a[0]"搬"至一个变量 t 中；然后从 a[1] 到 a[5]，依次向前移一位，即 a[i −1] = a[i] (i =1, …, 5)；最后将存放在 t 中的首元素放入 a[5]，如图5.4 所示。

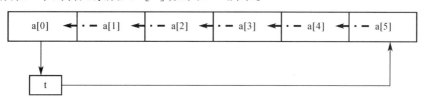

图5.4　数据移动示意图

程序代码

```c
void main( )
{
  int i,t,a[6];
  printf("Input 6 integers:\n");
  for(i =0; i <6; i ++)
      scanf("%d", &a[i]);
  t = a[0];
  for(i =1;i <6;i ++)              /*除首元素外,其余元素向前挪动一个位置*/
      a[i −1] = a[i];
  a[5] = t;                        /*将首元素放置在数组的最后一个位置*/
  printf("After rotation:\n");
  for(i =0;i <6;i ++)
      printf("%-5d",a[i]);
}
```

运行结果(图 5.5)

图 5.5　逆时针转动数据程序的运行结果

5.2　二维数组的定义和应用

5.2.1　二维数组的定义

二维数组的定义方式为:

数据类型 数组名[常量表达式 1][常量表达式 2];

例如:

int a[3][4];

此语句定义了一个二维数组 a,数组包含 3 行 4 列,共有 12 个元素,每个元素都是整型,因此数组在内存中占有 12 × 2 = 24 个字节。

和一维数组类似,二维数组在定义时,"常量表达式 1"和"常量表达式 2"都必须是常量,它们分别表示二维数组第一维和第二维的长度。

二维数组和一维数组有没有关联呢? 其实我们可以把二维数组 a 看成由 a[0]、a[1]、a[2]三个元素组成的一维数组,而 a[0]、a[1]、a[2]每个元素又分别是由 4 个整型元素组成的一维数组,如图 5.6 所示。

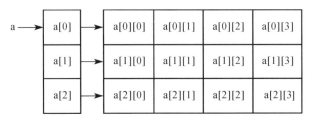

图 5.6　二维数组 a 的组成形式示意图

由于计算机的内存是一维的,因此二维数组的元素也需要按一维线性排列,它们在内存中是如何存放的? 在 C 语言中,二维数组是按行序来进行存储的,即第 0 行所有元素存储完后,存储第 1 行,第 2 行……直至数组的最后一行。读者理解了二维数组元素的存储方式,对第七章学习和二维数组相关的指针是有帮助的。

5.2.2　二维数组元素赋值

和一维数组类似,二维数组仍使用下标来表示数组中的元素,表示形式为:

数组名[行下标][列下标]

如有定义：

int a[3][4];

此时 a 数组的行下标的变化范围为 0 ~ 2,而列下标的变化范围为 0 ~ 3。数组第 0 行的元素有 a[0][0]、a[0][1]、a[0][2]和 a[0][3];数组第 1 行的元素有 a[1][0]、a[1][1]、a[1][2]和 a[1][3];数组第 2 行的元素有 a[2][0]、a[2][1]、a[2][2]和 a[2][3]。

1. 定义数组时赋值

(1)定义时给数组所有元素赋值。

例如：

int a[3][4] = {{1, 2, 3, 4}, {5, 6, 7, 8}, {9, 10, 11, 12}};

二维数组 a 为 3 行 4 列,每行的元素放在一组花括号内,元素值之间用逗号隔开,初始化后数组 a 的元素如下：

```
1    2    3    4
5    6    7    8
9   10   11   12
```

由于二维数组元素在内存中是按行序进行存放的,因此也可以将所有元素写在一个花括号内,省略每行的{ },如：

int a[3][4] = {1, 2, 3, 4, 5, 6, 7, 8, 9, 10, 11, 12};

以上两种赋值方式虽是等价的,但建议读者采用第一种方法,一行一行地给数组元素赋值,这样会更加清晰。

(2)定义时给数组部分元素赋值。

如果将数组 a 的初始化语句修改为"int a[3][4] = {{1, 2}, {5, 6}, {9, 10}};",此时没有给数组 a 的所有元素赋值,只给第 0 行至第 2 行的前两列赋值,其余未赋值的元素均为 0。赋值后数组 a 的元素如下：

```
1    2    0    0
5    6    0    0
9   10    0    0
```

若将定义语句"int a[3][4] = {{1, 2}, {5, 6}, {9, 10}};"修改为：

int a[3][4] = {1, 2, 5, 6, 9, 10};

这种赋值方式只给数组的前 6 个元素赋值,其他元素均为 0。赋值后数组 a 的元素如下：

```
1    2    5    6
9   10    0    0
0    0    0    0
```

(3)定义时省略数组第一维长度。

如果对数组全部元素赋初值,则在定义数组时可以省略第一维长度,但不能省略第二维

长度,如:

　　int a[ ][4] = {{1, 2, 3, 4}, {5, 6, 7, 8}, {9, 10, 11, 12}};

或

　　int a[ ][4] = {1, 2, 3, 4, 5, 6, 7, 8, 9, 10, 11, 12};

此时二维数组 a 中被赋值元素的个数为 12,第二维长度为 4,因此可以计算出第一维的长度为 3。

同样,当给数组部分元素赋初值时,第一维的长度可以省略,但是应使用花括号分行赋值的方法,如:

int a[ ][4] = {{1, 2}, {5, 6}, {9, 10}};

2. 使用 scanf 函数从键盘给数组元素赋值

如果在程序运行过程中利用键盘给二维数组元素赋值,那么在赋值时往往需要使用嵌套循环。例如可以采用以下程序段来完成数组元素值的输入:

```
int a[3][4];
for(i = 0; i < 3; i ++ )
    for(j = 0; j < 4; j ++ )
        scanf("% d", &a[i][j]);
```

在此循环中 i 变量表示二维数组的行号,j 变量表示二维数组的列号,因此对于 3 行 4 列的二维数组,i 的取值范围为 0 ~ 2,j 的取值范围为 0 ~ 3。

【例 5.5】　输入一个 4 × 4 整型矩阵,求出主对角线上的元素之和 sum1、次对角线上的元素之和 sum2,并输出结果。

问题分析

首先考虑定义一个二维的整型数组 a 来存储矩阵,由于矩阵中的数据没有给定,因此在程序运行时可从键盘输入。分析矩阵中主对角线和次对角线上的元素的下标,可以知道矩阵的第 i 行的主对角线元素为 a[i][i],次对角线元素为 a[i][3 − i]。定义变量 sum1 和 sum2,将每行的主对角线元素向 sum1 中累加,将每行的次对角线元素向 sum2 中累加。

程序代码

```
#define N 4
void main( )
{   int i,j,sum1 = 0,sum2 = 0, a[N][N];
    printf("Input the data of matrix:\n");
    for(i = 0;i < N;i ++ )                    /* 输入矩阵元素 */
        for(j = 0;j < N;j ++ )
            scanf("% d", &a[i][j]);
    for(i = 0; i < N; i ++ )                  /* 计算主对角线、次对角线元素之和 */
        {
          sum1 += a[i][i];
          sum2 += a[i][N − 1 − i];
        }
```

```
  printf("sum1 = % d, sum2 = % d\n", sum1,sum2);
}
```

运行结果(图5.7)

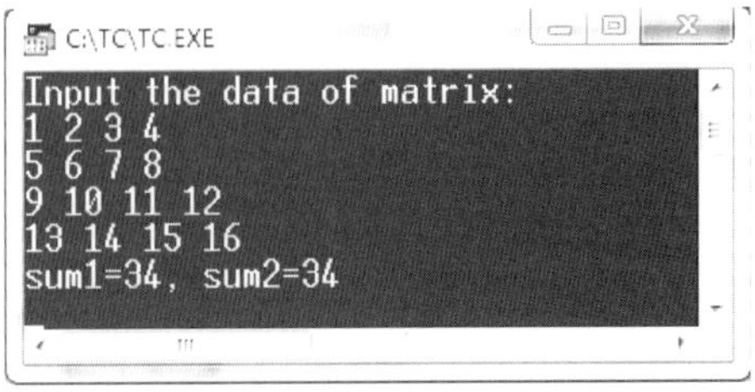

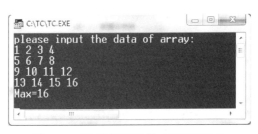

图5.7　计算矩阵主次对角线元素之和程序的运行结果

【例5.6】　从键盘给 4×4 整型矩阵输入数据,并求出该矩阵中的最大值。

问题分析

根据问题描述可知,本题属于求最值类问题,可以采用一维数组元素求最大值的方法。首先将二维数组第0行第0列元素 a[0][0] 放入 max 变量中;然后将二维数组其他元素依次和 max 变量的值相比较,若二维数组中某行某列元素大于 max 变量的值,则修改 max 变量的值。当矩阵中的所有元素与 max 变量比较结束后,max 变量中存放的即为矩阵中的最大值。

程序代码

```
#define N 4
void main( )
{
  int a[N][N],max,i,j;
  printf("please input the data of array:\n");
  for(i = 0;i < N;i ++ )                /* 输入矩阵元素 */
    for(j = 0;j < N;j ++ )
        scanf("% d", &a[i][j]);
  max = a[0][0];                        /* 设置 max 变量的初值 */
  for(i = 0;i < N;i ++ )                /* 计算矩阵中的最大值 */
      for(j = 0;j < N;j ++ )
          if(a[i][j] > max) max = a[i][j];
  printf("Max = % d\n",max);
}
```

运行结果(图5.8)

图5.8　求矩阵最大值程序的运行结果

【例 5.7】　打印杨辉三角形前 10 行。如:

```
1
1    1
1    2    1
1    3    3    1
1    4    6    4    1
1    5    10   10   5    1
…… …… …… …… ……
```

问题分析

一个 10 行的杨辉三角形可以使用 10×10 的二维数组 a 来保存。二维数组 a 共有 100 个元素,但杨辉三角形为下三角矩阵,这里只需要求出主对角线及主对角线以下的元素。本题的难点即利用循环为二维数组的下三角部分的各元素进行赋值,然后进行输出。

根据分析,可知杨辉三角形中元素的特点:

(1) 每行的第 0 列元素均为 1,即 a[i][0] =1。

(2) 每行的主对角线元素均为 1,即 a[i][i] =1。

(3) 除第 0 列元素和主对角线元素外,其余元素 a[i][j] 等于其左上方元素 a[i-1][j-1] 与正上方元素 a[i-1][j] 之和,即 a[i][j] = a[i-1][j-1] + a[i-1][j]。

程序代码

```c
#define N 10
void main( )
{
  int i, j, a[N][N];
  for(i =0; i <N; i ++ )              /*为第 0 列元素与主对角线元素赋值 1*/
      a[i][0] = a[i][i]  =1;
  for(i =2; i <N; i ++ )   /*为第 2~9 行的夹在第 0 列与主对角线之间的元素赋值*/
      for( j =1;j <i;j ++ )
      a[i][j] = a[i-1][j-1] + a[i-1][j];
  for(i =0; i <N; i ++ )                  /*输出矩阵中的下三角矩阵*/
      {for( j =0; j <=i; j ++ )
       printf("%5d", a[i][j]);
       printf(" \n");
      }
}
```

代码分析

(1) 程序中第二个 for 循环为嵌套的循环,外层关于 i 的 for 循环执行一次,计算出二维数组的一行,内层关于 j 的 for 循环执行一次,求出第 i 行第 j 列的值。由于杨辉三角形为下三角矩阵,且主对角线元素的值已经计算出,因此 for 语句应写成:

```
for( i = 2; i < N; i ++ )
    for( j = 1; j < i; j ++ )
        a[ i ][ j ] = a[ i − 1 ][ j − 1 ] + a[ i − 1 ][ j ];
```

不能写成：

```
for( i = 2; i < N; i ++ )
    for( j = 1; j < N; j ++ )
        a[ i ][ j ] = a[ i − 1 ][ j − 1 ] + a[ i − 1 ][ j ];
```

（2）程序中最后一个嵌套的 for 循环用于输出杨辉三角形,此时读者也需要注意内层循环控制变量 j 的取值范围。

运行结果（图5.9）

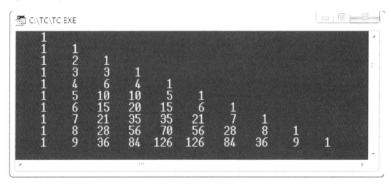

图5.9 打印杨辉三角形程序的运行结果

5.3 字符数组的定义和应用

5.3.1 字符数组的定义及初始化

之前介绍的一维数组和二维数组都是数值型的,如果需要解决的问题涉及字符或字符串,那就有可能用到字符数组。字符数组的定义方式、字符数组元素的引用方式和数值型数组的相似,例如：

char str1[5];
char str2[4][5];

这里定义了一维字符数组 str1,数组元素为 str1[0],str1[1]…str1[4],共 5 个元素;二维数组 str2,包含 4 行 5 列,共 20 个元素。

字符数组定义完成后,需对数组进行初始化,字符数组的初始化操作和数值型数组的稍有些不同。

1. 采用逐个字符对数组进行初始化

例如：

char str1[7] = { 'g', 'o', 'o', 'd', 'b', 'y', 'e' };

初始化时,将每个字符常量放在一组单引号中,字符常量之间用逗号隔开,花括号中的 7

个字符分别赋给数组元素 str1[0] ~ str1[6]。

当定义数组并省略数组长度时,自动根据赋值的字符个数来计算数组长度,如以下语句中 str1 数组的缺省长度为 7:

char str1[ ] = { 'g', 'o', 'o', 'd', 'b', 'y', 'e'};

当被赋值元素个数小于数组长度时,未赋值的元素默认为空字符,即'\0',如:

char str1[7] = { 'g', 'o', 'o', 'd'};

虽然 str1 数组的长度为 7,但实际赋值了 4 个字符,所以 str1[4]、str1[5]和 str1[6]三个元素为'\0',数组状态如图 5.10 所示。

str1[0]	str1[1]	str1[2]	str1[3]	str1[4]	str1[5]	str1[6]
g	o	o	d	\0	\0	\0

图 5.10　字符数组 str1 存储示意图

2. 采用字符串常量对数组进行初始化

例如:

char str2[8] = {"goodbye"};

赋值时将字符串常量放在一对化括号中,也可以省略花括号,直接写成:

char str2[8] = "goodbye";

也可以省略数组长度写成:

char str2[ ] = "goodbye";

str2 数组各元素中存放的字符如图 5.11 所示,大家会发现这个数组的最后一个字符为空字符'\0'。因为字符串结束标志符为空字符'\0',所以用字符串给字符数组赋值时,会自动在字符串末尾增加一个空字符。而空字符也要占用一个字节的存储空间,所以这个数组在内存中实际占用的存储空间为 8 个字节。

str2[0]	str2[1]	str2[2]	str2[3]	str2[4]	str2[5]	str2[6]	str2[7]
g	o	o	d	b	y	e	\0

图 5.11　字符数组 str2 存储示意图

如果将 str2 数组定义为"char str2[10] = "goodbye";",那么由于赋值的字符个数小于数组长度,所以 str2 数组从元素 str2[7]到元素 str2[9]都为空字符。

对于初学者来说,使用逐个字符初始化和字符串常量初始化这两种方式很容易混淆,这里需要注意的是:采用逐个字符初始化方式时,不要求数组的最后一个元素一定为'\0';而采用字符串赋值常量初始化方式时,数组的最后一个元素一定为'\0'。

例如有以下字符数组定义和初始化形式:

① char c[ ] = { 'h', 'e', 'l', 'l', 'o' };

② char c[6] = { 'h', 'e', 'l', 'l', 'o' };

③ char c[ ] = { ′h′, ′e′, ′l′, ′l′, ′o′ , ′\0′ };

④ char c[6] = " hello";

⑤ char c[ ] = " hello";

⑥ char c[5] = " hello";

第①种形式中数组长度为5,此时只能称字符数组 c 中存放了 5 个字符,而不能称为存放了字符串,因为它不包含字符串结束标志。

第②种、第③种、第④种和第⑤种形式是等价的,数组长度均为6,字符数组 c 中存放的都是字符串,最后一个元素存储的都是字符串结束标志符′\0′。

第⑥种形式是错误的,因为虽然字符串"hello"的有效字符个数只有 5 个,但因为还要存储字符串结束标志符′\0′,所以一共需要 6 个字节的存储空间,而 char c[5]只提供了 5 个字节的空间,不够存储,所以报错。

由于采用逐个字符对字符数组进行初始化的方式书写繁琐,且无法使用字符串常量的特性,因此编程时往往会采用字符串常量对字符数组进行初始化,也就是第④、⑤两种形式。

<u>字符数组初始化注意事项:只有在定义字符数组的同时才可以对字符数组用字符串常量或多个字符常量对其进行整体赋初值,即初始化。数组定义之后,不能对数组进行赋值。</u>

例如,定义了两个字符数组 s1、s2:

char s1[10],s2[10];

则以下两个赋值语句都是错误的:

s1 = " hello";
s2 = { ′h′, ′e′, ′l′, ′l′, ′o′ , ′\0′ };

5.3.2　字符数组的输入和输出

一维或二维的数值型数组在程序中进行动态输入或输出时,都需要使用循环来完成,那么字符数组的输入或输出是否一定需要使用循环呢? 下面就来介绍字符数组的输入和输出方法。

1. 使用格式控制符%c,通过循环完成逐个字符的输入或输出

【例5.8】 从键盘输入 5 个字符,若是小写字母则将其转换成相应的大写字母后再输出。

这里使用字符数组存放从键盘输入的字符,程序代码如下:

```
/ * 程序 A * /
void main( )
{
    char str[5];
    int i;
    for( i = 0; i < 5; i + + )
        scanf( "% c", &str[i]);
    for( i = 0; i < 5; i + + )
        if( str[i] > = ′a′&&str[i] < = ′z′) str[i] - = 32;
```

```
for(i = 0; i < 5; i ++ )
    printf("%c", str[i]);
}
```

在本程序中,字符数组的输入和输出方法类似于数值型数组的。第一个 for 循环用于字符数组的输入,循环执行一次输入一个字符,因此格式控制符为%c。第二个 for 循环用于判断数组中的元素是否是小写字母,若是小写字母则转换成大写字母。第三个 for 循环用于字符数组元素的输出。程序的运行结果如图 5.12 所示。

图 5.12　转换字符串中小写字母程序的运行结果

2. 使用格式控制符%s,完成字符串的整体输入或输出

如果将例 5.8 的问题修改为:从键盘输入一串字符,若是小写字母则将其转换成相应的大写字母后再输出。

此问题仍然使用字符数组来求解,由于数组长度没有明确,这里可以将其定义得足够长,如 100。将例 5.8 的程序中涉及数组长度的部分进行修改,修改后代码如下:

```
/* 程序 B */
void main( )
{
    char str[100];
    int i;
    for(i = 0; i < 100; i ++ )
        scanf("%c", &str[i]);
    for(i = 0; i < 100; i ++ )
        if(str[i] >= 'a'&&str[i] <= 'z') str[i] -= 32;
    for(i = 0; i < 100; i ++ )
        printf("%c", str[i]);
}
```

程序 B 没有任何错误,可是仔细分析会发现,程序中的每一个 for 循环都需要执行 100 次,也就是说此程序运行时必须输入 100 个字符,这样程序的通用性就很差。将程序 B 的代码修改如下:

```
/* 程序 C */
void main( )
{
    char str[100];
    int i;
    scanf("%s", str);                      /* 字符数组 str 的整体输入 */
```

```
    for( i = 0; str[ i ] ! = '\0'; i + + )
        if( str[ i ] > = 'a'&&str[ i ] < = 'z') str[ i ] - = 32;
    printf( "% s", str);                    /* 字符数组 str 的整体输出 */
}
```

程序 C 的通用性更强,数组长度虽为 100,但只要输入的字符个数在 1 ~ 99 范围(因为字符数组需要一个字节存放字符串的结束标志符'\0')内均可以正确运行。这里没有使用循环语句实现逐个字符的输入或输出,而是使用% s 格式控制符完成字符数组的整体输入和输出,但在使用时需要注意以下几点:

(1) 输入字符串的具体格式是:

scanf("% s", 数组名);

在输入字符串时,字符串的长度应短于字符数组的长度。特别注意的是,输入列表中只能是数组名,因为数组名表示的是数组首元素的地址。如:

scanf("% s", str);

不能写成:

scanf("% s", &str);

在运行程序 C 时,对比以下两组数据:

① 输入数据:

helloeveryone

则输出:

HELLOEVERYONE

② 输入数据:

hello everyone

则输出:

HELLO

第二组输入数据比第一组多了一个空格字符,可是结果却相差很多。因为 C 语言规定,在 scanf 函数中使用% s 格式控制符完成字符串整体输入时,当从键盘按下空格、回车或 Tab 键时,系统会自动地在原字符后添加空字符,即'\0'。在第一组所有数据输入完成,按下回车键时,系统自动在"helloeveryone"后面加一个'\0'结束标志符;在第二组数据中,系统自动在"hello"后面加一个'\0'结束标志符,字符串"everyone"并没有存放到字符数组中。

如有定义:

char str1[20], str2[20];

scanf("% s% s ", str1, str2);

若输入数据：

　　hello everyone

那么 str1 和 str2 数组中分别存放了哪些字符？此时 str1 数组中存放的是字符串"hello"，而 str2 数组中存放的是字符串"everyone"。

　　（2）输出字符串的具体格式是：

　　printf（"％s"，数组名）；

　　在输出字符串时，输出列表中只能是数组名，该函数的功能是从数组的起始元素开始输出，直至'\0'结束（'\0'不输出）。

　　若字符数组中包含多个'\0'，则遇到第一个'\0'时输出就结束。例如：

　　char str[100] = "hel\0loeveryone"；
　　printf("％s"，str)；

此时输出：

　　hel

　　％s 格式控制符强调的是输出字符串，若字符数组中存放的是没有'\0'作为结束标志符的若干个字符，那么会不会得到正确结果呢？例如，有以下定义：

　　char str[] = { 'g'，'o'，'o'，'d'，'b'，'y'，'e'}；
　　printf("％s"，str)；

　　读者可以分析一下，输出结果会不会是"goodbye"？

　　3. 利用字符串处理函数 gets 和 puts，完成字符串的输入和输出

　　（1）字符串输入函数 gets 的使用格式为：

　　gets（字符数组名）

　　gets 函数的功能是从标准输入设备（一般是键盘）获得一个字符串，它的参数是字符数组名，函数返回值是字符数组的起始地址。在使用 gets 函数输入字符串时，当输入回车键时，系统会自动在字符串后加一个'\0'。

　　（2）字符串输出函数 puts 的使用格式为：

　　puts（字符数组名）

　　puts 函数的功能是把字符数组中的字符串输出到标准输出设备（一般是显示器），它的参数可以是字符数组名，也可以是字符串常量。puts 函数会将字符串中第一个'\0'前的字符输出，并自动在其后添加一个换行符'\n'。例如：

　　char str[100] = "hel\0loeveryone"；
　　puts(str)；

此时输出：

hel

需要注意的是,若程序中使用 gets 和 puts 函数,必须书写"#include ＜stdio. h＞"。了解了 gets 和 puts 函数之后,将程序 C 的代码修改如下:

```
/＊程序 D＊/
#include ＜stdio. h＞
void main( )
{
    char str[100];
    int i;
    gets(str);
    for(i=0; str[i]! = '\0'; i++)
        if(str[i] >= 'a'&&str[i] <= 'z') str[i] -=32;
    puts(str);
}
```

运行此程序时,两组数据的测试结果如下:

① 输入数据:

helloeveryone

则输出:

HELLOEVERYONE

② 输入数据:

hello everyone

则输出:

HELLO EVERYONE

输入以上两组数据,程序 D 都可以将字符串中的小写字母正确地转换成大写字母。

对于第二组数据,程序 C 和程序 D 的运行结果是不同的,读者能否找到原因? 其实这就是之前所提到的,利用%s 格式控制符输入字符串时,输入空格、回车或 Tab 键会转化成字符串结束标志符'\0',而利用 gets 函数输入字符串时,输入回车键才会转化成字符串结束标志符'\0'。简单来讲,如果需要从键盘输入带有空格的字符串,那就要使用 gets 函数,而不能使用%s 格式控制符。

本节介绍了字符数组的三种输入输出方式,对比之后,应该能体会到第三种方法是简洁高效的,因此建议读者编程时,凡是需要完成字符串的输入,都使用 gets 函数。

5.3.3　字符串处理函数

C 语言中没有字符串变量,因此一般都使用字符数组来存放字符串。在编程时,字符串和数值型数据有很多不同之处,如对字符串进行比较、赋值时,也不能使用关系运算符、赋值运算符来完成。由于字符串的特殊性,C 函数库中提供了一些用来处理字符串的函数,如前一小节介绍的 gets 和 puts 函数,下面再来介绍几种常用的函数,使用这些函数时必须书写"# include ＜ string. h ＞"。

1. 字符串长度函数 strlen

strlen 函数的使用格式为:

strlen（字符数组名）

strlen 函数的功能是计算字符串的实际长度,函数的参数可以是字符串常量,也可以是字符数组名。<u>函数的值为字符串实际长度(不包括字符串结束标志符'\0')</u>。

例如,有如下定义:

char str[10] = "goodbye" ;

使用 strlen(str)计算出字符串的实际长度为 7,但数组的长度为 10,因此字符串的长度和数组长度不是同一个概念。

又如,有如下定义:

char str[10] = ｛ 'g', 'o', 'o', '\0', 'b', 'y', 'e', '\0'｝;

此时使用 strlen(str)计算出字符串的实际长度为 3,因为数组元素 str[3]为'\0',那么它将作为字符串的结束标志符,因此字符数组中实际存放的字符串为"goo"。

2. 字符串比较函数 strcmp

在比较数据的大小关系时,经常使用的是关系运算符,如 ＞ 、＜ 或 ＝＝ 等关系运算符,但对于字符串,则需要使用 strcmp 函数。strcmp 函数的使用格式为:

strcmp（字符数组名 1,字符数组名 2）

strcmp 函数的功能是比较数组中两个字符串的大小,函数参数可以是字符数组名,也可以是字符串常量。

字符串比较的规则是按照 ASCII 码值的大小,从左向右逐个字符进行比较,直到出现不相同的字符或遇到'\0'为止。如图 5.13 所示,两个字符串的前两个字符相同,第三个字符不同,字符'r'比'R'的 ASCII 码值大,此时可以得出结论:字符串 str1 大于字符串 str2,不需要继续比较字符串中后续的其他字符了。

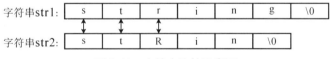

图 5.13　字符串比较示意图

根据字符串的大小关系,strcmp 函数的返回值有三种:

(1) 字符串 1 等于字符串 2,返回值为 0。

(2) 字符串 1 大于字符串 2,返回值大于 0。

(3) 字符串 1 小于字符串 2,返回值小于 0。

3. 字符串拷贝函数 strcpy 和 strncpy

strcpy 函数的使用格式为:

strcpy(字符数组名 1,字符数组名 2)

strcpy 函数的功能是把字符数组 2 中的字符串拷贝到字符数组 1 中,包括字符数组 2 中的 '\0' 也一同拷贝过去。字符数组 2 也可以是一个字符串常量。

字符串之间的赋值不能和数值型数据一样使用赋值运算符。例如:

char str1[10],str2[10];
str2 = "hello";
str1 = str2;

此程序段是错误的,无法将字符串"hello"赋值给字符数组 str2,也不能将 str2 中的字符串赋值给 str1 数组,因为 C 语言中数组名表示地址常量,赋值号左边只能是变量。将程序段修改如下:

char str1[10],str2[10];
strcpy(str2,"hello");
strcpy(str1,str2);

此程序段使用 strcpy 函数可以完成字符串的拷贝,字符数组 str1 和 str2 中存放的都是字符串"hello"。

在使用 strcpy 函数时需要注意以下几点:

(1) 将字符数组 2 中的字符串拷贝到字符数组 1 中,那么字符数组 1 的长度不能小于字符数组 2 的长度。

(2) 若字符数组 1 在拷贝之前已被赋值,当拷贝完成后,字符数组 2 中的字符串将替换字符数组 1 相应位置的字符,字符数组 1 未被替换的字符将被保留。

例如:

char str1[10] = "everyone",str2[10];
strcpy(str2,"hello");
strcpy(str1,str2);

当数组 str2 中的字符串被拷贝到数组 str1 后,字符串"hello"存放到 str1[0] ~ str[5] 位置上,str1 中原有的最后 4 个字节的内容保持不变。字符数组 str1 中数组元素的存储形式如图 5.14 所示。

e	v	e	r	y	o	n	e	\0	\0

(a) 拷贝前

h	e	l	l	o	\0	n	e	\0	\0

(b) 拷贝后

图 5.14 拷贝前后字符数组 str1 中数组元素存储示意图

(3) 如果只需要将字符数组 2 中部分字符拷贝到字符数组 1 中,可以使用 strncpy 函数。

strncpy 函数的使用格式为：

strncpy（字符数组名 1，字符数组名 2，长度 n）

strncpy 函数的功能是将字符数组 2 中前面 n 个字符拷贝到字符数组 1 中，但不包括'\0'。

例如：

char str1[10] = "everyone"，str2[10]；
strcpy(str2，"hello")；
strncpy(str1，str2，3)；
puts(str1)；

此程序段运行后，输出的结果应为"helryone"。由于 strncpy 函数只将"hel"拷贝到 str1 数组中(不包括'\0')，那么 str1[0] ~ str[2]元素被替换成"hel"，其他元素保持不变。图 5.15 为拷贝完成后，str1 数组中数组元素的存储形式。

h	e	l	r	y	o	n	e	\0	\0

图 5.15　使用 strncpy 函数拷贝后字符数组 str1 中数组元素存储示意图

4. 字符串连接函数 strcat

strcat 函数的使用格式为：

strcat（字符数组名 1，字符数组名 2）

例如：

char str1[10] = "every"，str2[10] = "one"；
strcat（str1，str2）；

strcat 函数的功能是将字符数组 2 中的字符串（字符数组 2 可以是一个字符串常量）连同结束标志符'\0'一起连接到字符数组 1 中字符串的后面，并删去原来字符数组 1 中的字符串结束标志符'\0'，如图 5.16 所示。

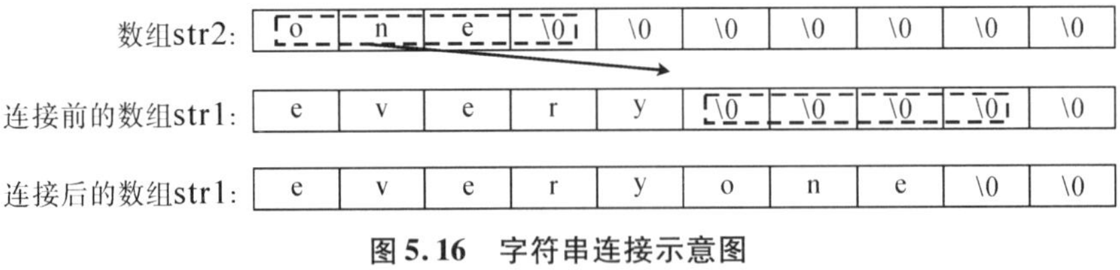

图 5.16　字符串连接示意图

当字符串连接时，字符数组 1 中的字符串长度会增加，因此字符数组 1 在定义时必须足够长，否则连接后就会出问题。

【例 5.9】 输入一个不包含空格的字符串，判断此字符串是否是回文。所谓回文就是相对中心左右对称的字符串。如字符串"ababcbaba"和"abddba"是回文，而字符串"abcaa"不是回文。

问题分析

判断回文的思路是:找到字符串的中间位置,将此位置作为"对称轴",然后判断左右两边的字符串是否关于"对称轴"对称。使用字符数组 str 存放字符串,假设字符串长度为 n,那么"对称轴"的位置为 n/2。将"对称轴"作为中心,先比较起始字符 str[0] 和末尾字符 str[n-1],如果相同就再分别向对称轴移动一个位置,继续比较字符 str[1] 和末尾字符 str[n-2],直到比较到中间位置为止,如图 5.17 所示。如果比较到"对称轴"时左右两边的字符都是相同的,那么字符串一定是回文;如果某次比较的结果不同,那么该字符串不是回文。

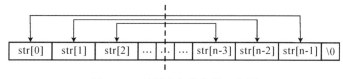

| str[0] | str[1] | str[2] | ... | .|. | ... | str[n-3] | str[n-2] | str[n-1] | \0 |

图 5.17　判断回文的比较示意图

程序代码

```
#include < stdio. h >
#include < string. h >
void main( )
{
  char str[100];
  int n, i;
  printf("please input a string : ");
  gets(str);
  n = strlen(str);                    /*计算字符串的实际长度*/
  for(i =0; i < n/2; i ++ )          /*比较到字符串的中间位置*/
      if(str[i] ! = str[n -1 -i])    /*若首尾对应字符不同,提前跳出循环*/
            break;
  if(i < n/2)                        /*如果提前跳出循环,那么不是回文*/
    printf("It is not a palindrome\n");
  else
    printf("It is a palindrome\n ");
}
```

代码分析

(1) 字符数组长度为 100,但实际输入的字符串长度不是 100,因此使用 strlen 函数计算出字符串长度 n,字符串的中间位置即为 n/2,所以首尾字符比较最多进行 n/2 次。由于数组下标从 0 开始,因此 for 循环的第二个表达式为"i < n/2"。

(2) 若数组元素 str[i] ! = str[n -1 -i],那么字符串不是回文,for 循环提前结束,此时变量 i 的值小于 n/2。程序的最后正是根据此特点来判断字符串是否是回文。

运行结果(图 5.18)

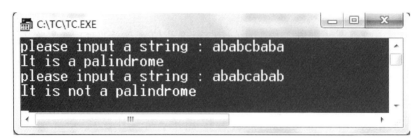

图 5.18　判断回文程序的运行结果

【例 5.10】　给定一段只由 26 个小写字母组成的文章,请输出其中有多少个"good",只有连续的 4 个字母是"good"才算一次。

例如,输入:

goodgggoggoogodgoodggood

则输出单词的个数:

3

问题分析

使用字符数组 str 存放字符串,查看从数组第 0 个位置开始的连续 4 个字符(即 str[0]~str[3])是不是"good",若是,那么该单词的出现次数加 1;若不是,则从第 1 个位置开始的连续 4 个字符(即 str[1]~str[4])继续判断,直到字符串的末尾,如图 5.19 所示。

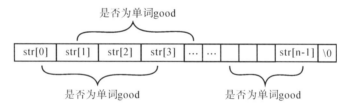

图 5.19　统计单词出现次数的示意图

程序代码

```
#include < string. h >
int main( )
{
    char str[200];
    int n,i,count =0;
    printf( "please input a string : " );
    gets( str );
    n = strlen( str );
    for( i =0; i +3 < n; i ++ )
        if( str[i] == 'g'&&str[i +1] == 'o'&&str[i +2] == 'o'&&str[i +3] == 'd')
                                    /*判断连续 4 个字符是否为"good" */
            count ++ ;
    printf( "There are % d words\n", count );
}
```

运行结果(图 5.20)

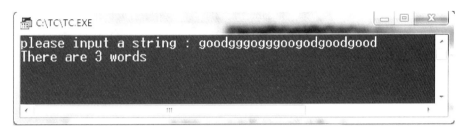

图 5.20　统计"good"出现次数程序的运行结果

5.4　编程实战

【例 5.11】　假设 n 个学生站成一队,要求根据他们的身高(单位为 cm)从低到高进行排列。

问题分析

将学生的身高存放在数组中,这个问题将转换为数组元素排序问题。解决排序问题最简单的算法是冒泡(Bubble Sort)法,又称气泡法或起泡法。

冒泡法的基本思想是:从队列的最前面开始检查,比较相邻两个学生的身高,若个子高的学生在前,个子矮的学生在后,则需要交换他们的位置,当检查到队列的最后一个学生时,个子最高的学生即被调整到队伍的最后,如图 5.21 所示(假设有 8 个学生)。经过第 1 轮调整,个子高的学生向下沉,个子矮的学生像气泡一样向上浮。在第 1 轮处理中,共有 8 个数据,需要比较 7 次。

162	161	161	161	161	161	161	161	161
161	162	157	157	157	157	157	157	157
157	157	162	156	156	156	156	156	156
156	156	156	162	162	162	162	162	162
164	164	164	164	164	158	158	158	158
158	158	158	158	158	164	160	160	160
160	160	160	160	160	160	164	159	159
159	159	159	159	159	159	159	164	164
原始数据	第1次	第2次	第3次	第4次	第5次	第6次	第7次	结果

图 5.21　第 1 轮排序

处理第 2 轮时,仍然从队列的最前面开始检查,检查相邻两个学生的身高,一直检查到队列的倒数第二个学生(因为身高为 164 的学生已经调整到最后,不再参加比较)。此时参与比较的数据有 7 个,那么相邻数据需要比较 6 次。经过第 2 轮处理,身高为 162 的学生调整到了倒数第二个位置,如图 5.22 所示。

161	157	157	157	157	157	157	157
157	161	156	156	156	156	156	156
156	156	161	161	161	161	161	161
162	162	162	162	158	158	158	158
158	158	158	158	162	160	160	160
160	160	160	160	160	162	159	159
159	159	159	159	159	159	162	162
164	164	164	164	164	164	164	164
第1轮 排序后 的数据	第1次	第2次	第3次	第4次	第5次	第6次	结果

图 5.22　第 2 轮排序

按照此方法进行第 3 轮排序时,待排序的数据有 6 个,那么相邻数据需要比较 5 次;在第 4 轮排序时,需要进行 4 次比较……在第 7 轮排序时,需比较 1 次。此时所有数据完成从小到大的排序。

根据以上分析可知,如果有 n 个数需要排序,那么需要进行 n − 1 轮处理;在第 i 轮排序时,需比较 n − i 次,而每次都是从第 1 个数据开始,将相邻的两个数据进行比较和交换。

程序代码

```
void main( )
{
    int height[100],t,n,i,j;
    printf("please input the number of students:");
    scanf("%d",&n);                    /*输入学生的个数,不能超过数组的长度 100 */
    printf("please input the height of every student:\n");
    for(i = 0;i < n;i + + )
        scanf("%d",&height[i]);        /*将学生的身高存储在 height 数组中 */
    for(i = 1; i < = n − 1; i + + )      /*进行 n − 1 轮比较 */
        {
        for(j = 0; j < n − i; j + + )      /*第 i 轮比较 n − i 次 */
            {
            if(height[j] > height[j + 1])  /*判断相邻元素是否需要交换 */
                {
                t = height[j];
                height[j] = height[j + 1];
                height[j + 1] = t;
                }
            }
        }
    printf("After sort:\n");
    for(i = 0; i < n; i + + )              /*输出排序后的数组元素 */
        printf("%−5d", height[i]);
}
```

代码分析

（1）题目中没有明确学生的人数，而定义数组时数组的长度必须是常量，因此程序中先定义 height 数组，其长度为 100，然后使用 n 变量来接收从键盘输入的实际学生人数，只要 n 不超过 100 即可。

（2）程序中实际使用的是数组元素 height[0] ~ height[n−1]，因此程序的第一个 for 循环完成 n 个数据的输入，千万不能写成：

```
for(i=0;i<100;i++)
    scanf("%d",&height[i]);
```

（3）在排序的过程中，使用了嵌套的 for 循环，外层循环一次即可完成一轮排序。在第 i 轮排序时，内层需循环 n−i 次，进行相邻两个数的比较，由于数组下标从 0 开始，因此内层循环关于 j 的 for 语句为"for(j=0;j<n−i;j++)"。读者在编程时，一定要注意 for 语句的循环次数。

运行结果（图 5.23）

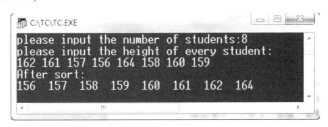

图 5.23　学生身高排序程序的运行结果

【例 5.12】　跳远比赛规则为：当参加比赛的选手等于或少于 8 名时，每名选手有 6 次跳跃机会，6 次成绩中的最远距离记为该选手的最后成绩。在某次跳跃中，若选手犯规，那么该选手当次成绩无效。现有 4 名运动员参加比赛，他们 6 次跳跃的成绩如表 5.1 所示，请编程输出每位选手的最后成绩。

表 5.1　运动员 6 次试跳的成绩　　　　　　　　　　　　　　　　（单位：m）

运动员	第 1 次	第 2 次	第 3 次	第 4 次	第 5 次	第 6 次
选手 1	7.41	7.82	7.65	犯规	8.01	7.92
选手 2	8.13	犯规	7.98	8.26	犯规	8.21
选手 3	7.92	8.43	犯规	8.11	8.09	7.99
选手 4	7.99	8.21	8.15	8.02	7.93	7.87

问题分析

这里可以定义一个 4 行 6 列的二维数组 score 来存放 4 名运动员的成绩，将每名运动员每次的成绩作为二维数组元素。若犯规，可将数组元素设置为 0。另定义一个数组 last，用于存放每位选手的最后得分。计算出二维数组每行的最大值 max，也就是每位选手的最后得分，然后放置于相应的数组 last 中，如图 5.24 所示。由于二维数组的每行可以看成一维数组,因此求每行的最大值可以使用一维数组求最大值的方法。

图 5.24　score 数组和 last 数组中的元素

程序代码

```c
#define N 4
void main( )
{
    float score[N][6] = { {7.41,7.82,7.65,0,8.01,7.92}, {8.13,0,7.98,8.26,0,
                8.21}, {7.92,8.43,0,8.11,8.09,7.99}, {7.99,8.21,8.15,
                8.02,7.93,7.87} };
    float max,last[N];
    int i, j;
    for(i = 0; i < N; i ++ )                /*计算第 i 位选手的最后得分*/
      {
        max = score[i][0];                  /*将第 i 行第 0 列赋给 max 变量*/
        for(j = 1; j < 6; j ++ )            /*将第 i 行其余列和 max 变量进行比较*/
            if( max < score[i][j] )
                max = score[i][j];
        last[i] = max;                      /*将第 i 行最大值放置于 last[i]中*/
      }
    printf( "The score of every athlete is :\n" );
    for(i = 0; i < N; i ++ )                /*输出每位运动员最后得分*/
        printf( "%d:%.2f\n",i + 1,last[i] );
}
```

运行结果(图 5.25)

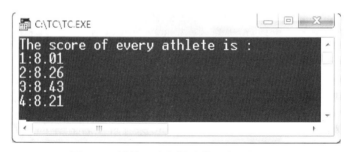

图 5.25　计算运动员得分的程序运行结果

【**例 5.13**】　输入一行字符串,统计每个大写字母的出现次数。

问题分析

提及字符串,基本都会考虑使用字符数组来进行存放。大写字母共 26 个,若判断出数组中某字符为大写字母,则将相应的出现次数加 1。问题的关键在于如何记录每个大写字母的出现次数?

这里可以考虑定义一个整型数组:int count[26],数组的每个元素存放一个字母出现的次数,如 count[0]中存放字母'A'出现的次数,count[1]中存放字母'B'出现的次数……以此类推,count[25]中存放字母'Z'出现的次数,可见 count[i]中存放的是字母'A'之后的第 i 个字母(即'A' + i)出现的次数,如表 5.2 所示。

表 5.2　26 个大写字母和 count 数组元素的对应关系

大写字母	'A'	'B'	'C'		'Y'	'Z'
和'A'的关系	'A' + 0	'A' + 1	'A' + 2		'A' + 24	'A' + 25
出现次数	count[0]	count[1]	count[2]	…	count[24]	count[25]

从字符数组的起始字符 str[0]进行检查,若为字母'A',那么数组元素 count[0]的值需要加 1;若为字母'B',那么数组元素 count[1]的值需要加 1,以此类推。当数组中所有元素检查完毕,数组 count 中的 26 个元素的值即为 26 个大写字母的出现次数。

程序代码

```c
#include  < stdio. h >
void main( )
{
    char str[100];
    int count[26] = {0}, i;
    printf("please input a string :");
    gets(str);
    for(i = 0; str[i]! = '\0'; i ++ )        /* 检查字符串中的每个字符 */
        if(str[i] >= 'A'&&str[i] <= 'Z')     /* 判断是否为大写字母 */
            count[str[i] – 'A'] += 1;        /* str[i]所对应的大写字母的出现次数加 1 */
    printf("The count of character A ~ Z is:\n");
    for(i = 0; i < 26; i ++ )
        printf("%c:%d\t", 'A' + i,count[i]); /* 输出 26 个大写字母及出现的次数 */
}
```

代码分析

(1)考虑到字符串中可能包含空格,因此使用 gets 函数来实现字符串的输入,输入的字符串长度不能超过 99。

(2)int count[26] = {0}的作用是在定义 count 数组的同时将数组元素初始化为 0,即一开始时每个大写字母的出现次数均为 0 次。

(3)第一个 for 循环用于从字符数组的起始元素 str[0]开始依次检查,直到字符串末尾。使用 str[i]! = '\0'判断数组的第 i 个元素是否到达字符串结束标志符'\0',这是在遍历字符数组时常用的方法。

（4）若 str[i]为大写字母,那么 str[i]相应的出现次数应存放在数组元素 count[str[i] −'A']中。因为'A'的 ASCII 码为 65,所以也可以写成 count[str[i] −65]。

运行结果（图 5.26）

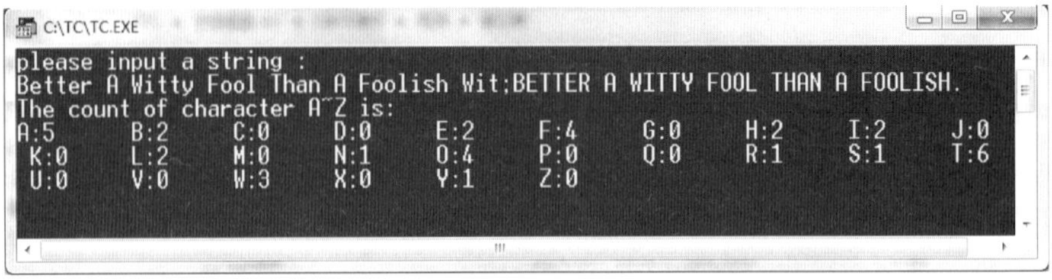

图 5.26　统计大写字母出现次数的程序运行结果

【例 5.14】　从键盘输入 n 个字符串,按照字母的顺序输出最大的字符串。

问题分析

这是关于字符串求最值问题,可以采用一维数组元素求最大值的方法。首先将第 1 个字符串放入 max 数组中;然后将其他 n − 1 个字符串依次和 max 数组中的字符串相比较,若比 max 数组中的字符串大,则修改 max 数组。其实本题的思路并不复杂,关键是灵活应用和字符串相关的处理函数。

程序代码

```c
#include  < stdio. h >
#include  < string. h >
void main( )
{
  char str[100], max[100];
  int i,n;
  printf("please input the number of string:");
  scanf("% d",&n);                 /* 输入字符串的个数 */
  getchar( );
  printf("please input string 1:");
  gets(str);                       /* 输入第 1 个字符串 */
  strcpy(max,str);
  for(i = 2;i < = n;i + + )          /* 输入 n − 1 个字符串 */
  {  printf("please input string % d:",i);
     gets(str);
     if(strcmp(str,max) >0)        /* 比较输入的字符串与 max 数组中的字符串 */
        strcpy(max, str);
  }
  printf("The max string is:");
  puts(max);
}
```

代码分析

（1）题目中没有明确说明字符串的个数，因此程序运行中从键盘输入一个数值存放到变量 n 中，用于确定字符串的个数。

（2）程序中"getchar( )；"语句看似多余，但实际上是为保证第 1 个字符串的正确输入而添加的。若将该语句删除，此时的运行结果如图 5.27 所示。从图中可以看出，当输入 n 的值并按下回车键后，第 1 个字符串还没有输入，就显示输入第 2 个字符串的提示信息，那么实际输入的字符串个数为 4，而不是 5。出错原因在于，当输入 n 的值并按下回车键后，此时的回车键被第一个"gets(str)；"语句接收，那么系统则认为第 1 个字符串已完成输入，直接显示输入第 2 个字符串的提示信息。如果增加了"getchar( )；"语句，那么当输入 n 的值并按下回车键后，此时的回车键被"getchar( )；"语句接收，那就表示第 1 个字符串还未完成输入，需要从第 1 个字符串开始进行输入，如图 5.28 所示。

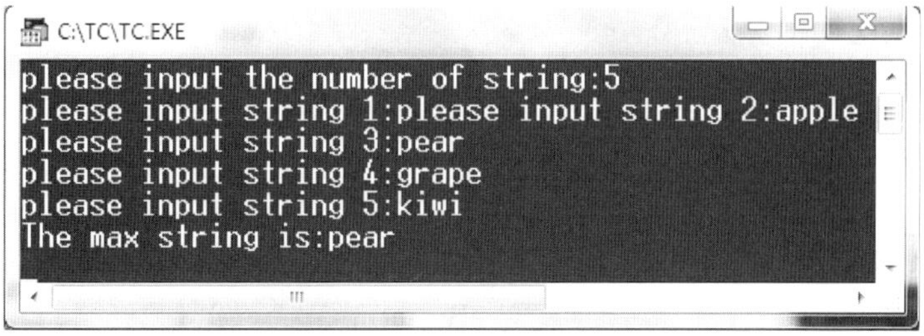

图 5.27 删除 getchar( )语句后程序的运行结果

（3）for 循环中的 if 语句用于判断输入的字符串和 max 数组中字符串的大小关系，若 strcmp(str,max) > 0，说明 str 数组中的字符串较大，那么需要使用 strcpy 函数修改 max 数组中的字符串。

运行结果（图 5.28）

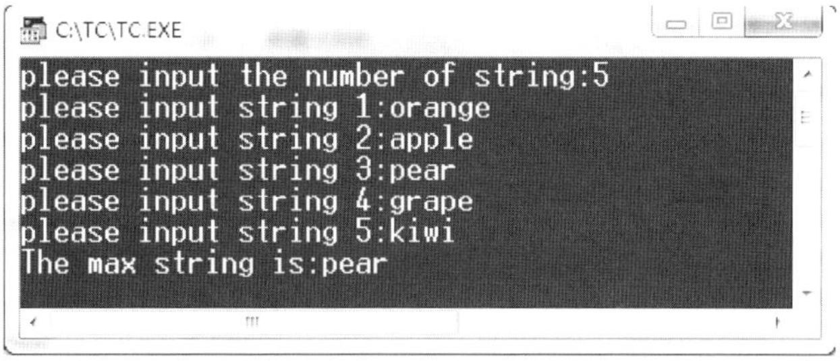

图 5.28 求最大字符串程序的运行结果

习题五

一、选择题

1. 有定义"int a[4] = {5,3,8,9}；"，其中 a[3]的值为_____。

  A. 5   B. 3   C. 8   D. 9

2. 以下 4 个数组定义中,_____是错误的。

　　A. int a[7];　　　　　B. #define N 5　　　　C. char c[5];　　　　　D. int n,d[n];

　　　　　　　　　　　　　　　　long b[N];

3. 对字符数组进行初始化,_____形式是错误。

　　A. char c1[ ] = {'1', '2', '3'};　　　　　　　　B. char c2[ ] = 123;

　　C. char c3[ ] = { '1', '2', '3', '\0'};　　　　D. char c4[ ] = "123";

4. 在数组中,数组名表示_____。

　　A. 数组第 1 个元素的地址　　　　　　　　B. 数组第 2 个元素的地址

　　C. 数组所有元素的地址　　　　　　　　　D. 数组最后 1 个元素的地址

5. 若有以下说明,则数值为 4 的表达式是_____。

int a[12] = {1,2,3,4,5,6,7,8,9,10,11,12};

char c = 'a', d, g;

　　A. a[g − c]　　　　　B. a[4]　　　　　　C. a['d' − 'c']　　　　D. a['d' − c]

6. 设有定义"char s[12] = " string ";",则"printf("% d\n",strlen(s));"的输出是_____。

　　A. 6　　　　　　　　B. 7　　　　　　　C. 11　　　　　　　D. 12

7. 合法的数组定义是_____。

　　A. char a[ ] = " string ";　　　　　　　B. int a[5] = {0,1,2,3,4,5};

　　C. char a = " string ";　　　　　　　　D. char a[5] = {0,1,2,3,4,5}

8. 根据下面定义的字符数组,语句"printf("% s\n", str[2]);"的输出是_____。

static str[3][20] = { "basic", "foxpro", "windows"};

　　A. basic　　　　　　B. foxpro　　　　　C. windows　　　　　D. 输出语句出错

9. 数组定义为 int a[3][2] = {1,2,3,4,5,6},值为 6 的数组元素是_____。

　　A. a[3][2]　　　　　B. a[2][1]　　　　　C. a[1][2]　　　　　D. a[2][3]

10. 若有以下语句,则输出结果是_____。

char sp[ ] = " \t\v\\\0will\n"; printf("% d",strlen(sp));

　　A. 14　　　　　　　B. 3　　　　　　　C. 9　　　　　　　D. 程序有错

二、程序阅读题

1. 运行时输入 abcd 后,程序的输出结果是_____。

```
#include <stdio.h>
void main()
{
  char s[80]; int i;
  for(i = 0; i < 80; i ++)
  {
    s[i] = getchar();
    if(s[i] == '\n') break;
  }
```

```
    s[i] = '\0';
    while(i) putchar(s[--i]);
    putchar('\n');
  }
```

2. 以下程序的输出结果是＿＿＿＿＿＿＿。

```
void main()
{
  int a[6] = {12,4,17,25,27,16},b[6] = {27,13,4,25,23,16},i,j;
  for(i = 0;i < 6;i ++)
  {
    for(j = 0;j < 6;j ++)
    if(a[i] == b[j]) break;
    if(j < 6) printf("%d",a[i]);
  }
  printf("\n");
}
```

3. 以下程序的输出结果是＿＿＿＿＿＿＿。

```
void main()
{
  char a[8],temp; int j,k;
  for(j = 0;j < 7;j ++) a[j] = 'a' + j;
  a[7] = '\0';
  for(j = 0;j < 3;j ++)
  {
    temp = a[6];
    for(k = 6;k > 0;k --) a[k] = a[k - 1];
    a[0] = temp;
  }
  printf("%s\n",a);
}
```

4. 以下程序的运行结果是：min = ＿＿＿＿，m = ＿＿＿＿，n = ＿＿＿＿。

```
void main()
{
  float array[4][3] = {3.4, -5.6,56.7,56.8,999, -.0123,0.45, -5.77,123.5, 3.4,
0,111.2};
  int i,j, min;
  int m,n;
  min = array[0][0];
  m = 0;
  n = 0;
```

```
    for( i = 0 ;i < 4 ;i + + )
    for( j = 0 ;j < 3 ;j + + )
      if( min  > array[ i ][ j ])
        {
          min = array[ i ][ j ];
          m = i;
          n = j;
        }
    printf( "min = % d,m = % d,n = % d\n" ,min,m,n) ;
}
```

5. 程序运行时如果输入 upcase，程序的输出结果是＿＿＿＿＿＿＿＿＿。

```
    void main( )
    {
      char str[ 80 ];
      int i = 0;
      gets( str );
      while( str[ i ]! = 0 )
      {
        if( str[ i ] > = 'a'&&str[ i ] < = 'z')
          str[ i ] -= 32;
        i + + ;
      }
      puts( str );
    }
```

6. 以下程序的输出结果是＿＿＿＿＿＿＿＿＿。

```
    void main ( )
    {
      int m[ ] = {1,2,3,4,5,6,7,8,9} ,i,j,k;
      for( i = 0 ;i < 4 ;i + + )
      {
        k = m[ i ];
        m[ i ] = m[ 8 - i ];
        m[ 8 - i ] = k;
      }
      for( j = 0 ;j < 9 ;j + + )
        printf( "% d" ,m[ j ]) ;
    }
```

7. 以下程序的输出结果是＿＿＿＿＿＿＿＿＿。

```
    void main( )
    {
```

```
char str1[ ] = "*******";
int i;
for( i = 0 ;i < 4 ;i ++ )
{
    printf( "% s\n" ,str1 );
    str1[ i ] = ' ';
    str1[ strlen( str1 ) - 1 ] = '\0';
}
}
```

8. 以下程序的输出结果是_____。

```
void main( )
{
    char str[ ] = "ABCDEFG";
    printf( "% s\n" ,&str[ 4 ] );
    str[ 2 ] = str[ 5 ]; printf( "% s\n" ,str );
    str[ 3 ] = '\0'; printf( "% s\n" ,str );
}
```

三、完善程序题

1. 以下程序的功能是输入一个字符串,如果字符串中有连续的空格,只保留一个空格。如:
输入"I am a boy.",输出字符串应为"I am a boy.",请将程序补充完整。

```
#include  < string. h >
void main ( )
{
    char b[ 61 ];
    int i;
    gets( b );
    for( i = 1 ;_____(1)_____ ;i ++ )
    if( b[ i ] == ' '&&b[ i + 1 ] == ' ')
    {
        strcpy(_____(2)_____ );
        i -- ;
    }
    _____(3)_____ ;
}
```

2. 输入 20 个数,输出它们的平均值并且输出与平均值之差的绝对值为最小的数组元素,请
将程序补充完善。

```
#include  < math. h >
void main( )
{
    float a[ 20 ] ,pjz = 0 ,s,t;
    int i,k;
```

```
    for( i = 0 ; i < 20 ; i ++ )
            (4)        ;
    for( i = 0 ; i < 20 ; i ++ )
        pjz += a[ i ] ;
        (5)        ;
    s = fabs( a[ 0 ] − pjz ) ;
    for( i = 1 ; i < 20 ; i ++ )
        if( fabs( a[ i ] − pjz ) < s )
        {
            s = fabs( a[ i ] − pjz ) ;
            t = a[ i ] ;
        }
        (6)        ;
}
```

3. 以下程序以每行 10 个数据的形式输出 a 数组,请将程序补充完整。

```
void main( )
{
    int a[ 50 ] , i ;
    for( i = 0 ; i < 50 ; i ++ )
        scanf( " % d " ,      (7)        ) ;
    for( i = 1 ; i <= 50 ; i ++ )
        {
            if(      (8)        )
                printf( " % 3d \n " ,      (9)        ) ;
                printf( " % 3d " , a[ i − 1 ] ) ;
        }
}
```

4. 程序中需要输入 20 个整数存放在一个数组中,要求输出其中最大者与最小者、20 个数的
   和及它们的平均值,请将程序补充完善。

```
void main( )
{
        (10)        ;
    int max , min , average , sum ;
    int i ;
    for( i = 0 ; i < 20 ; i ++ )
        scanf( " % d " ,      (11)        ) ;
    max = array[ 0 ] ; min = array[ 0 ] ;
    for( i = 0 ; i <=      (12)        ; i ++ )
    {
        if( max < array[ i ] )      (13)        ;
        if( min > array[ i ] )      (14)        ;
        sum =      (15)        ;
```

```
    }
    average = _____(16)_____;
    printf("% d,% d, % d, % d",max,min,sum,average);
}
```

5. 从键盘输入 10 个字符串,找到其中最长的一个,输出该字符串和它的长度,请将程序补充完整。

```
#include < string. h >
void main( )
{
    char str[10][80], c[80]; int i;
    for(i = 0; i < 10; i ++ )
        gets(_____(17)_____);
    strcpy(_____(18)_____);
    for(i = 1; i < 10; i ++ )
        if(strlen(c) < strlen(str[i]))
            _____(19)_____;
    printf("% s\n", c);
    printf("% d\n",_____(20)_____);
}
```

四、编程题

1. 任意输入字符串 a 和 b,在字符串 a 中查找字符串 b 第一次出现的位置。

2. 给定两组已按升序排列好的整型数据,编写一个程序把它们合并为一组按升序排列的数据。

3. 一个数如果恰好等于它的因子之和,这个数就称为"完数",例如 $6 = 1 + 2 + 3$。编程找出 1000 以内的所有完数。

4. 有一个已经排好序的整型数组。现输入一个整数 m,要求按原来的规律将它插入数组中。

5. 将一个整型数组逆序存放后并输出。

6. 将 20 个整数存放到一维数组 a 中,找出 a 中出现频率最高的元素值及出现的次数。

7. 有一行电文按下面的规律译成密码:

   A ->Z　a ->z　B ->Y　b ->y　C ->X　c ->x…

   即第一个字母变成第 26 个字母,第 i 个字母变成第($26 - i + 1$)个字母,非字母字符不变。要求编写程序将密码译回原文,并打印出密码和原文。

8. 阿姆斯特朗数:如果一个正整数等于其各个数字的立方和,则该数称为阿姆斯特朗数(亦称为自恋性数),如 $407 = 4^3 + 0^3 + 7^3$ 就是一个阿姆斯特朗数。试编程求 1000 以内的所有阿姆斯特朗数。

第六章 函　数

C语言是函数式语言,一个C语言程序可以由多个函数组成。如果把编程比作制造一台机器,函数就好比其零部件。编程时可将这些"零部件"单独设计、调试、测试,用时拿出来装配,再总体调试。这些"零部件"可以是自己设计制造的产品或是标准产品。如果把C语言本身提供的库函数比作"标准产品",那么"自己设计制造的产品"就是用户自定义的函数。自定义函数是指由编程者自己开发、编写的,以实现一定功能的函数。多个不同的零部件可以组装成一台机器,多个功能不同的函数组成的程序可以解决复杂的问题,这恰好符合结构化程序设计的要求。对于一个程序究竟需要由几个函数来实现并没有硬性规定,取决于问题的复杂程度和编程者对C语言的理解与掌握能力。分析下面两个问题,了解函数的优点。

【例6.1】 计算7! +10! −5!的值。

此问题中需要计算3个整数的阶乘,因此用户可以自定义计算阶乘的fun函数,那么求解本问题的程序可以写为:

```
void    main( )
{
    long result;
    result = fun(7) + fun(10) − fun(5);      /*调用fun函数计算阶乘*/
    printf("7! +10! −5! = %ld",result);
}
```

其中,fun函数的实现细节需要用户自己编写。由此例可以看出,使用函数,可以提高代码的重用性,避免重复编写不必要的代码。例如在该程序中需要多次计算阶乘,只需要编写一个函数即可,程序需要的时候可以调用该函数,避免了大量的重复代码段,提高了程序的开发效率。

【例6.2】 编写一个儿童英语单词测试程序。

将儿童英语单词测试程序进行功能分解,程序的流程如图6.1所示。根据此流程,编写程序代码。

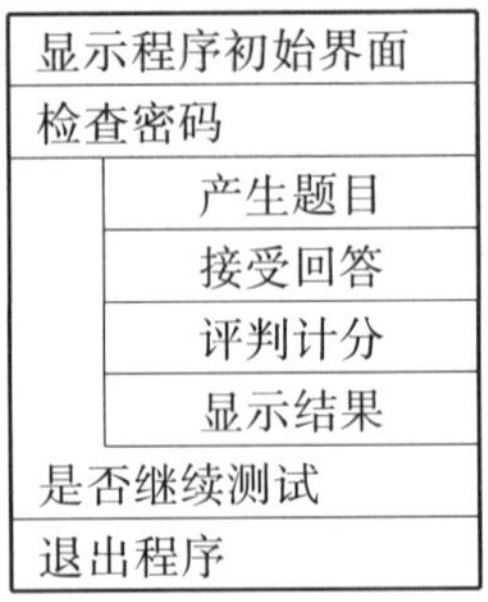

| 显示程序初始界面 |
| 检查密码 |
| 产生题目 |
| 接受回答 |
| 评判计分 |
| 显示结果 |
| 是否继续测试 |
| 退出程序 |

图6.1 英语测试程序的流程

```
void main( )
{
    char ch = 'y';
    display( );                        /＊调用软件封面显示函数＊/
    check ( );                         /＊调用密码检查函数＊/
    while ( ch == 'y'|| ch == 'Y')     /＊当输入'Y'或'y'时,继续测试＊/
    {   question( );                   /＊调用产生题目函数＊/
        answers( );                    /＊调用接受回答函数＊/
        marks( );                      /＊调用评分函数＊/
        results( );                    /＊调用结果显示函数＊/
        printf("do you continue? （Y/N）\n");
        ch = getchar ( );
    }
    printf(" Goodbye!");
}
```

其中,display( )、check( )、question( )、answers( )等函数均为用户自定义函数,分别实现程序中不同的功能,这些函数的实现细节需要用户自己编写。由此例可以看出,使用函数进行编程符合模块化设计的思想,使程序的层次结构清晰,便于程序的编写、阅读、调试。

了解了函数对程序设计的重要性,那么本章将重点讲解函数定义方式、调用方式、变量的作用域等内容。

6.1　函数的分类和定义

6.1.1　函数的分类

在 C 语言中,可以从多个角度对函数进行分类。

1. 从函数定义的角度,函数可分为库函数和用户定义函数

（1）库函数:是系统自身提供的函数,用户不必定义就可以直接调用,调用时只需在程序代码开头包含有该函数原型的头文件,如 getchar( )、putchar( )、fabs( )、sqrt( )等函数均属此类。C 语言提供了极为丰富的库函数,有字符类型分类函数、转换类函数、目录路径类函数、诊断类函数、图形类函数、输入输出类函数、接口类函数、字符串类函数、内存管理类函数、数学类函数、日期和时间类函数等。

（2）用户定义函数:由用户编写的函数。对于用户自定义函数,除了要在程序中定义函数本身外,有时还要在主调函数中对该被调函数进行必要的函数声明之后才能使用。

2. 根据函数是否有参数,函数可分为有参函数和无参函数

（1）有参函数:此类函数在定义时,需要定义参数的类型。在函数调用时,主调函数需要将数据传递给函数的参数。如 strlen( )函数是有参函数,参数可以是字符串常量、字符数组或字符指针。

（2）无参函数:此类函数在定义时没有参数,如 getchar( )函数。在调用无参函数时,主调函数和被调函数之间不存在参数传递问题。

3. 根据函数是否有返回值,函数可分为有返回值函数和无返回值函数

(1) 有返回值函数:此类函数被调用执行完后将返回一个执行结果(称为函数返回值),如 abs 函数即属于此类函数。如果是用户自己定义的需要有返回值的函数,则必须在函数定义和函数声明中明确返回值的类型。

(2) 无返回值函数:此类函数被调用执行完成后不返回函数值。由于函数无须返回值,用户在定义此类函数时可指定它的返回值为空类型,空类型的说明符为 void。

6.1.2　函数的定义

1. 函数的定义形式

和变量一样,函数也遵循"先定义,后调用"的规则。到目前为止,我们最熟悉的就是main 函数,根据 main 函数的书写方式,可以了解函数的一般定义形式:

```
数据类型 函数名(参数列表)
{
    声明部分;
    语句部分;
    ……
    return 表达式;
}
```

函数定义的第一行为函数首部,包含类型标识符、函数名和参数列表。{}中的内容称为函数体。

说明:

(1) 数据类型用来说明函数的返回值类型,也就是 C 语言中提供的数据类型。函数的返回值类型默认是 int 型(当函数的返回值类型为 int 型时,类型说明符 int 可以省略)。

(2) 函数名是用户自定义的标识符,为了提高程序的可读性,建议将函数命名为一个见名知义的名字来反映该函数的功能。

(3) 函数名后是一对括号。对于无参函数,即使没有参数列表,括号也不能省略;对于有参函数,必须对每个参数进行类型说明,并且各参数之间用逗号间隔。

(4) {}中的语句用于实现函数的功能。声明部分主要是对变量进行定义;语句部分主要是对变量进行赋值、运算等操作。

(5) return 语句用于从函数带回返回值,不是必需的。若程序中没有 return 语句,说明函数没有返回值,这时函数首部的数据类型应定义为空类型,即 void 型。

2. 无参函数的定义

【例 6.3】　定义无参函数 star,函数的功能为输出三行星号。

```
void star( )
{
printf("  *  \n");
printf(" *** \n");
printf("  *  \n");
}
```

star 函数为无参函数,函数体中没有 return 语句,因此函数没有返回值,函数的返回值类型为 void。

3. 有参函数的定义

【例6.4】 定义函数 odd,函数功能为判断整数 x 的奇偶性。若 x 是奇数,函数的返回值为1,否则返回0。

首先分析函数首部中的三个重要组成部分:函数的返回值类型、函数名和函数参数。函数名和函数参数在题目中已经给出。根据题意可知,函数的返回值为 0 或 1,因此返回值类型为 int。

```
int odd(int x)
{
    int result;
    if (x%2! =0)
        result = 1;
    else
        result = 0;
    return result;
}
```

【例6.5】 仍定义函数 odd,函数功能同上例,但要求若 x 是奇数,函数的返回值为'Y',否则返回'N'。

由于函数的返回值类型为字符型,那么函数的定义形式应修改为:

```
char odd(int x)
{
    char result;
    if (x%2! =0)
        result = 'Y';
    else
        result = 'N';
    return result;
}
```

【例6.6】 判断整数 x 和 y 之和的奇偶性,若它们的和是奇数,函数的返回值为1,否则返回0。

题目要求判断整数 x 和 y 的和的奇偶性,因此函数名后面的参数列表应包含 x 和 y。odd 函数的具体定义如下:

```
int odd(int x,int y)
{
    int result;
    if ((x+y)%2! =0)
        result = 1;
```

```
    else
        result = 0;
    return result;
}
```

　　odd 函数有两个参数,因此函数的首部可以写成"int odd(int x,int y)"。如果省略第 2 个参数的数据类型,写成"int odd(int x, y)"则是错误的,这是很多初学者经常犯的错误。因此若函数中有多个参数,需要为每个参数指定数据类型,参数之间用逗号间隔。

　　由例 6.4 ~ 例 6.6 可以看出,函数的定义是非常灵活的。但用户只要能正确地分析题目的具体要求,然后按照函数定义的一般形式,就能够定义出自己所需的函数。

　　4. 空函数的定义

　　空函数就是函数体为空的函数,空函数既然没有什么实际功能,那为什么要存在呢? 原因是空函数所处的位置是要放一个函数的,只是这个函数现在还未编写好,用这个空函数先占一个位置,以后用一个编好的函数来取代它。这种做法使程序结构清晰,可读性好,以后扩充新功能方便,对程序结构影响不大。

　　空函数的定义形式如下:

```
数据类型 函数名( )
{
}
```

　　例如:将例 6.2 中的 display 函数定义为一个空函数,函数体中没有编写任何代码,这里只是留出一个位置便于以后添加其中的功能。

```
void display ( )      /* 函数首部 */
{
}
```

6.2　函数的返回值和参数

6.2.1　函数的返回值

　　在定义函数时,函数首部的数据类型表示的是函数的返回值类型。函数的返回值主要有两种情况:void 类型和其他类型。

　　(1) void 类型:若调用函数后不需要带回任何数据给主调函数,那么函数的返回值为空,则将函数返回值类型定义为 void,此时函数体中不需要 return 语句。当调用返回值为 void 的函数时,从函数体的第一句一直执行到最后一句,当遇到结束符号"}"时表示函数调用结束,程序回到主调函数中。

　　(2) 其他类型:若函数返回值的类型不是定义成 void 类型,而是 C 语言提供的其他数据类型,如整型、实型、字符型等,则表示调用函数后需要带回相应类型的数据给主调函数,此时函数体中需要 return 语句。当调用返回值为其他类型的函数时,从函数体的第一句开始执行,当执行到第一个 return 语句时表示函数调用结束,程序回到主调函数中并得到一个返回值。

　　return 语句的一般形式为：

　　return（表达式）；

或者为

　　return 表达式；

　　执行该语句时，首先计算表达式的值，将结果作为函数值保存下来并返回给主调函数，然后中止该函数的执行。

　　关于函数的返回值需要注意以下几点：

　　（1）若函数返回值为整型，在函数定义时可以省去类型说明。

　　（2）函数返回值的类型和函数定义中函数的类型应保持一致。如果两者不一致，则以函数返回值类型为准，自动进行类型转换。

　　【例6.7】　分析 max 函数的返回值类型。

```
max( float x,  float y)
{    float z;
     z = x > y? x:y;
     return( z) ;
}
```

　　假设调用函数时，参数 x 和 y 的值分别为3.6和6.7，那么 max(3.6,6.7)的结果是6还是6.7呢？在函数首部中，由于缺省了函数的类型，那么 max 函数的返回值类型默认为 int。而 max 函数体中，z 变量为 float 类型，通过 return 语句返回6.7。当 return 语句中表达式类型与函数返回值类型不匹配时，以函数返回值类型为准，因此函数的返回值为6。

　　（3）在一个函数体内，可以有多个 return 语句，每个 return 语句有一个返回值，但是当执行到第一个 return 语句时函数调用结束，返回一个函数值，后面的 return 语句不再被执行，所以一次函数调用只能返回一个值。

　　【例6.8】　分析 compute 函数的返回值。

```
int compute( int a,  int b)
{    int c,d;
     c = a + b;
     d = a - b;
     return c;
     return d;
}
```

　　假设调用函数时，参数 a 和 b 的值为12和4，那么 compute(12,4)的结果是16还是8呢？当执行"return c;"时，函数调用结束，因此函数返回值为16。

6.2.2　函数的参数

1. 函数的形参和实参

函数的参数分为形参和实参两种。所谓形参,是指函数定义时,函数名后面括号中的参数列表中声明的变量。函数调用时出现在圆括号中的表达式、变量或常量称为实参。

形参和实参是用来传送数据的,当主调函数进行函数调用时,主调函数把实参的值传送给被调函数的形参,从而实现主调函数向被调函数的数据传送。因此实参和形参之间存在数据的传递关系。

说明:

(1) 实参可以是常量、变量、表达式、函数等,但要求在进行函数调用时,它们都必须具有确定的值,以便把这些值传送给形参。

(2) 实参将数据传送给形参时,要求实参和形参在数量上、类型上、顺序上保持一致。

(3) 在未出现函数调用时,形参并不占内存中的存储单元,只有在发生函数调用时才被分配内存单元,在调用结束时即释放所分配到的内存单元。因此形参只有在函数内部有效,函数调用结束返回主调函数后则不能再使用该形参变量。

2. 函数的调用形式

(1) 调用无参函数的一般形式为

函数名( );

调用无参函数时,函数名后面要紧跟一对括号,括号中不能有任何数据。

例如:以下程序定义了一个无参函数 print,在 main 函数中调用该函数时不需要提供任何参数,函数名后面紧跟的是一对空括号。在 main 函数中该函数被调用了 5 次,每次都是向屏幕输出一行“＊＊＊＊＊”,没有返回任何值。

```
void print( )                    /＊定义函数＊/
{
   int i;
   for(i=1;i<=5;i++)             /＊输出5个星号＊/
      printf(" * ");
      printf("\n");
}
void main( )
{int j;
 for(j=1;j<=5;j++)
      print( );                  /＊调用函数＊/
}
```

(2) 调用有参函数的一般形式为:

函数名(参数1,参数2,…,参数n)

【例 6.9】　在主函数中调用例 6.4 中定义的 odd 函数,判断 n 的奇偶性。

```
int odd( int x)        /*定义函数 odd */
{
  int result;
  if ( x%2! = 0)
     result = 1;
  else
     result = 0;
  return result;
}
void main( )
{
  int n,flag;
  scanf( "% d" ,&n);
  flag = odd( n);    /*调用 odd 函数,并将函数的返回值赋给 flag 变量*/
  printf( "% d" ,flag);
}
```

上述程序由 main 函数和 odd 函数组成。odd 函数首部为 int odd(int x),调用形式为 odd (n),x 称为形参,n 称为实参。

注意:不管 C 程序中有多少个函数,也不管 main 函数出现在程序的什么位置,程序始终是从 main 函数的"{"后的第一个语句开始执行,到 main 函数末尾的"}"结束。

上述程序的执行过程如下:

(1) 执行 main 函数的第一句,然后假设为变量 n 输入数值 12,那么开始调用 odd 函数。调用 odd 函数时,将 n 变量的值传递给参数 x。

(2) 执行 odd 函数,根据 x 的值,计算出 result 变量的值为 0,执行 return 语句表示 odd 函数调用结束,然后将 0 带回到 main 函数中并赋给 flag 变量。

(3) 程序回到 main 函数,输出 flag 变量的值 0,程序执行结束。

也可以不定义 flag 变量,将 odd 函数返回的结果直接输出。即可以将 main 函数修改如下:

```
void main( )
{
  int n;
  scanf( "% d" ,&n);
  printf( "% d" , odd( n) );
}
```

例 6.9 中调用的函数的返回值类型为 int,下面来看看如何调用返回值为 void 的函数。如有以下程序:

```
void prtstar( int n)                    /*函数的定义*/
{
  int i;
```

```
    for(i = 1;i < = n;i + + )                    /* 输出 n 个星号 */
        printf(" * ");
}
void main( )
{
    int n;
    scanf("% d",&n);
    prtstar( n);            /* 函数的调用 */
}
```

由于 prtstar 函数的返回值类型为 void,所以函数体内一定不能有 return 语句。在调用 void 类型的函数时,也是按照下列格式进行调用:

函数名(表达式或变量)

例如:

prtstar(n);

但千万不能写成:

t = prtstar(n);

<u>因为 prtstar 函数没有返回值,不能将其调用的结果赋给任何变量。</u>初学者一定要谨记这点。

3. 函数参数的计算顺序

调用函数时,实参一般是表达式,在有多个实参的情况下,就存在实参计算的顺序问题。实参求值的顺序并不是确定的,有的系统按自左向右的顺序求实参的值,有的系统则按自右向左的顺序。<u>许多 C 版本(例如 Turbo C 2.0 和 Visual C + + 6.0)是按自右向左的顺序求值。</u>

例如:

```
int sum(int a, int b)                    /* 函数的定义,计算两个数的和 */
{
    return( a + b);
}
void main( )
{
    int i = 3,j;
    j = sum(i, i + + );                    /* 函数的调用 */
    printf("j = % d\n",j);
}
```

在 Turbo C 2.0 下运行的结果为:j = 7。

上述程序段中,int sum(int a, int b)用于返回形参 a 和 b 之和。调用函数 sum(i, i + +)时,根据实参从右到左的求值顺序,实参的值分别为 4 和 3,相当于"j = sum(4,3);",所以程序运行结果为7。

了解了函数的定义方式和调用方式后,我们来求解本章开头例6.1提出的问题,即表达式 7! + 10! - 5!的值。

【例6.10】 自定义函数 fun,函数功能为求形参的阶乘。调用 fun 函数计算表达式 7! + 10! - 5!的值。

问题分析

首先明确函数首部的三要素:函数的返回值类型、函数名、形参。由于 fun 函数的功能为计算阶乘,考虑到阶乘的值较大,因此函数的返回值类型可以定义为 long。阶乘的计算可以使用第四章中的循环来实现。

程序代码

```
long fun( int n)
{
    int i;
    long m = 1;
    for( i = 1;i < = n;i + + )
        m = m * i;
    return ( m);
}
void   main( )
{
    long result;
    result = fun( 7) + fun( 10) - fun( 5);   / * 调用 fun 函数计算阶乘 * /
    printf( "7! + 10! - 5! = % ld" ,result);
}
```

代码分析

(1) 程序从主函数开始执行,在没有调用 fun 函数之前,形参 n 不占用内存单元,也没有值。当执行到主函数的第二条语句,开始调用 fun 函数,将三次调用后函数的返回值进行加减运算后赋给 result 变量。

(2) 执行"result = fun(7) + fun(10) - fun(5);"时,具体过程如下:

① 第一次调用 fun 函数,实参为7,此时为形参 n、变量 i 和 m 分配内存单元,并将实参的值传递给 n,然后执行 fun 函数的函数体,将计算出的结果 7!通过 return 语句返回到主函数中,此时 fun 函数调用结束,形参 n、变量 i 和 m 所占内存单元全部被释放;

② 第二次调用 fun 函数,实参为10,按照函数的调用流程执行,得到函数返回值10! ;

③ 第三次调用 fun 函数,实参为5,调用完成后回到主函数,得到函数返回值5!。

④ 将三次调用 fun 函数的结果进行运算后赋给 result 变量。

(3) 需要注意的是:在主函数中每次调用 fun 函数时都给形参 n、变量 i 和 m 分配内存单元,函数调用结束后,它们所占的内存单元会被释放。<u>因此三次调用 fun 函数,三次分配给形参 n、变量 i 和 m 不一定是相同的内存单元。</u>

运行结果(图 6.2)

图 6.2　阶乘运算程序的运行结果

【例 6.11】　编写函数 prime,用于判断 n 是否是素数。若是素数,则返回 1;否则,返回 0。找出 10~1000 中所有的素数。

问题分析

在第四章中介绍了判断素数的方法,这里要求使用函数编程实现,那么就将判断 n 是否为素数的代码"挪到"prime 函数的函数体中,但需要考虑使用 return 函数带回返回值。

程序代码

```
#include <math.h>        /*程序中使用了 sqrt 库函数,因此需要使用文件包含命令*/
int prime(int n)         /*判断 n 是否为素数*/
{
   int i;
   if(n<=1) return 0;              /*如果 n<=1,则不是素数,返回值为 0*/
   for(i=2;i<=sqrt(n);i++)
       if(n%i==0) return 0;        /*若 n 不是素数,返回值为 0*/
   return 1;                       /*若 n 是素数,返回值为 1*/
}
void   main()
{
   int n;
   for(n=10;n<=1000;n++)
   if(prime(n))                    /*调用 prime 函数,若函数的返回值为 1,则输出 n*/
       printf("%5d",n);
}
```

代码分析

(1) 主函数的 for 循环中,n 从 10 循环到 1000。循环体执行一次,则调用一次 prime 函数。若 prime(n)的返回值为 1,也就是 n 为素数,则将其输出。

(2) 当主函数第一次调用 prime 函数时,传递给形参 n 的值为 10,那么 prime 函数需要判断 n 是否为素数。当 n 能被 2~sqrt(n)中的某个数整除时,说明 n 一定不是素数,则通过"return 0;"结束函数的调用。当 for 循环执行结束,n 不能被 2~sqrt(n)范围内的任何数整除,表示 n 是素数,则通过"return 1;"结束函数的调用。

(3) 主函数和 prime 函数中都定义了变量 n,但是它在内存中被分配到的是不同的内存单元。在调用 prime 函数时,形参 n 才会被分配空间,实参 n 将值传递给形参 n,函数调用结束后,形参 n 的内存单元被释放,程序回到主函数,等主函数执行结束后,实参 n 所占的内存单元才被释放。

运行结果(图 6.3)

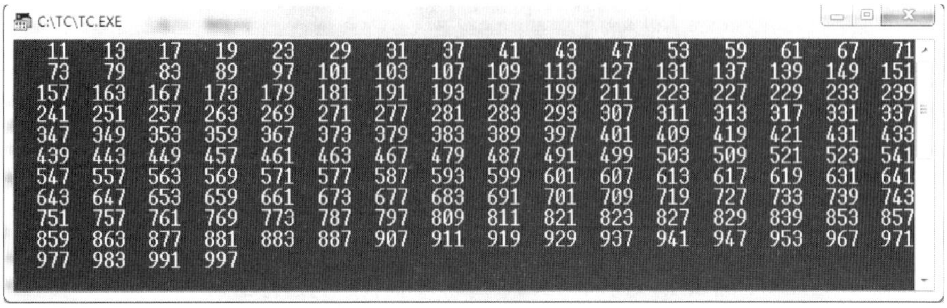

图 6.3 寻找 10 ~ 1000 间素数程序的运行结果

【**例 6.12**】 若两个素数之差为 2,则这两个素数就是一对孪生素数。例如,3 和 5、5 和 7、11 和 13 等都是孪生素数。编写程序找出 3 ~ 100 之间的所有的孪生素数。

问题分析

本题可以利用穷举法,检测 3 ~ 100 之间的每一个整数 n 和 n + 2 是否是素数,若是,那么它们即满足要求的孪生素数。这里可以发挥函数的优势,直接利用例 6.11 中定义的 prime 函数进行素数的判断。

程序代码

```
#include  < math. h >        /* 程序中使用了 sqrt 库函数,因此需要使用文件包含命令 */
int prime( int n)            /* prime 函数的定义与例 6.11 中完全相同 */
{
  int i;
  if( n <=1) return 0;                /* 如果 n <=1,则不是素数,返回值为 0 */
  for( i =2 ;i <= sqrt( n) ;i ++ )
     if( n% i ==0) return 0;          /* 若 n 不是素数,返回值为 0 */
  return 1;                           /* 若 n 是素数,返回值为 1 */
}
void   main( )
{
  int n;
  for( n =3 ;n <= 100 ;n ++ )
     if( prime( n) &&prime( n +2) )
                        /* 若 n 和 n +2 都是素数,那么它们是一对孪生素数 */
        printf( "% d – % d\n" ,n,n +2) ;
}
```

运行结果(图 6.4)

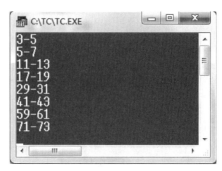

图 6.4　寻找 3 ~ 100 间孪生素数程序的运行结果

6.2.3　参数的传递方式

在调用函数时,主调函数和被调函数进行实参和形参的数据传递,其传递方式有值传递和地址传递两种。

1. 值传递

值传递就是把实参的值传递给函数的形参,由于形参和实参分别占用不同的内存单元,因此调用函数时,即使形参的值改变也无法影响到实参。这种传递方式中数据的传递是单向的,只能将实参的值传递给形参,而不能将形参的值传递给实参。

在例 6.9 ~ 6.12 中,实参和形参的传递方式均为值传递。下面再来分析例 6.13。

【例 6.13】　值传递示例程序。

```
int compute( int a, int b)
{   int c;
    c = a * b;
    a = a + b;
    b = a - b;
    a = a - b;
    printf("compute:a = % d,b = % d,a * b = % d\n",a,b,c);
    return c;
}
void main( )
{
    int a = 3,b = 4,c;
    c = compute(a,b);
    printf("main:a = % d,b = % d,a * b = % d\n",a,b,c);
}
```

程序的运行结果如图 6.5 所示。

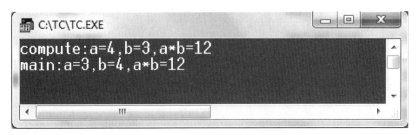

图 6.5 采用值传递方式的程序的运行结果

调用 compute 函数后，主函数中 a、b 变量的值为什么没有改变呢？主要是因为形参变量 a、b 和实参变量 a、b 占用不同的内存单元，形参改变，实参不会变化，这就是实参和形参之间的单向值传递关系。

下面来分析一下程序的执行过程：

（1）在主函数中，a、b 变量分别为 3 和 4，c 变量只定义未赋值。

（2）调用 compute 函数时，为形参 a、b 和变量 c 分配内存单元，同时将实参值传递给形参。

（3）在执行 compute 函数时，计算出 c = 12，a = 4，b = 3，然后输出 a、b、c 变量的值，最后通过 return 语句将 12 返回到主函数中并赋给 c 变量，同时 compute 函数调用结束，a、b 和 c 变量所占内存单元被释放。

（4）程序回到主函数中，a、b 变量的值并没有改变，c 变量的值为 compute 函数的返回值。图 6.6 为各变量在内存中的存储示意图，在函数调用结束后，虚线框内的变量 a、b、c 所占的存储单元将被释放。所以读者一定要记住：值传递时，函数内对形参的操作不影响实参的值。

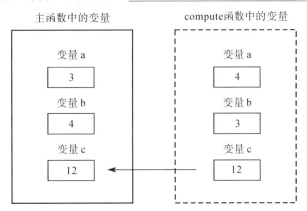

图 6.6 例 6.13 中各变量所占内存单元示意图

2. 地址传递

地址传递就是把实参的地址拷贝到函数的形参中，由于形参和实参指向相同的内存单元，因此函数对形参的修改会影响到对应的实参。这种传递方式实现了形参和实参之间双向的传递。

由于数组名可表示数组的起始地址，将数组名作为函数参数时，就是一种典型的"地址传递"方式。在函数调用时，把实参数组起始地址传递给形参数组，形参数组和实参数组占据同样的存储区域,形参数组中的某一元素的改变将直接影响到与其对应的实参数组的元素。

【例 6.14】 地址传递示例程序。

```
void address( int x[2] )
{
    x[0] = x[0] + x[1];
    x[1] = x[0] - x[1];
    x[0] = x[0] - x[1];
    printf("address:x[0] = %d,x[1] = %d\n",x[0],x[1]);
}
void main()
{
    int a[2] = {3,4};
    address(a);
    printf("main:a[0] = %d,a[1] = %d\n",a[0],a[1]);
}
```

程序的运行结果如图 6.7 所示。

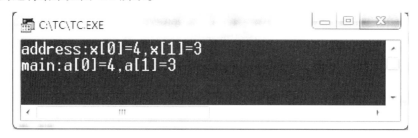

图 6.7　采用地址传递方式的程序的运行结果

系统在编译时给主函数中的 a 数组分配 4 个字节的连续空间并进行了赋值。调用 address 函数时,实参为数组名,也就是把 a 数组的起始地址传递给形参数组 x,那么形参数组 x 和实参数组 a 共同占用一段内存空间,如图 6.8 所示。经过计算,x[0]和 x[1]的值改变了,那么 a[0]和 a[1]的值也会改变。

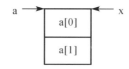

图 6.8　形参数组 x 和实参数组 a 的存储示意图

采用地址传递方式时,需要注意以下两点:

(1) 调用函数时,实参直接使用数组名,如:

address(a)

不要写成 address(a[]) 或 address(a[1])。

(2) 定义形参数组时,可以省略形参数组的长度,address 函数的首部也可以写成:

void address(int x[ ])

【例6.15】 题目要求同例5.4:要求自定义函数rotation,函数功能为将数组中6个数按逆时针顺序转动一次。程序的输入输出部分在主函数中实现。

程序代码

```
/ * 例6.15的源程序 * /
void rotation( int x[ ] ,int n)
{  int i,t;
   t = x[0] ;
   for( i = 1;i < n;i ++ )
       x[i - 1] = x[i] ;
   x[n - 1] = t;
}
void main( )
{
   int i,t,a[6] ;
   printf(" Input 6 integers: \n" ) ;
   for( i = 0; i < 6; i ++ )
      scanf(" % d" , &a[i] ) ;
   rotation( a,6) ;  / * 调用 roatation 函数 * /
   printf(" After rotation: \n" ) ;
   for( i = 0;i < 6;i ++ )
       printf(" % - 5d" ,a[i] ) ;
}
```

```
/ * 例5.4的源程序 * /
void main( )
{
   int i,t,a[6] ;
   printf(" Input 6 integers: \n" ) ;
   for( i = 0; i < 6; i ++ )
      scanf(" % d" , &a[i] ) ;
   t = a[0] ;
   for( i = 1;i < 6;i ++ )
       a[i - 1] = a[i] ;
   a[5] = t;
   printf(" After rotation: \n" ) ;
   for( i = 0;i < 6;i ++ )
       printf(" % - 5d" ,a[i] ) ;
}
```

代码分析

(1)由于题目要求使用函数实现例5.4的功能,因此将例5.4中用于逆时针旋转数组元素部分的代码"挪到"rotation 函数中,并增加一些必要的变量定义、函数首部等内容。

(2)例6.15的主函数中调用 rotation 函数时,对 x 数组中的数组元素进行操作,实际上也改变了 a 数组中数组元素的值,因为形参数组 x 和实参数组 a 共同占用相同的一段内存空间。

(3)由于 rotation 函数中没有 return 语句,因此函数的返回值类型为 void。

6.3 嵌套调用

C 语言中不允许嵌套定义函数,但是允许函数的嵌套调用。所谓的嵌套调用是指在调用一个函数的过程中又调用另一个函数,主调函数与被调函数可以是不同的函数,也可以是相同的函数。如果一个函数在它的函数体内直接或间接地调用函数自身,则将这种调用形式称为函数的递归调用,将这个函数称为递归函数,函数的递归调用是函数嵌套调用的一种特殊形式。本节将介绍一般的嵌套调用和复杂的嵌套调用(递归调用)。

6.3.1　一般的嵌套调用

【例 6.16】　程序的功能是求 3 个整数 n1、n2、n3 中的最大数,分析函数之间的调用关系。

程序代码

```
float larger(float x,float y)
{
    float max;
    if(x > y)
        max = x;
    else
        max = y;
    return max;
}
float largest(float a,float b,float c)
{
    float t1,t2;
    t1 = larger(a,b);
    t2 = larger(t1,c);
    return t2;
}
void   main()
{
    float n1,n2,n3,max;
    scanf("% f% f% f",&n1,&n2,&n3);
    max = largest(n1,n2,n3);
    printf("max = % .2f",max);
}
```

代码分析

程序由 3 个函数组成,虽然 main 函数位置在最后,但也从 main 函数开始执行。执行 main 函数时调用了 largest 函数,所以程序流程跳转到 largest 函数中。在 largest 函数中又调用了 larger 函数,所以又转去执行 larger 函数。larger 函数执行完毕返回到 largest 函数的断点继续执行,largest 函数执行完毕返回到 main 函数的断点继续执行。其执行过程如图 6.9 所示。

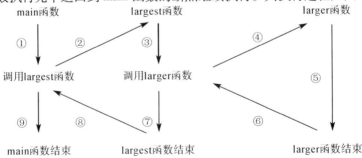

图 6.9　例 6.16 中函数的调用关系

运行结果(图 6.10)

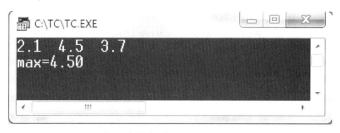

图 6.10　求 3 个整数中最大数程序的运行结果

如果调整例 6.16 中 3 个函数的位置,如图 6.11 所示,那么此程序能否正常运行?编译此程序时,有两条错误提示,分别是:"Type MisMatch in redeclaration of 'largest'"和"Type MisMatch in redeclaration of 'larger'"。

```
void   main( )
{   …          }
float largest( float a,float b,float c)
{   …          }
float larger( float x,float y)
{   …          }
```

图 6.11　调整函数顺序后例 6.16 的程序代码片段示意图

这里出现错误是因为被调函数出现在主调函数之后时,应当对被调函数进行函数声明。函数声明的一般形式为:

函数类型　函数名(形参类型[形参名],……);

函数声明和函数定义不同,只是它的形式与函数首部相似。函数声明的位置可以在函数体内或函数体外。由于函数声明语句属于说明语句,如果放在函数体内,那么应写在主调函数中的数据说明语句部分,也就是第一条可执行语句之前,如图 6.12 所示。

```
void   main( )
{   float largest( float a,float b,float c);
    …          }
float largest( float a,float b,float c)
{   float larger( float x,float y);
    …          }
float larger( float x,float y)
{   …          }
```

```
float largest( float a,float b,float c);
float larger( float x,float y);
void   main( )
{   …          }
float largest( float a,float b,float c)
{   …          }
float larger( float x,float y)
{   …          }
```

图 6.12　添加函数声明

其实函数声明的作用是告诉编译系统所调用的函数的类型、参数个数及类型,以便编译系统进行检验,因此图 6.12 中的函数声明可以简略地写成:

float largest(float,float,float) ;　　　　　/ * 可以省略参数名 * /
float larger(float,float) ;

如果用户觉得函数声明过于繁琐,那么以下两种情况可以不写函数声明:

(1)被调函数定义出现在主调函数之前。

(2)函数的返回值为 int 型时,被调函数出现在任何位置都可以不进行函数声明。

【例 6.17】　输入两个正整数 m 和 n,调用函数 gcd 和 lcm,求 m 和 m 的最大公约数和最小公倍数。

问题分析

最小公倍数等于 m 和 n 相乘除以最大公约数,因此问题的关键在于求最大公约数。两个整数 m 和 n 的最大公约数即能同时被 n 和 m 整除的最大的整数。下面根据第四章介绍的辗转相除法来求解最大公约数,读者可以尝试用相减法来求解。

程序代码

```
int gcd(int m,int n)                  /* 利用辗转相除法求解最大公约数 */
{
    int r;
    r = m% n;
    while(r! =0)
    {
        m = n;
        n = r;
        r = m% n;
    }
    return n;                         /* 返回最大公约数 */
}
int lcm(int m,int n)                  /* 求解最小公倍数 */
{
    return (m * n)/gcd(m,n);          /* 返回最小公倍数 */
}
void main()
{
    int m,n;
    printf("Please input m and n: ");
    scanf("% d,% d",&m,&n);
    printf("Greatest common divisor :% d\n",gcd(m,n));    /* 输出 gcd 函数的返回值 */
    printf("Lowest common multiple :% d\n",lcm(m,n));    /* 输出 lcm 函数的返回值 */
}
```

代码分析

(1)程序中的 3 个函数之间存在嵌套调用关系。主函数中在输入 m 和 n 后,调用计算最大公约数的 gcd 函数,实参的值传递给形参后,根据辗转相除法,gcd 函数计算出最大公约数并进行返回。

(2)当主函数中调用计算最小公倍数的 lcm 函数时,lcm 函数体中需要调用 gcd 函数,然后根据最大公约数计算出最小公倍数。

运行结果(图6.13)

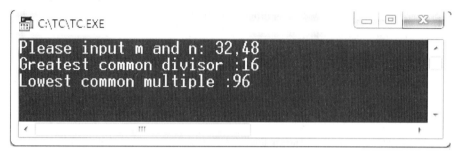

图6.13 最大公约数和最小公倍数程序的运行结果

6.3.2 递归调用

递归是程序设计中最常用的方法之一,许多程序设计语言都提供递归调用的功能。有些问题用递归方法求解往往使程序非常简单清晰。递归分成间接递归和直接递归两种。

1. 直接递归调用

```
int f1 (int n)
{
    int m;
    int t;
    ......
    t = f1 (m);
    ......
}
```

在执行f1函数的过程中又要调用f1函数自身,这种调用方式为直接递归调用。

2. 间接递归调用

```
f2(int n)
{
    int x;
    ......
    f3(x);
    ......
}
f3(int m)
{
    int y;
    ......
    f2(y);
    ......
}
```

在执行f2函数的过程中要调用f3函数,而在执行f3函数的过程中又要调用f2函数,这样形成的就是间接递归调用。

　　递归方法适用于解决递归问题,通过递归调用可以将复杂问题简单化。一般利用递归方法时要满足以下两个基本条件:

　　(1) 可以把要解决的问题分解为若干性质相同、规模较小的子问题。

　　(2) 为了防止递归调用无终止地进行,递归要有终止条件,常用 if 语句来控制。如运行前面的 f1 函数将无休止地调用其自身,程序中不应该出现这种无休止的递归调用。程序中只能出现有限次数的、有终止的递归调用。

　　很多数学函数是递归定义的,例如求阶乘问题、Fibonacci(斐波那契)数列问题、求累加和问题的函数。

　　【例 6.18】　设计递归函数 fact 来计算 n!(n≥0)。

　　问题分析

　　当使用递归函数来求解问题时,确立递归公式是十分重要的。需要将一个大规模的问题分解转化为和它性质相同的小规模问题。n!的递归公式可以表示为:

$$n! = \begin{cases} 1 & (n=1) \\ n*(n-1)! & (n>1) \end{cases}$$

　　假设定义函数 fact(n)用于计算 n!。由于 n!可根据(n-1)!的值进行计算,而(n-1)!可通过调用 fact(n-1)函数求得。因此求解 n!可以使用下面的递归函数:

$$fact(n) = \begin{cases} 1 & (n=1) \\ n*fact(n-1) & (n>1) \end{cases}$$

　　程序代码

```
long fact( int n)
{
    long f;
    if( n == 1) f = 1;                /* 递归终止 */
    else f = fact( n - 1) * n;        /* 递归调用 */
    return( f);
}
void main( )
{
    int n;
    long result;
    scanf( "% d" ,&n);
    result = fact( n);
    printf( "% d! = % ld" ,n,result);
}
```

　　代码分析

　　(1) 递归函数 fact 的功能是计算 n 的阶乘。当 n = 1 时,递归终止,f = 1;当 n > 1 时,n!需要借助于(n-1)!计算得出。

（2）递归调用分两个阶段完成：第一阶段为递归阶段，它把待求解的问题分解成对子问题求解的形式；第二阶段为回归阶段，从子问题的解递推出所求问题的解。递归调用的次数称为递归的深度。

（3）例如当主函数中输入 5 时，调用 fun(5)并将函数的返回值赋给 result 变量。调用 fun(5)函数时，当执行到 fact(4) * 5，必须调用fun(4)才能计算出此表达式的值；调用 fact(4)时，当执行到 fact(3) * 4，需要调用 fun(3)才能计算出此表达式的值，按照这种方式进行递归，不断递归到调用 fact(1)。当调用 fact(1)时，f = 1，函数得到返回值，再按照回推的过程，则可逐步计算出 fact(2)、fact(3)…fact(5)的函数返回值，如图 6.14 所示。

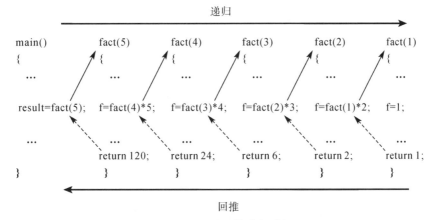

图 6.14　fun(5)的递归过程

运行结果（图 6.15）

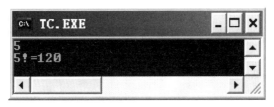

图 6.15　使用递归求解阶乘的程序运行结果

【例 6.19】　设计递归函数 fib，求解 Fibonacci(斐波那契)数列的前 n 项。

问题分析

在之前的章节中介绍了求解 Fibonacci(斐波那契)数列的方法。这里要求使用递归函数来求解，那么就需要找到数列的第 n 项和其他项之间的关系。在数列中，从第三项开始，每一项为前两项之和，因此 Fibonacci 数列可递归定义为：

$$Fib(n) = \begin{cases} 1, & n = 1 \ 或 \ 2 \\ Fib(n-1) + Fib(n-2), & n > 2 \end{cases}$$

程序代码

```
long fib( int n)
{
```

```
      long f;
      if( n ==1||n ==2) f =1;              /* 递归终止 */
      else f =fib( n -1) +fib( n -2);      /* 递归调用 */
      return( f);
   }
   void main( )
   {
      int n,i;
      scanf( "% d", &n);                    /* 输入需要求解的数列的项数 */
      for(i =1;i <=n;i ++ )                 /* 计算并输出数列的 1～n 项 */
      {
         printf( "% 10ld", fib( i ));
         if( i% 5 ==0)                       /* 一行显示数列的 5 项 */
            printf( "\n" );
      }
   }
```

运行结果(图 6.16)

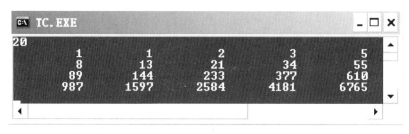

图 6.16   使用递归求解斐波那契数列的程序运行结果

6.4   变量的作用域

　　到目前为止,在我们所介绍的程序中,变量的定义都是放在函数体内,其实函数体外也可以定义变量,变量定义的位置不同,其作用域也不同。C 语言从两个方面控制变量的性质:作用域和生存期。作用域是指可以存取变量的代码范围,生存期是指可以存取变量的时间范围。变量从作用域范围(即从空间)角度来分,可分为局部变量和全局变量;从变量值存在的时间(即生存期)角度来分,可以分为静态变量和动态变量。

6.4.1   变量的作用域

　　1. 局部变量和全局变量的作用域

　　(1) 局部变量(又称内部变量):在函数内部定义的变量,其作用域仅限于本函数内,在该函数外就不能再使用。

　　(2) 全局变量(又称外部变量):在函数外部定义的变量,其作用域是从定义全局变量的位置开始到整个程序结束。

例如：

```
int x,y;              /* 全局变量的定义 */
void local(int a)     /* local 函数 */
{
   int b,c;           /* 变量 a、b、c 的作用范围在 local 函数内 */
   ……
}
float p,q; /* 全局变量的定义 */
void main()
{
   int m,n; /* 变量 m、n 的作用范围在 main 函数内 */
   ……
}
```

变量 x、y 的作用范围

变量 p、q 的作用范围

在 local 函数内定义了三个变量,a 为形参变量,b、c 为一般变量,它们都是局部变量,作用范围在 local 函数内。m、n 变量的作用域局限于 main 函数内。

x、y、p、q 变量为全局变量,其作用范围为定义位置开始至程序文件结束。在 local 函数内无法访问全局变量 p 和 q,但是可以访问全局变量 x、y 以及函数内部定义的变量 a、b、c。在 main 函数内可以访问自己内部定义的变量 m 和 n,还可以访问全局变量 x、y、p、q。

关于变量需要注意的是：

（1）主函数中定义的变量并没有特殊性,也只能在主函数中使用,不能在其他函数中使用。同时,主函数中也不能使用其他函数中定义的变量。因为主函数也是一个函数,他与其他函数是平行关系。

（2）形参是属于函数内定义的变量,因此也是局部变量,作用域也仅限于本函数。

（3）在复合语句中也可定义变量,其作用域只在复合语句范围内。

2. 不同函数的局部变量同名

C 语言中允许在不同的函数中使用相同的变量名,它们代表不同的对象,被分配不同的内存单元,互不干扰,也不会发生混淆。虽然允许在不同的函数中使用相同的变量名,但是为了使程序明了易懂,不提倡在不同的函数中使用相同的变量名。

【例 6.20】　不同函数使用了同名的局部变量,分析程序的运行结果。

```
void prt()
{
   int i=20;           /* prt 函数中定义了局部变量 i */
   printf("prt:i=%d\n",i);
}
void   main()
{
   int i=10;           /* 主函数中定义了局部变量 i */
   printf("main:i=%d\n",i);
   prt();              /* 调用 prt 函数 */
```

```
        printf("main:i = % d\n",i);
}
```

本程序在 main 函数中定义了变量 i,而在 prt 函数内也定义了一个变量 i,它们虽同名,但作用域都是仅限于各自的函数内。

程序的执行过程如下:

(1)程序从主函数开始执行,i 变量的值为 10,因此第 1 个 printf 函数执行时输出 i 的值为 10。

(2)主函数中调用 prt 函数,给 prt 函数中的 i 变量分配内存单元并且将它赋值为 20,输出 i 的值为 20。

(3)prt 函数调用结束,prt 函数中的变量所占的内存单元被释放,回到主函数中,i 变量的值仍为 10,因此主函数中的第 2 个 printf 函数输出 i 的值为 10。主函数执行结束后,主函数中的 i 变量所占的内存单元被释放,程序运行结束。

运行结果(图 6.17)

图 6.17　不同函数的局部变量同名程序的运行结果

3. 全局变量与局部变量同名

在同一个源文件中,如果全局变量与局部变量同名,则在局部变量的作用范围内,程序访问到的是局部变量,而全局变量被"屏蔽"。

【例 6.21】　在例 6.20 的基础上,增加定义了全局变量 i,分析程序的运行结果。

```
int i = 5;          /*定义了全局变量 i*/
void prt()
{
    int i = 20;      /* prt 函数中定义了局部变量 i*/
    printf("prt:i = % d\n",i);
}
void  main()
{
    int i = 10;      /*主函数中定义了局部变量 i*/
    printf("main:i = % d\n",i);
    prt();           /*调用 prt 函数*/
    printf("main:i = % d\n",i);
}
```

本例和例 6.20 的唯一区别在于:在程序的第一行定义了全局变量 i 并将其赋值为 5,其作用域为定义位置至程序文件结束。主函数和 prt 函数内部的变量 i 与全局变量 i 同名。由于主函数内定义了局部变量 i,其值为 10,因此在主函数内访问的是局部变量 i;同样,prt 函数内访问的也是函数内部定义的局部变量 i,其值为 20。本程序的运行结果与例 6.20 完全相同。

【例 6.22】 分别修改例 6.21 中的程序为如下 3 个程序,分析它们的运行结果。

(1) 程序 A:删除例 6.21 中 prt 函数内变量 i 的定义。

```c
int i = 5;
void prt()
{
  printf("prt:i = % d\n",i);
}
void  main()
{
  int i = 10;
  printf("main:i = % d\n",i);
  prt();          /* 调用 prt 函数 */
  printf("main:i = % d\n",i);
}
```

和例 6.21 相比,主函数中的程序代码没有修改,因此主函数中的两个 printf 函数的输出没有变化。由于 prt 函数中没有定义变量 i,那么在 prt 函数内部访问的 i 变量即为全局变量 i,因此 prt 函数中输出的 i 变量的值为 5。程序的运行结果如图 6.18 所示。

图 6.18 例 6.22 中程序 A 的运行结果

(2) 程序 B:删除例 6.21 中 main 函数内变量 i 的定义。

```c
int i = 5;
void prt()
{
  int i = 20;
  printf("prt:i = % d\n",i);
}
void  main()
{
```

```
        printf("main:i = % d\n",i);
        prt();              /* 调用 prt 函数 */
        printf("main:i = % d\n",i);
    }
```

和例 6.21 相比,prt 函数中的程序代码没有修改,因此 prt 函数中的 printf 函数的输出没有变化。由于删除了主函数中变量 i 的定义,那么在主函数内访问的 i 变量即为全局变量 i,因此主函数中输出的 i 变量的值为 5。程序的运行结果如图 6.19 所示。

图 6.19　例 6.22 中程序 B 的运行结果

(3) 程序 C:删除例 6.21 中 main 函数和 prt 函数内变量 i 的定义。

```
int i = 5;
void prt()
{
    printf("prt:i = % d\n",i);
}
void    main()
{
    printf("main:i = % d\n",i);
    prt();              /* 调用 prt 函数 */
    printf("main:i = % d\n",i);
}
```

和例 6.21 相比,prt 函数和主函数中都没有定义变量 i,那么程序中访问的都是全局变量 i,因此主函数和 prt 函数中输出的 i 变量的值均为 5。程序的运行结果如图 6.20 所示。

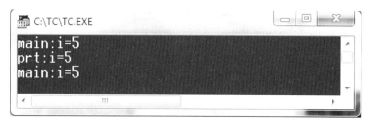

图 6.20　例 6.22 中程序 C 的运行结果

经过以上分析,读者一定要牢记:当局部变量和全局变量同名时,在局部范围内全局变量不起作用。掌握了这个知识要点后,无论程序如何变化,都可以正确地分析程序的运行结果。其实,在编程时,为了提高程序的可读性,我们建议函数中不使用同名的变量,也不要定义和局部变量同名的全局变量。

4. 全局变量编程举例

相对于局部变量,全局变量的作用范围较大,在其作用范围内的函数都可以访问到全局变量。下面举例介绍使用全局变量进行编程。

(1) 在程序中,如果将多个函数都需要使用的变量定义为全局变量,那么主调函数和被调函数之间则不需要进行参数的传递。

【例 6.23】　求解例 6.17 中的问题:输入两个正整数 m 和 n,调用函数 gcd 和 lcm,求 m 和 m 的最大公约数和最小公倍数。要求将 m 和 n 定义为全局变量。

程序代码

```
int m,n;              /*定义全局变量 m 和 n*/
int gcd( )            /*利用辗转相除法求解全局变量 m 和 n 的最大公约数*/
{
  int r,a,b;
  a = m;              /*将全局变量 m 的值赋给变量 a*/
  b = n;              /*将全局变量 n 的值赋给变量 b*/
  r = a%b;
  while( r! =0)
  {
    a = b;
    b = r;
    r = a%b;
  }
  return b;           /*返回最大公约数*/
}
int lcm( )                              /*求解全局变量 m 和 n 的最小公倍数*/
{
  return ( m*n)/gcd( );                 /*返回最小公倍数*/
}
void main( )
{
  printf( "Please input m and n: " );
  scanf( "%d,%d",&m,&n);                           /*输入全局变量 m 和 n 的值*/
  printf( "Greatest common divisor :%d\n",gcd( ));   /*输出 gcd 函数的返回值*/
  printf( "Lowest common multiple :%d\n",lcm( ));    /*输出 lcm 函数的返回值*/
}
```

代码分析

① 和例 6.17 的程序不同的是,main、gcd 和 lcm 函数中均没有定义变量 m 和 n,而是在程序的第一行定义了全局变量 m 和 n。由于变量 m 和 n 的作用范围是程序开始至结束,程序中的三个函数都可以访问到变量 m 和 n,因此 gcd 和 lcm 函数均定义为无参函数。

② 程序从主函数开始执行,通过 scanf 函数给全局变量 m 和 n 进行赋值,然后分别调用

gcd 和 lcm 函数计算 m 和 n 的最大公约数和最小公倍数。

③ gcd 函数是用于求 m 和 n 的最大公约数,需要注意的是,在 while 循环之前,需要将 m 和 n 的值分别赋给变量 a 和 b,将问题转换为求 a 和 b 的最大公约数。

④ 如果在 gcd 函数中删除变量 a 和 b 的定义,再按照以下方式进行定义,那么程序的结果会是怎样呢?

```
int gcd( )
{
    int r;
    r = m% n;
    while( r! =0)
    {
        m = n;
        n = r;
        r = m% n;
    }
    return n;
}
```

输入和例 6.17 相同的数据,m 为 32,n 为 48,得到的最小公倍数却为 32,结果如图 6.21 所示。这里所计算出的最小公倍数是错误的,原因是:在调用 gcd 函数时,while 循环中会修改全局变量 m 和 n 的值,因此当调用 lcm 函数时,m 和 n 的值就不再是原来主函数中输入的值了。

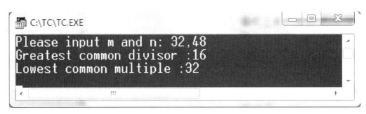

图 6.21 错误的运行结果

(2) 由于全局变量的"共享"特性,全局变量的值随时都可能被修改,因此使用全局变量时一定要谨慎。

【例 6.24】 阅读以下程序,分析程序的运行结果是 1 行星号" ＊＊＊＊＊＊＊＊＊＊"还是 10 行星号" ＊＊＊＊＊＊＊＊＊＊"?

```
int i;
void prtstar( )
{
    for( i = 1;i <= 10;i ++ )
        printf(" * ");
    printf(" \n" );
}
```

```
void    main( )
{
   for( i = 1 ; i < = 10 ; i + + )
       prtstar( ) ;
}
```

程序中定义了全局变量 i,main 函数和 prtstar 函数内部都没有定义变量 i,因此在函数内访问到的都是全局变量 i。程序从主函数开始执行,执行过程如下:

① 当 main 函数的 for 循环第一次执行时(i = 1),调用 prtstar 函数。

② 调用 prtstar 函数时,for 循环开始执行,for 循环执行结束后,i 变量的值为 11,共输出 10 个星号" * * * * * * * * * * ";然后输出换行符,函数调用结束。需要注意的是,在调用 prtstar 函数后全局变量 i 的值已经修改为 11。

③ prtstar 函数调用一次结束,回到主函数中,执行 for 循环的第三个表达式,i 变量的值为 12,此时 for 循环的第二个表达式为假,for 循环执行结束,程序运行结束。

基于以上分析可知,程序的运行结果为 1 行星号" * * * * * * * * * * ",如图 6.22 所示。

图 6.22　例 6.24 程序的运行结果

如果在 main 函数或 prtstar 函数中增加定义局部变量 i,那么程序的运行结果是 10 行星号" * * * * * * * * * * ",如图 6.23 所示。

图 6.23　增加定义局部变量 i 后程序的运行结果

(3) 由于调用函数时只能通过 return 语句带回一个返回值,因此当主调函数需要计算多个值时,可以使用全局变量。

【例 6.25】　输入一行字符串,调用 compute 函数统计大写字母、小写字母和数字字符的个数。

问题分析

根据题目要求,当调用 compute 函数后需计算出大写字母、小写字母和数字字符的个数,但是使用 return 语句只能带回一个返回值,因此这里可以用两个全局变量 lcount 和 ucount 分别存放大写字母和小写字母的个数,而数字字符的个数通过 return 语句返回。

程序代码

```
#include <stdio.h>
int lcount,ucount;
int compute(char str[])
{
    int i,dcount = 0;
    for(i = 0; str[i]! = '\0'; i++)          /*检查字符串中的每个字符*/
        if(str[i] >= 'A'&&str[i] <= 'Z')
            ucount += 1;                      /*大写字母的个数加1*/
        else if(str[i] >= 'a'&&str[i] <= 'z')
            lcount += 1;                      /*小写字母的个数加1*/
            else if(str[i] >= '0'&&str[i] <= '9')
                dcount += 1;                  /*数字字符的个数加1*/
    return dcount;
}
void main()
{
    char str[100];
    int n;
    printf("please input a string :\n");
    gets(str);
    n = compute(str);                         /*调用 compute 函数,将函数返回值赋给 n 变量*/
    printf("Ucase: % d\n Lcase:% d\n digit:% d",ucount,lcount,n);
                                              /*输出大写字母、小写字母和数字字符的个数*/
}
```

运行结果(图 6.24)

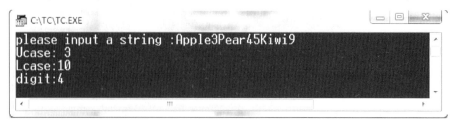

图 6.24　统计各类字符个数程序的运行结果

6.4.2　变量的存储类别

根据存储方式的不同,C 语言的变量又可以分为:自动变量、静态局部变量、寄存器变量、全局变量四种。自动变量和寄存器变量属于动态变量,静态局部变量和全局变量属于静态变量。动态变量在运行程序时被赋初值,静态变量在编译程序时被赋初值。

1. 自动变量

自动变量的定义形式为:

［auto］数据类型 变量名;

其中,auto 关键字可以省略。

我们之前在函数内定义的变量、函数的形参以及在复合语句中定义的变量在默认情况下都是自动变量,都是由系统动态地为其分配存储空间,数据存储在动态存储区中。

例如:

```
int fac(int a)        /∗定义 fact 函数∗/
{
   auto int x,y=3; /∗定义 x、y 自动变量∗/
   …
}
```

在 fac 函数中,a、x、y 都是自动变量,执行 fac 函数时对 y 赋初值 3。执行完 fac 函数后,释放 a、x、y 所占的存储单元。

说明:

(1) 自动变量的生存期是函数调用期间,也就是函数调用时分配内存单元,函数调用结束后释放内存单元。

(2) 自动变量的作用范围仅限于定义它的函数的内部。

(3) 自动变量如果只有定义,没有赋值,那么它的值是不确定的。

2. 静态局部变量

有时希望函数中的局部变量的值在函数调用结束后不消失而保留原值,这时可以用静态局部变量。

静态局部变量的定义形式为:

static 数据类型 变量名;

静态局部变量属于静态存储类别,在静态存储区内分配存储单元,在程序整个运行期间都不释放。

说明:

(1) 静态存储区中的变量的生存期是程序运行期间,也就是程序运行结束后,变量所占的内存单元才被释放。

(2) 静态存储区中的变量如果只有定义,没有赋值,那么它的值是 0。

(3) 静态局部变量在编译时被赋初值,且只赋初值一次;而对自动变量赋初值是在函数调用时进行,每调用一次函数就重新给一次初值,相当于执行一次赋值语句。

(4) 函数形参不能定义成静态变量。如:函数首部定义成 int fun(static int b)是错误的。

【例 6.26】 静态变量的使用。

```c
int func( )
{
    int a = 0;
    static int sa = 0;
    a ++ ;
    sa ++ ;
    printf("a = % d    sa = % d\n",a,sa);
}
void main( )
{
    int i;
    for(i = 1;i <= 3;i ++ )
        func( );
}
```

运行结果(图 6.25)

图 6.25 使用静态变量的程序的运行结果

从图 6.25 可知,每次调用 func 函数后,输出的变量 a 的值都为 1,而变量 sa 的值是增加的,这主要是因为变量 a 和 sa 的存储类型不同。

① a 是自动变量,在函数调用时变量 a 被赋初值为 0,然后自增为 1,在函数调用完后释放变量 a 占用的空间。当下一次调用该函数,变量 a 又被重新赋值为 0,因此三次输出变量 a 的值都是 1。

② sa 是静态变量,在函数第一次被调用时变量 sa 被赋初值为 0,然后自增为 1,函数调用完后变量 sa 占用的空间并没有释放。当函数再次执行时,变量 sa 不会被重新赋初值,变量 sa 在原来的内存单元内进行操作。因此,变量 sa 三次的输出结果都不一样。

3. 寄存器变量

内存的访问速度要远远低于寄存器的访问速度,而通常变量是存放于计算机内存中的,如果变量被存放在 CPU 中的寄存器中,操作速度会更快。为了提高效率,C 语言允许将局部变量的值放在 CPU 中的寄存器中,这种变量叫寄存器变量。

寄存器变量的定义形式为:

register 数据类型 变量名;

【例 6.27】 寄存器变量的使用。

```c
long factor(int n)
```

```
    {
      register long i,f = 1;
      for( i = 1;i < = n;i + + )
          f = f * i;
      return( f);
    }
    void main( )
    {
      int i;
      printf( "please input a number:");
      scanf( "% d",&i);
      printf( "% d! = % ld\n",i,factor( i));
    }
```

运行结果(图 6.26)

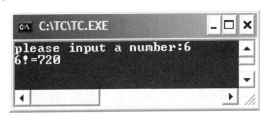

图 6.26　使用寄存器变量的程序的运行结果

说明:

(1) 静态局部变量和全局变量不能定义为寄存器变量。

(2) CPU 中寄存器的数目有限,因此不能定义任意多个寄存器变量。

4. 全局变量

全局变量在函数的外部定义,它的作用域从定义处开始直到程序文件结束。对全局变量的使用有一种特殊情况:在全局变量定义之前,如果函数需要引用该全局变量,则应该在引用之前用关键字 extern 对该全局变量作声明,即通过全局变量声明来扩大全局变量的作用域。

例如:

```
int x,y;           /* 全局变量的定义 */
extern float p,q;  /* 全局变量的声明 */
void local( int a) /* local 函数 */
{
  int b,c;         /* 变量 a、b、c 的作用范围在 local 函数内 */
  ……
}
float p,q;         /* 全局变量的定义 */
void main( )
{
  int m,n;         /* 变量 m、n 的作用范围在 main 函数内 */
  ……
}
```

变量 p、q 的作用范围

变量 x、y 的作用范围

程序中定义了全局变量 x、y、p 和 q,默认情况下,全局变量的作用范围为定义位置开始至程序文件结束。由于 local 函数的上方对全局变量 p 和 q 进行了声明,因此全局变量 p 和 q 的作用范围扩大了,在 local 函数和主函数中都可以对其进行访问。

【例 6.28】 用 extern 关键字声明全局变量,扩展全局变量在程序文件中的作用域。

```
int max(int x,int y)
{
    int z;
    z = x > y? x:y;
    return(z);
}
void main()
{
    extern A,B;
    printf("%d\n",max(A,B));
}
int A = 13,B = -8;
```

说明:在本程序文件的最后 1 行定义了全局变量 A、B,但由于全局变量定义的位置在 main 函数之后,因此在 main 函数中访问全局变量 A、B 时,需要用 extern 关键字对 A、B 进行声明,这样才能合法地使用全局变量 A 和 B。

6.5 函数的作用域

C 程序往往由多个函数构成,这些函数可以包含在多个文件中,应该如何调用不同文件的函数? 函数也有作用域,根据函数是否能被其他文件调用,将函数分为外部函数和内部函数。

6.5.1 外部函数

外部函数是指可以被其他文件调用的函数。

定义外部函数的一般形式为:

[extern] 数据类型 函数名(参数表列)

extern 关键字可以省略,我们之前定义的所有函数都是外部函数。

例如在文件 1 中有如下函数定义:

```
extern int fun2(int a,int b)          /*函数定义*/
{
    …
}
```

在文件 2 中有如下函数调用:

```
void main()
{
```

```
    extern int fun2(int a,int b);        /*函数声明*/
    …
    fun2(3,5);
}
```

由于 fun2 是外部函数,因此可以在文件 2 中被其他函数调用。

6.5.2 内部函数

内部函数是指只能在定义它的文件中被调用,而不能被其他文件中的函数调用的函数。定义内部函数的一般形式为:

static 数据类型 函数名(参数表列)

例如:

static float fun(int a)

fun 的作用域局限于定义它的文件,在其他文件中不能调用此函数。内部函数由于只局限于所在文件,在不同的文件中即使有同名的内部函数,也可以互不干扰。

6.6 编程实战

【例 6.29】 设计递归函数 total 求解例 4.4 的猴子吃桃问题。

问题分析

问题的关键在于寻找每天桃子数量的变化规律,这里用 total(n)来表示第 n 天的桃子数。由于第 10 天桃子的数量为 1,那么 total(10) = 1。根据题意可知,第 9 天桃子的数量应为 4,即 total(9) = (total(10) + 1) * 2。第 8 天的桃子数量应为 10,即 total(8) = (total(9) + 1) * 2。按照此规律,total(n)可递归定义为:

$$total(n) = \begin{cases} 1 & (n = 10) \\ 2 * (total(n+1) + 1) & (1 \leqslant n \leqslant 9) \end{cases}$$

程序代码

```
int total(int n)
{
    int sum;
    if(n == 10)                          /*递归终止*/
        sum = 1;
    else if(n < 10)                      /*递归调用*/
        sum = 2 * (total(n+1) + 1);
    return (sum);
}
void main()
{
```

```
    int sum;
    sum = total(1);                    /*调用 total 函数,计算猴子第一天所摘的桃子个数*/
    printf("The number of peaches is : %d\n",sum);
}
```

运行结果(图 6.27)

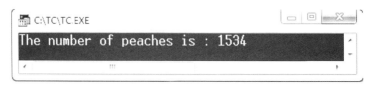

图 6.27　使用递归求猴子吃桃问题的程序运行结果

【例 6.30】　找出 10~1000 中所有满足如下条件的整数:该数的各位数字都是素数,且各位数字之和也是素数。每行输出 7 个满足条件的整数。

问题分析

问题的求解关键在于如何求出一个整数的各位数字以及各位数字之和。如果能求出这些数据,则可以利用例 6.11 中定义的 prime 函数来判断它们是否为素数,若都是素数,那么该整数即为满足条件的数。这里可以定义函数:int check(int n),以检测整数 n 的各位数字以及各位数字之和是否为素数,若是则返回 1,否则返回 0。利用 for 循环不断调用 check 函数,找出 10~1000 范围内所有满足条件的整数。

check 函数中判断 n 是否满足条件的求解步骤如下:

(1) 将存放和的 sum 变量设置为 0。

(2) 求 n 除以 10 的余数 t,即 t = n%10,并将 t 累加到 sum 变量中。

(3) 判断 t 是否为素数:若 prime(t) 为 0,则 check 函数调用结束,函数返回值为 0;若 prime(t) 为 1,则将 n 除以 10,即 n = n/10。

(4) 若 n! = 0,则重复步骤(2);若 n = 0,则执行步骤(5)。

(5) 判断 sum 是否为素数,若 prime(sum) 为 0,函数返回值为 0,否则函数返回值为 1,check 函数调用结束。

程序代码

```
#include <math.h>
int prime(int n)              /*判断 n 是否为素数*/
{
    int i;
    if(n <=1) return 0;       /*如果 n <=1,则 n 不是素数,返回值为 0*/
    for(i =2;i <= sqrt(n);i ++)
        if(n%i ==0) return 0;/*若 n 不是素数,返回值为 0*/
    return 1;                 /*若 n 是素数,返回值为 1*/
}
int check(int n)              /*判断 n 的各位数字、各位数字之和是否是素数*/
{
```

```
    int sum,t;
    sum = 0;
    while(n! = 0)             /*通过循环依次求出n的各位数字,并判断其是否为素数*/
    {
        t = n%10;
        sum += t;
        if(prime(t) == 0) return 0;        /*若n的某位数字不是素数,那么返回值为0*/
        n = n/10;
    }
    if(prime(sum))            /*若n的各位数字之和是素数,那么返回值为1,否则为0*/
        return(1);
    else
        return(0);
}
void    main()
{
    int n,count = 0;
    for(n = 10;n <= 1000;n ++)
        if(check(n))             /*若check函数的返回值为1,表示n符合要求*/
        {
            count ++ ;
            printf("%5d",n);
            if(count%7 == 0)   /*一行输出7个数*/
                printf("\n");
        }
}
```

代码分析

（1）程序中包含 main 函数、check 函数和 prime 函数,函数的执行过程如图 6.28 所示。

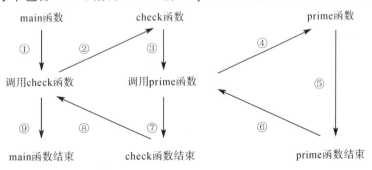

图 6.28 例 6.30 的各函数之间的调用关系示意图

（2）主函数中的 count 变量用于记录满足条件的数的个数,初值为 0。for 循环的控制变量 n 从 10 循环到 1000,循环体中调用 check(n)函数,检测 n 是否满足条件。若 n 满足条件,则 count 值加 1,同时输出 n。若一行输出 7 个数后,则换行。

(3) check 函数通过 while 循环,利用% 和/运算符,计算出各位数字,并将各位数字累加到 sum 变量中,同时调用 prime 函数检测各位数字和 sum 变量中的值是否是素数。例如 n = 36,调用 check(36),首先计算出个位 t = 6,由于 prime(6) 的值为 0,即不是素数,那么就不需要计算 n 的十位上的数字以及 sum 变量的值。对于整数 n,只有其各位数字都是素数时,才有必要判断 sum 变量中的值是否为素数。

运行结果(图 6.29)

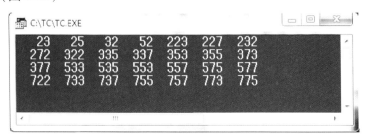

图 6.29 例 6.30 程序的运行结果

【例 6.31】 编写函数 change(int a[N][N],int m)。若 m = 1,则二维数组按照主对角线进行行列转置;若 m = 0,则二维数组按照次对角线进行行列转置。如下所示:

二维数组 a:				m = 1 时,数组 a:				m = 0 时,数组 a:		
1	2	3		1	4	7		9	6	3
4	5	6		2	5	8		8	5	2
7	8	9		3	6	9		7	4	1

问题分析

问题的关键在于二维数组如何实现按照主对角线、次对角线进行行列转置。如果按照主对角线进行转置,那么数组元素 a[i][j] 需和 a[j][i] 进行互换,例如 a[0][1] 和 a[1][0] 进行交换。如果按照次对角线进行转置,那么数组元素 a[i][j] 需和 a[N - 1 - j][N - 1 - i] 进行互换,例如 a[0][1] 和 a[1][2] 进行交换。两种转置如图 6.30 所示。

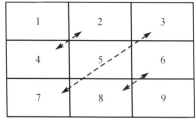

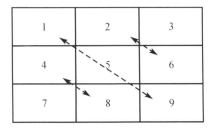

(a) 按照主对角线转置   (b) 按照次对角线转置

图 6.30 二维数组元素行列转置示意图

程序代码

```c
#define N 3
void change(int a[N][N],int m)
```

```
{
    int i,j,t;
    if(m==1)                              /*按照主对角线进行行列转置*/
        for(i=0;i<N;i++)
            for(j=i+1;j<=N-1;j++)
                {t=a[i][j];a[i][j]=a[j][i];a[j][i]=t;}
    if(m==0)                              /*按照次对角线进行行列转置*/
        for(i=0;i<N;i++)
            for(j=N-1-i;j>=0;j--)
                {t=a[i][j];a[i][j]=a[N-1-j][N-1-i];a[N-1-j][N-1-i]=t;}
}
void main()
{
    int i,j,m,t,a[N][N]={1,2,3,4,5,6,7,8,9};
    printf("please input m (0 or 1):");
    scanf("%d",&m);
    change(a,m);                          /*调用 change 函数*/
    for(i=0;i<N;i++)                      /*输出转置后的二维数组*/
    {
        for(j=0;j<N;j++)
            printf("%3d",a[i][j]);
        printf("\n");
    }
}
```

代码分析

(1) 主函数中调用 change 函数时,第 1 个实参为数组名,采用地址传递方式,它是把二维数组的起始地址传递给形参数组,那么形参数组和实参数组共同占用同一段内存空间。第 2 个实参采用值传递方式,把 m 的值传递给形参。

(2) change 函数的首部也可以定义为:void change(int a[][N],int m),因此<u>形参数组的第一维大小是可以省略的</u>。为什么实参数组在定义时其长度不能省略呢? 因为形参数组和实参数组是有区别的,实参数组名表示数组的起始地址,是指针常量,而形参数组实际表示的是指针变量。在第七章中会具体介绍指针和数组的关系以及使用指针作函数参数。

(3) 主对角线上的元素的特点是行下标和列下标相同,如 a[0][0]、a[1][1],所以以主对角线进行行列转置,实际上是交换 a[i][j]和 a[j][i]:

```
for(i=0;i<N;i++)
    for(j=i+1;j<=N-1;j++)
        {t=a[i][j];a[i][j]=a[j][i];a[j][i]=t;}
```

for 循环表示将主对角线上方的元素和下方的进行交换,那么对角线上方的元素的列号最小为 i+1,最大为 N-1。

(4) 次对角线上的元素的特点是行下标和列下标之和为 N-1,如 a[0][2]、a[2][0],所以以次对角线进行行列置换,实际上是交换 a[i][j]和 a[N-1-j][N-1-i]。

```
for( i = 0 ; i < N ; i ++ )
    for( j = N – 1 – i ; j >= 0 ; j –– )
        { t = a[ i ][ j ] ; a[ i ][ j ] = a[ N – 1 – j ][ N – 1 – i ] ; a[ N – 1 – j ][ N – 1 – i ] = t ; }
```

for 循环表示将次对角线上方的元素和下方的进行交换,那么对角线上方的元素的列号最小为 0,最大为 N – 1 – i。

一定要注意 change 函数中的两个 for 循环中 j 变量的循环范围,千万不能写错。

运行结果(图 6.31)

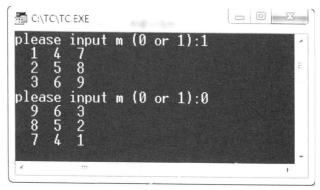

图 6.31　根据主对角线或次对角线进行转置程序的运行结果

习题六

一、选择题

1. 若在 C 语言中未说明函数的类型,则系统默认该函数的数据类型是_____。
　　A. float　　　　　　B. int　　　　　　C. long　　　　　D. double

2. 以下关于函数的叙述中,错误的是_____。
　　A. 函数未被调用时,系统将不为形参分配内存单元
　　B. 实参与形参的个数应相等,且实参与形参的类型必须对应一致或互相兼容
　　C. 当形参是变量时,实参可以是常量、变量或表达式
　　D. 形参可以是常量、变量或表达式

3. 若调用函数时参数为基本数据类型的变量,以下叙述中正确的是_____。
　　A. 实参与其对应的形参共占存储单元
　　B. 只有当实参与其对应的形参同名时才共占存储单元
　　C. 实参与对应的形参分别占用不同的存储单元
　　D. 实参将数据传递给形参后,立即释放原先占用的存储单元

4. 若用数组名作为函数调用的实参,则传递给形参的是_____。
　　A. 数组的首地址　　　　　　　　　B. 数组的第一个元素的值
　　C. 数组中全部元素的值　　　　　　D. 数组元素的个数

5. C 语言中函数返回值的类型是由_____决定。
　　A. return 语句中的表达式类型　　　B. 调用函数的主调函数类型
　　C. 调用函数时临时　　　　　　　　D. 定义函数时所指定的函数类型

6. 定义一个 void 型函数意味着调用该函数时,函数_____。

A. 通过 return 语句返回一个用户所希望的函数值

B. 返回一个系统默认值

C. 没有返回值

D. 返回一个不确定的值

7. 若程序中定义函数

```
float myadd(float a, float b)
{
    return a + b;
}
```

并将其放在调用语句之后,则在调用之前应对该函数进行声明。以下声明中错误的是_____。

A. float myadd(float a,b);　　　　　B. float myadd(float b, float a);

C. float myadd(float, float);　　　　D. float myadd(float a, float b);

8. 关于以下 fun 函数的功能叙述中,正确的是_____。

```
int fun(chars[100])
{int i = 0;
    while(s[i]! = 0)i + + ;
    return i;
}
```

A. 比较两个字符串的大小　　　　B. 求字符串 s 的长度

C. 将字符串 s 复制到字符串 t　　D. 求字符串 s 所占字节数

9. 以下程序运行后的输出结果是_____。

```
int fun(int a, int b)
{
    if(a > b)
        return a;
    else
        return b;
}
void   main()
{
    int x = 3,y = 8,z = 6,r;
    r = fun(fun(x,y),2 * z);
    printf("% d\n",r);
}
```

A. 3　　　　　　　　B. 6　　　　　　　　C. 8　　　　　　　　D. 12

10. 以下程序的运行结果是_____。

```
void f( int a, int b)
{
    int t;
    t = a; a = b; b = t;
}
void main( )
{
    int x = 1, y = 3, z = 2;
    if( x > y) f( x,y) ;
    else if( y > z) f( y,z) ;
        else f( x,z) ;
    printf( "% d,% d,% d\n",x,y,z) ;
}
```

    A. 1,2,3   B. 3,1,2   C. 1,3,2   D. 2,3,1

二、程序阅读题

1. 以下程序的输出结果是＿＿＿＿＿＿＿＿＿＿。

```
void fun( int x,int y,int z)
{
    z = x * x + y * y;
}
void main ( )
{
    int a = 31;
    fun (6,3,a) ;
    printf ( "% d", a) ;
}
```

2. 以下程序的输出结果是＿＿＿＿＿＿＿＿＿＿。

```
int f( )
{
    static int i = 0;
    int s = 1;
    s += i; i ++ ;
    return s;
}
void main( )
{
    int i,a = 0;
    for( i = 0;i < 5;i ++ )
        a += f( ) ;
    printf( "% d\n",a) ;
}
```

3. 以下程序的输出结果是_____。

```
int fun( char s[ ] )
{
  int n = 0, i = 0;
  while( s[i] >= '0'&&s[i] <= '9')
  {
    n = 10 * n + s[i] - '0';
    i ++ ; }
  return( n) ;
}
void main( )
{
  char s[10] = { '6','1',' * ','4',' * ','9',' * ','0',' * '} ;
  printf( " % d\n",fun( s) ) ;
}
```

4. 以下程序的输出结果是_____。

```
#include < stdio. h >
int fun( int x)
{
  int y;
  if( x ==0 | | x ==1 ) return( 3) ;
  y = x * x - fun( x - 2) ;
  return y;
}
void main( )
{
  int x,y;
  x = fun( 3) ;
  y = fun( 4) ;
  printf( " % d, % d\n", x ,y) ;
}
```

5. 程序运行时,若输入 10,则以下程序的输出结果是_____。

```
int fun( int n)
{
  if( n ==1 ) return 1;
  else return( n + fun( n - 1) ) ;
}
void main( )
{
  int x;
  scanf( " % d",&x) ;
  x = fun( x) ;
  printf( " % d\n",x) ;
}
```

三、完善程序题

1. 以下程序的功能是计算函数 $F(x,y,z) = (x+z)/(y-z) + (y+2 \times z)/(x-2 \times z)$ 的值,请将程序补充完整。

```
#include < stdio. h >
float f( float x ,float y )
{
    float value;
    value = ____(1)____;
    return value;
}
void main( )
{
    float x ,y ,z ,sum;
    scanf( "% f% f% f" ,&x ,&y ,&z ) ;
    sum = f( x + z ,y − z ) + f( ____(2)____ ) ;
    printf( "sum = % f\n" ,sum ) ;
}
```

2. 以下程序的功能是根据输入的字母,在屏幕上显示出字符数组中首字符与其相同的字符串,若不存在,则显示"No find,good bye!",请将程序补充完整。

```
#include  < stdio. h >
char PriStr( char ch1 )
{
    int i = 0 ,j = 0;
    static char ch2[6][30] = { "how are you" , "glad to meet you" ,"anything new" ,"every-
        thing is fine" ,"very well ,thank you" ,"see you tomorrow" } ;
    while( i + + < 6 )
    if( ch1 == ____(3)____ )
    {
        puts( ____(4)____ ) ;
        j = 1;
    }
    return j;
}
void main( )
{
    char ch;
    printf( "\nPleae enter a char:" ) ;
    ch = getchar( ) ;
    ch = PriStr( ch ) ;
    if( ch == ____(5)____ )
    puts( "No find, good bye! " ) ;
}
```

3. 以下程序的功能是将输入的一个整数反序打印出来,例如输入 1234,则输出 4321,输入 -1234,则输出 -4321,请将程序补充完整。

```
void printopp( long int n)
{
    int i = 0;
    if( n == 0)
        return;
    else
        while( n)
        {
            if(_____(6)_____ )printf( "% ld" ,n% 10) ;
            else    printf( "% ld" , - n% 10) ;
            i ++ ;
            _____(7)_____  ;
        }
}
void main( )
{
    long int n;
    scanf( "% ld" ,&n) ;
    printopp( n) ;
    printf( "\n" ) ;
}
```

4. 以下程序的功能是计算并显示一个指定行数的杨辉三角形(形状如下),请将程序补充完整。

```
1
1    1
1    2    1
1    3    3    1
1    4    6    4    1
1    5    10   10   5    1
```

程序:

```
#include < stdio. h >
#define N 15
void yanghui( int b[ ][ N], int n)
{
    int i,j;
    for( i = 0;_____(8)_____ ; i ++ )
    {
        b[ i][ 0] = 1; b[ i][ i] = 1;
    }
```

```
      for(_____(9)_____; ++i <= n; )
      for( j = 1;j < i;j ++ )
      b[ i ][ j ] = _____(10)_____;
      for( i = 0;i < n;i ++ )
      {
         for( j = 0;j <= i;j ++ )
         printf( "%4d",b[ i ][ j ] );
         printf( "\n" );
      }
   }

   void main( )
   {
      int a[ N ][ N ] = {0} ,n;
      printf( "please input size of yanghui( <= 15)" );
      scanf( "%d",&n );
      printf( "\n" );
      yanghui( _____(11)_____ );
   }
```

5. 下面的程序用来将一个十进制正整数转化成八进制数,例如输入一个正整数 25,则输出
   31,请将程序补充完整。

```
   #include < stdio. h >
   void sub( int c, int d[ ] )
   {
      int e, i = 9;
      while( c! = 0 )
      {
         e = c%8;
         d[ i ] = e;
         _____(12)_____;
         i -- ;
      }
   }
   void main( )
   {
      int i = 0,j = 0,a,b[ 10 ] = {0} ;
      printf( "\nPlease input a integer: " );
      scanf( "%d",&a );
      sub( a,b );
      for( ;i < 10;i ++ )
      {
         if( _____(13)_____ ) j ++ ;
         if( _____(14)_____ ) printf( "%d",b[ i ] );
      }
   }
```

6. 函数 bisearch 的作用是应用折半查找法从存有 N 个整数的升序数组 a 中对关键字 key 进行查找,请将程序补充完整。

```
#include < stdio. h >
#define N 15
bisearch(int a[N], int key)
{
    int low = 0, high = N - 1, mid;
    while(_____(15)_____)
    {
        mid = (low + high)/2;
        if(key < a[mid])
            _____(16)_____;
        else
            if(key > a[mid])
                low = mid + 1;
            else
                return mid;
    }
    return - 10;
}
void main()
{
    _____(17)_____;
    printf("Please input a % d element increasing sequence:", N);
    for(i = 0;i < N;i ++ )
    {
        printf("b[ % d] = ",i);
        scanf("% d",&b[i]);
    }
    printf("Please input a searching key:");
    scanf("% d",&n);
    j = bisearch(b,n);
    if(j < -5)
        printf("Not find % d\n",n);
    else
        printf("b[ % d] = % d\n",j,n);
}
```

7. 以下程序的功能是选出能被 3 整除且至少有一位是 5 的所有三位正整数 k(个位为 a0,十位为 a1,百位为 a2),并打印出所有这样的数及其个数,请将程序补充完整。

```
#include < stdio. h >
int sub(int m,int n)
{
    int a0,a1,a2;
    a2 = _____(18)_____;
```

```
        a1 = ____(19)____;
        a0 = m%10;
        if(m%3==0 && (a2==5||a1==5||a0==5))
        {
            printf("%5d",m);
            n++;
        }
        return n;
    }
    void main()
    {
        int m=0,k;
        for(k=105;k<=995;k++)
            m=sub(____(20)____);
        printf("\nn=%d\n",m);
    }
```

四、编程题

1. 定义函数 f1,其功能是将一个正整数 n 的每位数分离出来并将其求和。

2. 从键盘输入一个十进制数,要求编写函数 convert 转换该数为二进制数。

3. 定义一个函数,其功能是判断以三个数为边长,能否构成三角形。

4. 设计递归函数 lastprt,其功能是将输入的字符串以相反顺序输出。

5. 设计递归函数 sum,其功能是计算 $1+2+\cdots+n$。

6. 设计函数 fc,其功能是统计数组中偶数的个数。编写 main 函数,用数组名 num 作实参调用 fc 函数,实现对 num 数组的统计,并输出统计结果。

7. 设计函数 findmax,其功能是返回二维整型数组 a 的最大值。

8. 定义函数 digit(n,k),其功能是返回一个整数 n 从右边开始数第 k 个数字的值。例如:

digit(15327,4)=5
digit(289,5)=0

9. 主函数中已有变量定义语句"double a=5.0;int n=5;"和函数调用语句"mypow(a,n);",用于求 a 的 n 次方。请编写 double mypow(double x,int y)函数以及主函数。

10. 输入若干整数,其值均在 1 至 4 的范围内,用 −1 作为输入结束标志,请编写函数 f 用于统计每个整数的个数。

例如,若输入的整数为:

1 2 3 4 1 2

则统计的结果为:

1: 2
2: 2
3: 1
4: 1

第七章　指　针

指针是表示内存地址的一种数据类型。用指针来编程,是 C 语言的主要特色之一。通过指针,我们能很好地利用内存资源,使其发挥最大的作用。有了指针技术,我们可以描述复杂的数据结构,对字符串的处理可以更灵活,对数组的处理更方便,使程序的书写简洁、高效。本章主要介绍指针与变量、数组、函数之间的联系,以及使用指针作函数参数等内容。对初学者来说,由于指针难于理解和掌握,这就必须彻底理解指针的相关概念,熟练掌握指针的各种应用,多做多练,多上机编程,才能在实践中尽快掌握,充分发挥 C 语言的独特优势。

7.1　变量与指针

7.1.1　地址与指针

C 语言中,所有的变量必须遵循"先定义,再使用"的原则。对于程序中定义或说明的变量,编译系统需要为其分配相应的内存单元,也就是说,每个变量在内存中会有固定的空间,而每个空间都有具体的地址。不同数据类型的变量,它所占的内存单元数(即字节数)也不相同。

例如:

int i = 3, j = 4, k = 5;

这个语句定义了三个整型变量,C 编译系统为每个整型变量连续分配 2 个字节的存储空间,假设分配编号为 2000H、2001H(即内存地址,"H"表示十六进制数,内存地址用 2 个字节的二进制代码表示,即 4 位十六进制数)的内存单元给变量 i,2002H、2003H 给变量 j,2004H、2005H 给变量 k。变量 i 的值 3 以二进制的形式存储,为了方便起见,用十六进制表示(0003H)。高字节(00H)放在高地址(2001H)的 存 储 单 元 中,低 字 节(03H)放 在 低 地 址(2000H)的存储单元中,变量 j 和 k 的值也是这样存储的。这三个变量在内存中的具体存储情况如图 7.1 所示。变量 i 的地址为 2000H,j 的地址为 2002H,k 的地址为 2004H。一个内存地址唯一地指向一个变量,这个地址又称为变量的指针。简言之,指针就是地址。

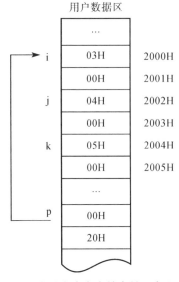

图 7.1　变量在内存中的存储示意图

在图 7.1 中,变量 p 的内存单元中存放的是变量 i 的地址 2000H。因此,访问变量 i 的值可以有两种方式。一种是直接通过变量名"i"来访问,另一种是先通过变量 p 得到变量 i 的地址,再根据这个地址到相应的内存单元中取出值。第一种方式称为直接访问,第二种方式称为间接访问。

举个简单的例子来说明直接访问和间接访问的区别,让读者理解得更加透彻。假设有一个存放珠宝首饰的保险柜 A,保险柜 A 的密码写在一张纸条上,存放在保险柜 B 中。那么用户如何打开保险柜 A 取出珠宝呢?

第一种方式:用户知道保险柜 A 的密码,可以直接将其打开。

第二种方式:用户知道保险柜 B 的密码,打开保险柜 B,然后取出保险柜 A 的密码纸条,打开保险柜 A。这种方法是先打开保险柜 B,再打开保险柜 A,也就是通过保险柜 B 来打开保险柜 A,两者的关系如 7.2 所示。

图 7.2   保险柜 A 和 B 的关系示意图

这里保险柜 A 和 B 的密码相当于变量的地址,保险柜里存放的东西相当于变量的值。在图 7.1 中,变量 i 的值为 3,变量 p 中存放变量 i 的地址(即 &i),那么变量 i 和变量 p 即建立起了关联,变量 p 指向变量 i,两者的关系如图 7.3 所示。

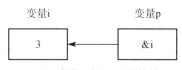

图 7.3   变量 i 与 p 之间的关系

7.1.2   指向变量的指针变量

程序中若定义了整型变量,那么该变量中只能存放整型数据;若定义了实型变量,该变量中就只能存放实型数据;若需要存放地址类型的数据,那需要将变量定义成何种类型? C 语言提供了丰富的数据类型,若将变量定义为指针类型,那么该变量中即可存放地址。在之前的章节中,我们讨论的大多是变量的值,很少涉及变量的地址,下面来介绍如何定义用于存放地址的指针变量,体会指针变量和其他类型变量的区别。

1. 指针变量的定义

存放地址的变量称为指针变量。指针变量是一种特殊的变量,它不同于一般的变量,一般变量存放的是数据本身,而指针变量存放的是数据的地址。定义指针变量的一般形式为:

基类型 * 指针变量名 1[= 初值][, * 指针变量名 2[= 初值],…];

“基类型”用来表示指针变量所指向的变量的类型;“初值”可以给出,也可以不给。C 编译系统为每个指针变量分配 2 个字节的存储单元,与它的基类型无关。

例如,有以下定义:

```
int  * p1, * p2;
float  * f;
```

这里定义了指针变量 p1、p2 和 f,变量 p1 和 p2 均是指向整型变量的指针变量,也就是只能存放整型变量的地址。变量 f 是指向单精度实型变量的指针变量,只能存放 float 类型变量的地址。整型指针变量 p1、p2 和单精度实型指针变量 f 各占 2 个字节的存储空间。

在定义指针变量时,需要注意的是指针变量名为"p1"、"p2"和"f",而不是" ∗ p1"、" ∗ p2"和" ∗ f"," ∗ "只是一个说明符,表示定义的变量类型为指针。在一个语句中定义多个指针变量时,每个指针变量前面都要有" ∗ "说明符。如有以下两种定义:

int ∗ p1, ∗ p2;
int ∗ p3,p4;

第一行将 p1 和 p2 定义为指向整型变量的指针变量;第二行将 p3 定义为指向整型变量的指针变量,而 p4 为整型变量。

2. 指针变量的赋值

指针变量在使用前必须先被赋值,这样指针变量才有明确的指向。常见的赋值方法有以下两种:

(1) 定义时赋值。

例如:

int i =3 , ∗ p = &i;

表示定义整型变量 i 与指针变量 p,并将整型变量 i 的地址赋给变量 p。当指针变量中存放另一个变量的地址时,二者即建立了指向关系。由于指针变量 p 只能存放整型变量的地址,因此在赋值时不能将任意类型的地址赋值给变量 p,如:

float f = 3. 14;
int ∗ p = &f;　　 / ∗ 错误的初始化方式,不能将实型变量的地址赋值给整型指针变量 p ∗ /

如果指针变量 p 的初始化方式改为:

int ∗ p = 1000;

这种初始化的方式虽然编译时不会报错,但是存在潜在危险,因为 1000 代表的是内存地址,而这个地址所对应的内存单元中存放的数据可能是重要的系统数据,如果被误改了,可能会导致系统瘫痪。为防止意外发生,要避免用非 0 的整数给指针变量赋值。如果给指针变量赋值为 0,如"int ∗ p =0;",则表示该指针变量 p 不指向任何内存单元,这个赋值是合法的,也是安全的。

(2) 先定义再赋值。

例如:

int i, ∗ p;
i =3;
p = &i;

这里先定义整型变量 i 和指针变量 p,再给变量 i 和 p 赋值。变量 i 的值为 3,指针变量 p 的值为变量 i 的地址。需要注意的是,赋值语句不能写成" ∗ p = &i;"。

除了可以用变量的地址给指针变量赋值外,指针变量之间也可以相互赋值,但前提条件是指针变量的基类型相同。例如:

int i = 3, * p1 = &i, * p2;
p2 = p1;

这里 p1 和 p2 均为指向整型变量的指针变量,指针变量 p1 的值为 &i,当将指针变量 p1 赋值给指针变量 p2 后,指针变量 p1 和 p2 均指向整型变量 i,如图 7.4 所示。

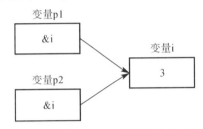

图 7.4　变量 p1 与 p2 同时指向变量 i

3. 运算符"&"和" * "

和指针运算相关的运算符主要有以下两个:

(1) &:取地址运算符,属于单目运算符,表示变量的地址,如 &i,&p。

(2) * :指针运算符,属于单目运算符,该运算符后可以接指针变量或变量地址,表示取地址所指向的内存单元中的值。

若有定义:

int i = 3, * p = &i;

表示指针变量 p 指向变量 i,那么 * p 表示指针变量 p 所指向的存储单元的值,也就是变量 i 的值,那么 * p 和变量 i 的值是相同的。如果需要修改变量 i 的值,可以使用直接访问方式或间接访问方式。

i = 10;　　　　　　／ * 使用变量名直接访问变量 i * ／
* p = 10;　　　　　　／ * 通过指针变量 p 间接访问变量 i * ／

"&"与" * "运算符是互逆的,是可以抵销的。下面来分析以下表达式:

(1) & * p:由于指针变量 p 指向变量 i,所以 * p 相当于 i,& * p 相当于 &i,即变量 p 的值,换言之,& * p 等价于 &i 和 p。

(2) * &i:&i 表示变量 i 的地址,即变量 p 的值,所以 * &i 相当于 * p,表示这个地址里存放的值,也就是变量 i 的值,因此 * &i 等价于 i 和 * p。

根据以上分析,可以得到以下两组等价关系:

& * p⇔&i⇔p
* &i⇔ * p⇔i

【例 7.1】　输入 a 和 b 两个整数,使用指针变量实现 a 和 b 的交换。

问题分析

对于交换问题常见的解题思路是借助其他变量作为桥梁。题目要求使用指针实现,因此可以定义两个指针变量分别指向整型变量 a 和 b。对于指针变量,指针变量的值和指针变量所指向的变量的值,这是两个不同的概念,因此需要特别注意在交换时究竟交换的是指针变量的值,还是指针变量指向的变量的值。

程序代码

```
void main( )
{
    int a,b,c, * p1, * p2;
    p1 = &a;            / * 将变量 a 的地址存放到指针变量 p1 中 * /
    p2 = &b;            / * 将变量 b 的地址存放到指针变量 p2 中 * /
    printf( "Please input two numbers:" );
    scanf( "a = % d,b = % d",p1,p2);         / * 输入变量 a 和 b 的值 * /
    c = * p1; * p1 = * p2; * p2 = c;         / * 借助变量 c 交换指针变量 p1、p2 指向的变量的值 * /
    printf( "After change:\n " );
    printf( "a = % d,b = % d\n",a,b);
    printf( "* p1 = % d, * p2 = % d", * p1, * p2);
}
```

代码分析

(1) 由于指针变量 p1 和 p2 分别存放变量 a 和 b 的地址,所以在 scanf 函数中可以使用 p1 和 p2 完成 a 和 b 的输入。若程序的输入数据为"a = 10,b = 20",那么指针变量 p1、p2、a 和 b 之间的关系如图 7.5(a)所示。

(2) 程序中借助整型变量 c 交换 * p1 和 * p2,也就是交换针指变量 p1 和 p2 指向的内容,即交换变量 a 和 b。交换完成后,变量 p1、p2、a 和 b 之间的关系如图 7.5(b)所示。

(a) 交换前　　　　　　　　　　　　(b) 交换后

图 7.5　交换 * p1 和 * p2 前后各变量的对照示意图

运行结果(图 7.6)

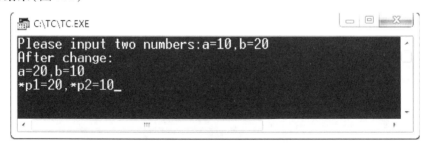

图 7.6　用指针变量交换两个变量值程序的运行结果

【**例 7.2**】　将例 7.1 程序修改如下,分析程序的运行结果是否与例 7.1 相同。

```
void main( )
{
    int a,b, * p1, * p2, * p;
    p1 = &a;
    p2 = &b;
    printf("Please input two numbers:");
    scanf("a = % d,b = % d",p1,p2);
    p = p1; p1 = p2;p2 = p;                  /* 借助指针变量 p 交换 p1 和 p2 */
    printf("After change:\n");
    printf("a = % d,b = % d\n",a,b);
    printf("* p1 = % d, * p2 = % d", * p1, * p2);
}
```

代码分析

（1）程序中没有定义整型变量 c,而是定义了指针变量 p。初始状态时,指针变量 p1 和 p2 分别指向整型变量 a 和 b。若程序输入数据为"a = 10,b = 20",那么指针变量 p1 和 p2 的指向如图 7.7(a)所示。

（2）程序中借助指针变量 p 交换 p1 和 p2,也就是交换指针变量 p1 和 p2 中存放的值 &a 和 &b。交换完成后,变量 p1 中存放的值变成 &b,变量 p2 中存放的值变成 &a,如图 7.7 (b)所示。

（3）例 7.1 中交换的是 * p1 和 * p2,也就是 a 和 b 的值实现了交换,而变量 p1 和 p2 的值没有改变,仍为 &a 和 &b。本例中交换的是 p1 和 p2,因此指针变量 p1 和 p2 的指向发生了变化,而变量 a 和 b 的值没有改变。因此本程序的运行结果与例 7.1 不是完全相同。

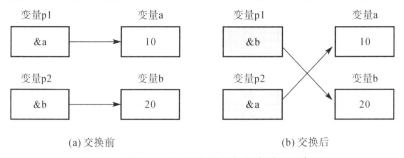

(a) 交换前　　　　　　　　　　　　　　(b) 交换后

图 7.7　交换 p1 和 p2 前后各变量的对照示意图

运行结果(图 7.8)

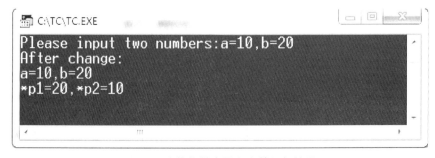

图 7.8　交换指针变量程序的运行结果

7.1.3　指针变量作函数参数

函数的参数不仅可以是整型、实型、字符型等数据,还可以是指针类型的数据。当使用指针作函数参数时,实参向形参传递的是一个地址值。

【例7.3】　自定义函数 sum,函数功能为计算两个整数之和。要求输入和输出在主函数中实现。

先来分析下面的程序 A 能否满足题目的要求,能否计算出两个整数之和。

```
/ * 程序 A * /
void sum( int x,int y,int z)
{
    z = x + y;
}
void main( )
{
    int a,b,c;
    printf( "Please input two numbers:" );
    scanf( "a = % d,b = % d" ,&a,&b);
    sum( a,b,c);
    printf( "a + b = % d" ,c);
}
```

运行程序 A,若输入 a = 10,b = 20,程序的运行结果并不是 a + b = 30。c 变量中为什么保存的不是变量 a 和 b 的和呢? 下面来仔细分析:

(1) 主函数调用 sum 函数时,函数的实参为 a、b 和 c。由于 a 和 b 的值分别为 10 和 20,而 c 变量只定义未赋值,因此其值是不确定的。

(2) 调用函数时,给形参分配内存单元,同时实参将值传递给形参,形参 x 和 y 的值分别为 10 和 20,z 为随机值,然后将 a 和 b 之和 30 存放于 z 变量中。

(3) 函数调用结束后,形参 x、y 和 z 所占的内存单元被释放,回到主函数时,c 变量的值仍是一个不确定的值。

根据以上分析可知,程序 A 不能得到所需要的运行结果,主要是函数调用时,实参和形参之间的传递方式为单向值传递,函数调用结束后,形参所占内存单元会被释放。因此可以考虑将参数的传递方式改为地址传递,也就是使用指针变量作函数参数。下面请分析程序 B 的运行结果。

```
/ * 程序 B * /
void sum( int x,int y,int * z)
{
    * z = x + y;
}
void main( )
{
```

```
    int a,b,c;
    printf("Please input two numbers:");
    scanf("a = % d,b = % d",&a,&b);
    sum(a,b,&c);
    printf("a + b = % d",c);
}
```

运行程序 B,若输入 a = 10,b = 20,程序的运行结果是 a + b = 30。在主函数中调用 sum 函数时,第 3 个实参为 &c,那么第 3 个形参 z 接收的是 c 的地址,指针变量 z 即指向变量 c,即 * z 相当于 c。当执行 * z = x + y 时,就相当于执行 c = x + y,所以变量 c 的值就变成了 30,如图 7.9 所示。sum 函数调用结束后,虽然形参 x、y 和 z 所占的内存单元被释放,但是变量 c 所占的内存单元仍存在,所以可以得到正确结果。

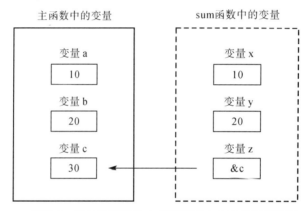

图 7.9　例 7.3 程序 B 中各变量所占内存单元示意图

需要注意的是,由于程序 B 中第 3 个实参为 &c,是地址类型的数据,因此 sum 函数的第 3 个形参要定义为指针类型。

程序 B 在被调函数中通过指针变量作形参,从而间接地改变了主调函数中变量 c 的值,体现了指针变量作函数参数的优势。

也许读者会思考,调用 sum 函数不能通过形参 z 将值带回给实参 c,但可以通过 return 语句带回返回值。若将程序修改如下,分析程序 C 的运行结果是否与题目相符。

```
/ * 程序 C * /
int sum(int x,int y)
{
    int z;
    z = x + y;
    return z;
}
void main()
{
    int a,b,c;
    printf("Please input two numbers:");
```

```
scanf("a = % d,b = % d",&a,&b);
c = sum(a,b);
printf("a + b = % d",c);
}
```

运行程序 C,若输入 a = 10,b = 20,程序的运行结果是 a + b = 30,满足题目的要求。此程序中,调用函数 sum 时,实参将值传递给形参。根据形参 x 和 y 计算出变量 z 的值后,通过 return 语句将值返回并赋给变量 c,因此变量 c 中存放的是两个整数之和。程序 C 虽能满足题目要求,但没有程序 B 灵活,因为使用 return 语句从函数中只能带回一个返回值,如果需要计算多个值,可以使用程序 B 的方法。可见,用指针变量作函数参数具有更大的灵活性。

【例 7.4】 题目要求同例 7.1,但要求使用自定义函数 change 实现 a 和 b 的交换。

程序代码

```
void change(int * x,int * y)
{
  int z;
  z = * x; * x = * y; * y = z;
}
void main()
{
  int a,b;
  printf("Please input two numbers:");
  scanf("a = % d,b = % d",&a,&b);
  change(&a,&b);
  printf("a = % d,b = % d\n",a,b);
}
```

代码分析

(1) 主函数调用 change 函数时,实参为 &a 和 &b,因此形参的指针变量 x 和 y 分别指向变量 a 和 b。若交换前,变量 a 和 b 的值分别为 10 和 20。执行 change 函数时,借助变量 z,完成了 * x 和 * y 交换,即 a 和 b 实现了交换,如图 7.10 所示。

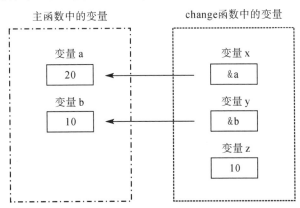

图 7.10 例 7.4 中 * x 和 * y 完成交换后各变量的内存单元示意图

（2）程序中,形参为指针类型,实参为地址类型,其实实参也可以修改为指针变量形式,只要将主函数稍作修改即可,如下所示:

```
void main( )
{
    int a,b, * p1, * p2;
    p1 = &a;
    p2 = &b;
    printf("Please input two numbers:");
    scanf("a = % d,b = % d",&a,&b);
    change(p1,p2);                    /* 使用指针变量作函数参数 */
    printf("a = % d,b = % d\n",a,b);
}
```

7.2   数组与指针

由于数组在内存中占用一片连续的内存空间,因此数组元素的地址也是连续的。若有一指针变量指向数组的起始元素,那么通过该指针变量可以访问数组中的其他元素。由此可见,指针和数组的关系极为密切。

7.2.1   指针与一维数组的联系

如何建立指针变量与一维数组的联系呢? 指针变量就是存放变量地址的变量,若将数组中某个元素的地址放置到指针变量中,那么指针变量即与数组建立了联系。

如:

int a[10], * pa;
pa = &a[0];

这里定义了指针变量 pa 和一维数组 a,并将 a[0]的地址（即数组的起始元素的地址）赋给指针变量,那么指针变量 pa 指向 a[0], * pa 就等价于 a[0]。

如果需要将指针变量指向 a[0],除了使用语句"pa = &a[0];"外,还可以写成:

pa = a;

这是因为在 C 语言中,数组名是地址常量,表示数组在内存中的起始地址,它和 &a[0]的值相同。当指针变量和数组建立了联系后,和数组相关的一些操作,如数组元素的引用、数组的输入和输出,就可以通过指针变量来实现了。

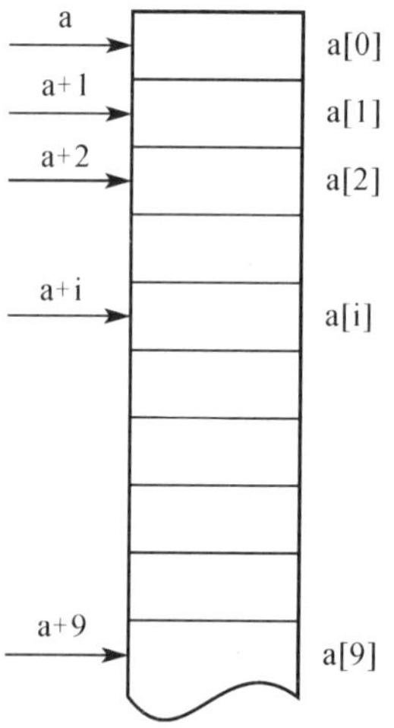

图 7.11   一维数组的结构示意图

1. 使用指针引用数组元素

第五章中介绍了使用下标法来引用数组元素,例如 a[i]表示数组中的第 i 个元素,那么 &a[i]表示第 i 个元素的地址。由于数组名 a 表示数组的起始地址,那么 a + i 就表示 a[i]的地址,如图 7.11 所示。

若有以下定义:

int a[10], *pa = a;

那么指针变量 pa 中存放 a[0]的地址,pa + i 也就是 a[i]的地址。根据以上分析,数组中第 i 个元素的地址有 4 种表示方法:&a[i]、&pa[i]、a + i、pa + i。对一维数组元素的地址作 * 运算,即可得到数组元素的内容,那么数组中第 i 个元素的值也有 4 种表示方法:a[i]、pa[i]、*(a + i)、*(pa + i)。

2. 指针变量的运算

指针变量可以作自增、自减、加减一个整数、两个指针变量相减等运算,但是不能对两个指针变量做相加或相乘运算。指针变量加上或减去一个整数 n,表示将指针变量当前所指向的内存地址增加(前进)或减小(后退)n 个单位,一个单位长度为指针变量所指向的变量的长度。如果是对于指向整型变量的指针变量,则一个单位长度为 2 个字节,以此类推,对于指向单精度实型变量的指针变量,一个单位长度为 4 个字节。指向一维数组的指针变量通过上述运算可以灵活地引用数组中的各个元素。

例如:

int a[10] = {0,1,2,3,4,5,6,7,8,9}, *p1, *p2, *pa;
p1 = a + 2;
p2 = a + 5;

这里指针变量 p1 和 p2 分别指向数组中的元素 a[2]和 a[5],*p1 表示 a[2],*p2 表示 a[5]。p1、p2、pa 可以作以下运算:

(1) p2 - p1:当 p1 和 p2 指向同一个数组时,p2 和 p1 作减法运算是有意义的,p2 - p1 的值为(a + 5) - (a + 2),也就是 3。

(2) p1[5]:可以表示为 *(p1 + 5),也就是 *(a + 2 + 5),表达式的值为数组元素 a[7]的值。

(3) *(p1 + 4):可以表示为 *(a + 2 + 4),即 *(a + 6),表达式的值为数组元素 a[6]的值。

(4) *p1 + 4:可以表示为 *(a + 2) + 4,表达式的值为数组元素 a[2]的值 + 4,即 6。

(5) pa = p1 ++:将指针变量 p1 的值赋给 pa,p1 指向下一元素。pa 指向 a[2],p1 指向 a[3],表达式的值为 a + 2。

(6) pa = ++ p1:先执行 p1 = p1 + 1,然后将其值赋给变量 pa,此时 p1 和 pa 均指向 a[3],表达式的值为 a + 3。

(7) *p1 ++:等价于 *(p1 ++),先作 *p1 运算,取出 a[2]的值,并将 a[2]的值 2 作为表达式的值,然后指针变量前进一个单位,指向 a[3]。

(8) *++p1:等价于 *(++p1),先作 ++ p1 运算,使指针变量指向 a[3],然后作 *p1 运算,取出 a[3]的值,表达式的值为 a[3]的值,即 3。

(9) ++*p1:等价于 ++(*p1),先作 *p1 运算,取出 a[2]的值,然后将 a[2]的值自增 1 变成 3,表达式的值也为 3。

3. 使用指针输入和输出数组元素

使用指针和下标都可以访问数组元素,那么就可以使用多种方法完成数组元素的输入

和输出,如下面的程序所示:

```
void main( )
{
    int a[10], i, * pa;
    pa = a;
    for(i = 0;i < 10;i + + )
        scanf("%d",pa + i);
    for(i = 0;i < 10;i + + )
        printf("%d", * (pa + i));
}
```

pa + i 可以修改为:→&pa[i] 或 a + i 或 &a[i]

* (pa + i) 可以修改为:→pa[i] 或 * (a + i) 或 a[i]

在这段程序中,虽然使用指针法来访问数组元素,但是指针变量 pa 的指向其实没有改变,始终指向的是数组元素 a[0],只是通过 pa + i 的方式来表示数组元素 a[i] 的地址。在完成数组的输入和输出的 for 循环中,都是通过变量 i 来控制循环的,如果使用指针变量 pa 来控制 for 循环,那么完成数组元素输入和输出的程序可以修改如下:

```
void main( )
{
    int a[10], i, * pa;
    for(pa = a;pa < a + 10;pa + + )
        scanf("%d",pa);
    for(pa = a;pa < a + 10;pa + + )
        printf("%d", * pa);
}
```

此程序的第一个 for 循环用于数组元素的输入。for 循环的第一个表达式让指针变量 pa 指向数组的起始元素 a[0],当完成 a[0]元素的输入后,执行 pa + + ,pa 指向下一个元素,继续进行其他数组元素的输入。由于数组最后一个元素的地址为 a + 9,因此当 pa 指针为 a + 10 时,循环终止。

程序的第二个 for 循环用于数组元素的输出,要注意的是在执行第二个 for 循环之前,要将 pa 的值重新设置为数组的首地址,否则循环将无法执行。这是因为退出第一个 for 循环时,pa 的值为 a + 10,不满足循环条件 pa < a + 10。

指针变量和数组名的区别:指针变量可以作自增、自减、赋值运算,数组名则不可以,因为数组名是数组的首地址,而一个数组的首地址在整个程序运行期间是不能发生改变的,数组名相当于一个地址常量,常量是不能作赋值运算的。

【例 7.5】　使用指针编程实现例 5.3 的查找元素问题:给定一个包含 10 个整数的序列,在该序列中查找元素 m。若查找成功,则输出该元素第 1 次出现的位置;若查找不成功,输出"not found"。

问题分析

和例 5.3 分析的解题思路类似,只是这里使用指针来解决此问题。首先需要定义一个指向数组首元素的指针变量 p,若 * p = m,则输出相应的位置;若 * p! = m,则让指针变量 p 指向下一个数组元素(即前进一个单位),继续检查其他元素。当检查到数组的最后一个元素和 m 也不相等时,则输出"not found"。

程序代码

```
void main( )
{
    int a[ 10 ] ,m,flag, * p;
    flag = 0;                        /* 将 flag 变量设置为标志 */
    printf( "please input 10 integers:\n" ) ;
    for( p = a;p < a + 10;p + + )    /* 使用指针完成数组的输入 */
        scanf( "% d" ,p) ;
    printf( "please input m:" ) ;
    scanf( "% d" ,&m) ;              /* 输入需查找的元素 m */
    for( p = a;p < a + 10;p + + )
        if( * p == m)                /* 判断指针指向的元素是否与 m 相等 */
        {
            printf( "the plale of m is:% d" ,p - a + 1) ;
                                     /* 数组下标从 0 开始,因此 m 对应位置应是 p - a + 1 */
            flag = 1;                /* 若查找到元素 m,修改标志变量 */
            break;
        }
    if( flag == 0)                   /* 没有找到元素 m,输出提示信息 */
    printf( "not found" ) ;
}
```

【例 7.6】　使用指针编程实现例 5.4 的问题:输入 6 个整数, 将这 6 个数按逆时针顺序转动一次后再输出。

问题分析

定义指针变量 p 指向数组的起始元素,然后将 p 指向的元素(* p)放到变量 t 中,再将下一个数组元素挪到 p 当前指向的位置,之后指针变量 p 前进一个单位(即指向下一个数组元素),此操作重复执行,直至数组中最后一个元素的值挪动到前一个位置为止;最后将存放在变量 t 中的首元素放入数组的最后位置,如图 7.12 所示。

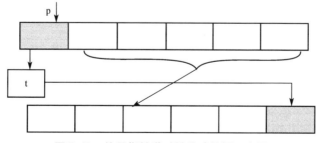

图 7.12　使用指针逆时针移动数据示意图

程序代码

```
void main( )
{
    int i,t,a[6], * p = a;
    printf( "Input 6 integers: \n" );
    for( i = 0; i < 6; i ++ )
        scanf( "% d", p + i );
    t = * p;
    for( ; p < a + 5; p ++ )
        * p = * ( p + 1 );
                    / * 将指针 p 指向的下一个位置的元素移动到指针 p 指向的位置 * /
    * p = t;        / * 将首元素放置到数组的最后一个位置 * /
    printf( "After rotation: \n" );
    for( p = a; p < a + 6; p ++ )
    printf( "%-5d", * p );
}
```

7.2.2　指针与二维数组的联系

要用指针处理二维数组,首先要解决从存储的角度对二维数组的认识问题。二维数组在计算机中存储时,是按行存储的,即先存储第 0 行的元素,再存储第 1 行的元素。当把每一行看作一个整体,即作为一个大的数组元素时,原来的二维数组也就变成一个一维数组了。而每个大数组元素对应原来二维数组中的一行,称为行数组元素,显然每个行数组元素都是一个一维数组。

1. 行指针和列指针

假设有一个二维数组 a,它有 3 行 4 列。我们可以把二维数组 a 看成由 a[0]、a[1]、a[2]三个元素组成的一维数组,而 a[0]、a[1]、a[2]每个元素又分别是由 4 个整型元素组成的一维数组,如图 7.13 所示。

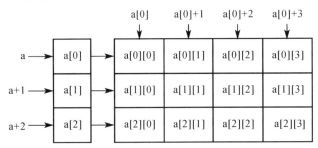

图 7.13　二维数组 a 的组成形式示意图

在一维数组中,数组名表示数组的起始地址,对于二维数组而言数组名同样表示数组的起始地址。由于二维数组由行列组成,因此数组元素的地址表示方式比一维数组要复杂得多,这里可以分成行指针和列指针两大类:

(1)行指针:由 a[0]、a[1]和 a[2]三个元素组成的一维数组,它们的数组名为 a,那么 a

表示第一个元素 a[0] 的地址(&a[0]),而 a+1 和 a+2 分别是 a[1] 和 a[2] 的地址。这里 a 和 &a[0] 的值相同,它们表示二维数组第 0 行的地址。由此可知,a+i 和 &a[i] 的值相同, 表示二维数组第 i 行的地址,此类地址均属于行指针。

(2) 列指针:二维数组的每行由 4 个元素组成,每行的 4 个元素组成一个数组,而 a[0]、 a[1]、a[2] 可以看成每行的一维数组名。由于数组名代表数组首元素的地址,因此 a[0] 代 表第 0 行一维数组首元素 a[0][0] 的地址,即 &a[0][0]。由此可知,a[0] 和 &a[0][0] 的 值相同,表示第 0 行第 0 列元素的地址。表达式 a[0]+1 代表下一个元素 a[0][1] 的地址 (&a[0][1]),表达式 a[0]+2 代表 a[0][2] 的地址(&a[0][2])。由此可知 a[0]+j 与 &a[0][j] 的值相同。

推而广之,a[i] 指向第 i 行的首元素 a[i][0],a[i] 和 &a[i][0] 都表示第 i 行第 0 列元 素的地址。第 i 行第 j 列元素的地址可以表示为 &a[i][j]、a[i]+j。当指针表示的是二维 数组元素的地址时,这类地址均属于列指针。

下面来讨论二维数组中这两类指针的关系。考虑 a[i] 的双重身份:一方面 a[i] 是二维 数组这个特殊一维数组的一个元素,它的地址可以表示为 &a[i];另一方面 a[i] 又是这一行 一维数组的数组名,是这个一维数组首元素的指针。因此从数值的角度来看,a+i、&a[i]、 a[i]、*(a+i) 和 &a[i][0] 这 5 个表达式的值是相同的,但是前两个表达式表示的是二维 数组第 i 行的行指针,而后三个表达式表示的是二维数组第 i 行第 0 列的列指针。若对行指 针 a+i 作 * 运算,可得到列指针 *(a+i);对列指针继续做 * 运算,可得到 **(a+i),即数 组元素 a[0][0]。

从上面的分析中,可以得到以下等价关系:

① 第 i 行的指针:a+i⇔&a[i]

② 第 i 行第 j 列的指针:*(a+i)+j⇔a[i]+j⇔&a[i][j]

③ 第 i 行第 j 列的元素:a[i][j]⇔*(a[i]+j)⇔*(*(a+i)+j)

2. 指向列的指针变量

指向列的指针变量存放的是列地址,它指向二维数组的元素,其定义方式和指针变量相 同,如有以下定义:

```
int a[3][4], *pa, *pb;
pa = &a[0][0];
pb = pa+5;
```

这里指针变量 pa 指向二维数组第 0 行第 0 列的元素 a[0][0],*pa 即为元素 a[0][0]。 指针变量 pb 的值为 pa+5,表示指针 pa 后移 5 个元素,即指向元素 a[1][1],*pb 即 为 a[1][1]。

变量 pa 和 pb 为指向列的指针变量,因此只能被赋列指针,不能使用行指针对其进行赋 值。读者一定要理清行指针、列指针和数组元素三者之间的关系。

若有赋值语句:

```
pa = a[0];
pa = &a[0];
```

那么第一条赋值语句是正确的,a[0]表示的是第 0 行第 0 列的地址,而第二条赋值语句是错误的,因为 &a[0] 为行地址。

3. 指向行的指针变量

二维数组的每行可以看成由若干个元素组成的一维数组,二维数组的行指针表示的是行方向的地址,那么指向行方向的指针和指向列方向的指针是有区别的,其定义方式也不同。指向由 n 个元素组成的一维数组的指针变量的定义形式为:

数据类型　(*指针变量名)[n];

定义时数据类型必须与指向的数组的类型一致,方括号中的 n 是一个整型常量,必须与指向的二维数组的列数一致。

例如:

int a[3][4],(*pa)[4];

pa = a;

这里将二维数组名 a 赋值给指针 pa,那么指向二维数组的第 0 行。由于 pa 为指向行的指针,因此只能将行指针赋值给 pa。下面来分析以下表达式:

(1) pa = &a[0]:pa 指向二维数组首元素,为行指针。

(2) *pa:表示数组首元素地址。

(3) *pa +2:表示数组元素 a[0][2] 的地址,即 &a[0][2]。

(4) *(pa +2):表示数组元素 a[2][0] 的地址,即 &a[2][0]。

(5) *(pa +2) +2:表示数组元素 a[2][2] 的地址,即 &a[2][2]。

(6) *(*(pa +2) +2):表示数组元素 a[2][2] 的值。

(7) ++pa:表示指针变量前进一行,相当于 &a[1]。

(8) ++a:不合法的表达式,因为二维数组名是指针常量,不能进行自增操作。

4. 使用指针完成二维数组元素的输入和输出

下面的程序 A 和程序 B 分别使用列指针和行指针完成二维数组元素的输入和输出,如图 7.14 所示。

```
/*程序 A*/
void main()
{
    int a[3][4], *pa;
    for(pa = a[0];pa < a[0] +12;pa ++)
        scanf("%d",pa);
    for pa = a[0];pa < a[0] +12;pa ++)
        {
            if((pa - a[0])%4 ==0)
                printf("\n");
            printf("%d",*pa);
        }
}
```

```
/*程序 B*/
void main()
{
    int a[3][4],j,(*pb)[4];
    for(pb = a;pb < a +3;pb ++)
        for(j =0;j <4;j ++)
            scanf("%d", *pb +j);
    for(pb = a;pb < a +3;pb ++)
        {
            for(j =0;j <4;j ++)
                printf("%d", *(*pb +j));
            printf("\n");
        }
}
```

图 7.14　使用行指针和列指针完成二维数组的输入和输出

　　程序 A 中,pa 定义为列指针变量,其初值为 a[0],指向数组第 0 行第 0 列的元素。当执行 pa ++时, pa 后移,指向下一个元素。a[0] +12 表示数组最后一个元素 a[2][3] 的下一个地址,当 pa 指向该位置时,表示数组中所有元素已经访问结束。程序中的两个 for 循环分别完成数组元素的输入和输出。第二个 for 循环中 if 语句的作用是输出 4 个数据后换行。

　　程序 B 中,pb 定义为行指针变量,其初值为 a,指向数组的第 0 行。第一个嵌套的 for 循环用于完成二维数组元素的输入,外层循环表示指针 pb 指向数组的各行,内层循环通过变量 j 表示数组的各列。pb 的初值为 a,那么 *pb +j 表示第 0 行第 j 列的地址,利用 scanf 函数完成第 0 行所有元素的输入。当执行 pb ++时,pb 前进一行,指向数组的第 1 行,通过内层关于 j 的循环,即可完成第 1 行所有元素的输入。此过程不断重复,直至二维数组所有行完成输入。第二个嵌套的 for 循环用于数组元素的输出,其执行过程和第一个 for 循环相同。

　　【例 7.7】　使用指针编程实现例 5.6 的问题:从键盘给 4×4 整型矩阵输入数据,并求出该矩阵中的最大值。

　　问题分析

　　使用指针求解二维数组的最大值,需要定义一个指向二维数组元素的指针变量(如 p)和一个指向最大值的指针变量(如 pmax)。首先将指针变量 p 和 pmax 初始化为数组元素 a[0][0] 的地址,然后通过循环使指针变量 p 依次指向数组中的每个元素,判断数组中的每个元素和指针变量 pmax 指向的元素的大小关系。若指针变量 p 所指向的元素大于 pmax 指向的元素,则将 pmax 的值改为 p 的值。

　　程序代码

```
#define N 4
void main( )
{
    int a[N][N], *p, *pmax, *pend;
    pend = a[0] + N * N - 1;              /*指针 pend 指向二维数组的最后一个元素*/
    printf("please input the data of array:\n");
    for(p = a[0];p <= pend;p ++ )         /*实现二维数组元素的输入*/
        scanf("%d",p);
    pmax = a[0];
    for(p = a[0];p <= pend;p ++ )         /*使指针 pmax 指向数组中的最大值*/
        if(*p > *pmax)pmax = p;
    printf("MAX = %d\n", *pmax);
}
```

　　代码分析

　　(1) 程序中定义的指针变量 p、pmax 和 pend 都是列指针,它们均指向二维数组的元素。pend 变量中存放数组最后一个元素的地址,由于二维数组的大小是 N * N,pend 的值为 a[0] + N * N - 1,也可以表示为 &a[N-1][N-1]。

　　(2) 第一个 for 循环用于实现数组元素的输入,当 for 循环结束后,指针变量 p 指向数组最后一个元素的下一个位置。当执行第二个 for 循环时,需要将指针变量 p 重新指向二维数组的起始位置,因此需要将 p 初始化为 a[0]。

运行结果(图 7.15)

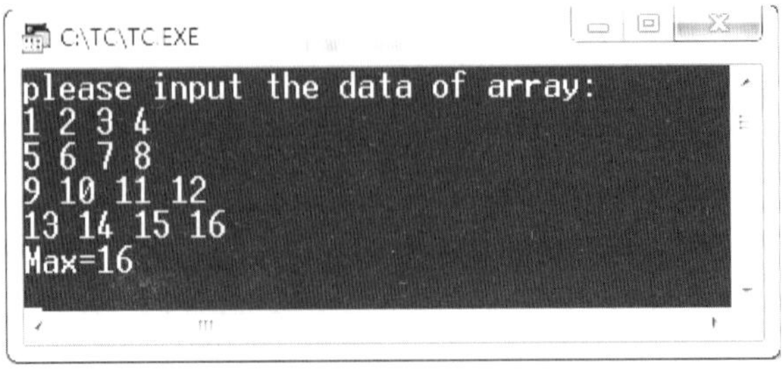

图 7.15　使用指针求矩阵最大值的程序运行结果

7.2.3　指向数组的指针作函数参数

函数参数的传递方式包含值传递和地址传递两种方式。在地址传递方式中,如果实参使用数组名作函数参数,形参定义为指向数组的指针变量,那么实参和形参之间可以完成正确的地址传递。

【**例 7.8**】　定义函数 compute,函数功能为计算 n 个学生的平均分,要求使用指针实现。程序的输入和输出部分在主函数中完成。

问题分析

要求解的问题是将 n 个数求和,然后计算出平均值。其实问题本身不复杂,只是要求使用指针来实现。这里可以使用数组来存放 n 个学生的成绩,然后调用函数 compute 来计算平均分。如何将主函数中 n 个学生的成绩传递给函数 compute? 方法有多种,比如第六章介绍的形参和实参都定义为数组,使得实参数组和形参数组共同占用一段内存空间。这里使用不同的方法,将形参定义为指针变量,用于接收数组的起始地址。

程序代码

```c
float compute( float  * s,int n)
{
    float ave,sum =0, * p;
    for( p = s;p < s + n;p ++ )                /* 计算总分 */
        sum +=* p;
    ave = sum/n;                               /* 计算平均分 */
    return( ave) ;
}
void main( )
{
    float score[ 50] ,average;
    int i,n;
    printf(" Please input the number of students( 1 ~ 50) :") ;
    scanf(" % d" ,&n) ;                        /* 输入学生人数 */
    for( i =0;i < n;i ++ )                      /* 输入学生成绩 */
        scanf(" % f" , score + i) ;
    average = compute( score,n) ;              /* 调用函数返回平均分,实参 score 为数组名 */
    printf(" The average score is % . 1f" ,average) ;
}
```

代码分析

（1）主函数中输入了学生人数 n，将 n 个学生的成绩存放到数组 score 中，通过语句"average = compute(score, n)；"调用函数 compute 完成平均分的计算。

（2）函数 compute 的第 1 个形参 s 为指针变量，调用函数 compute 时，实参数组 score 的起始地址传递给形参 s，那么指针变量 s 指向数组的起始元素。在 for 循环中，通过移动指针变量 s，不断将指针变量指向的元素(* p)累加到变量 sum 中。循环结束后，变量 sum 中存放了 n 个学生的总分。

运行结果（图 7.16）

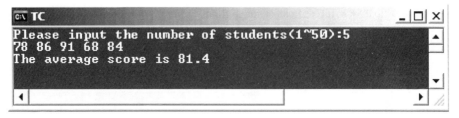

图 7.16　计算学生平均分程序的运行结果

在例 7.8 程序中调用函数时，实参为数组，形参为指针变量，除此调用方式外，以下三种方式均可：

（1）实参仍为数组，形参修改为数组，那么需要将函数 compute 的函数首部修改为：float compute(float s[ ]，int n)或 float compute(float s[50]，int n)，函数调用语句不需修改。

（2）实参修改为指针变量，形参仍为指针变量，那么需要对主函数做两处修改：

① 定义指向 score 数组起始地址的指针变量 a：

float score[50]，average，* a = score；

② 函数调用语句修改为：

average = compute(a, n)；

（3）实参修改为指针变量，形参修改为数组，那么和方式（2）一样在主函数中增加定义指针变量，同时修改形参的定义，如图 7.17 所示：

```
/* 程序中省略的代码和例 7.8 中的均相同 */
float compute( float s[ ], int n )
{
    …
}
void main( )
{
    float score[50], average, * a = score;
    …
    average = compute( a, n );
}
```

图 7.17　实参为指针变量，形参为数组的函数调用方式

【例7.9】 扩展例7.8中函数 compute 的功能。函数 compute 的功能为计算 n 个学生的平均分、最高分和最低分,要求使用指针实现。程序的输入和输出部分在主函数中完成。

问题分析

题目要求在函数 compute 中计算出平均分、最高分和最低分。求最大值和最小值问题在第五章中介绍过解题的思路,这里虽然使用指针,但方法还是类似的。本题目还有一个难点,即函数通过 return 语句只能带回一个返回值,那另外两个数据只能使用其他方法,这里可以考虑使用指针变量。

程序代码

```
float compute(float * s,int n,float * maxp,float * minp)
{
    float ave,sum = 0, * p;
    for(p = s;p < s + n;p ++ )
    {
        sum += * p;
        if( * p > * maxp) * maxp = * p;      /*修改最大值指针 maxp 指向的内容*/
        if( * p < * minp) * minp = * p;      /*修改最小值指针 minp 指向的内容*/
    }
    ave = sum/n;                             /*计算平均分*/
    return(ave);
}
void main( )
{
    float score[50],average,max = -1,min = 32767, * a;
    int i,n;
    printf("Please input the number of students(1 ~ 50):");
    scanf("% d",&n);                         /*输入学生人数*/
    for(a = score;a < score + n;a ++ )       /*输入学生成绩*/
    scanf("% f",a);
    a = score;
    average = compute(a,n,&max,&min); /*调用函数*/
    printf("average = %.1f,max = %.1f,min = %.1f",average,max,min);
}
```

代码分析

(1) 主函数中定义了指向数组起始位置的指针变量 a,然后通过 for 循环完成 n 个学生成绩的输入。当循环结束后,通过语句"a = score;"使指针重新指向数组的起始位置。

(2) 主函数中通过函数调用语句"average = compute(a,n,&max,&min);"将函数返回的平均分赋值给 average 变量,而最高分和最低分分别保存在 max 和 min 变量中。函数调用时,将第 1 个实参 a(数组的起始地址)传递给形参 s,那么形参变量接收到的是数组的起始地址;将第 2 个实参 n(学生的人数)传递给第 2 个形参;将第 3 个实参 &max(max 变量的地址)传递给形参 maxp,那么指针变量 maxp 指向实参的 max 变量;将第 4 个实参 &min(min 变量的地址)传递给形参 minp,那么指针变量 minp 指向实参的 min 变量。图 7.18 为形参指针变量的指向示意图。

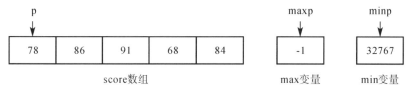

图 7.18　形参指针变量的指向示意图

(3) compute 函数中,通过 for 循环计算出最高分、最低分和平均分。指针变量 p 首先指向的是数组的起始元素,当指针变量 p 指向的数组元素的值大于指针变量 maxp 指向的变量的值时,需要修改 maxp 指向的变量的值,也就是修改实参变量 max 的值。循环体执行一次,指针变量 p 后移,继续判断数组中的其他元素与 * maxp 的关系。循环结束后, * maxp(max变量)中保存的即数组中的最大值。最低分的求解过程与最高分类似。

(4) 需要注意的是,主函数中 max 和 min 变量如果没被赋初值的话,compute 函数的 for循环在执行第一次循环时,无法将 * maxp、* minp 与 * p 进行比较。因此对 max 和 min 变量需要赋初值,如"max = - 1,min = 32767 ;"、"max = 0,min = 32767 ;"等。

运行结果(图 7.19)

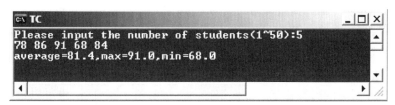

图 7.19　计算平均分、最高分和最低分程序的运行结果

【**例 7.10**】　改写例 7.7,要求:定义函数 findmax,函数功能为求二维数组中的最大值,程序的输入和输出部分在主函数中完成。

问题分析

自定义函数 findmax 来实现求解二维数组的最大值,需要考虑的是如何定义函数的形参,以保证主函数中可以正确地将实参传递给形参。由于主函数中需要将二维数组的数据传递给形参,因此可以采用地址传递方式,将二维数组名作为实参,形参可以定义为指向一维数组的行指针。

程序代码

```
#define N 4
int findmax( int ( * pa )[ N ] )
{
    int max,j, * p, * pend;
    max = * * pa ;                      /* 将数组第 0 行第 0 列的元素赋给 max 变量 */
    pend = * pa + N * N - 1 ;
```

```
      for( p = * pa;p < = pend;p + + )              / * max 变量存放二维数组中的最大值 * /
      if( * p > max) max = * p;
          return max;
  }
  void main( )
  {
    int a[ N] [ N] , * p,max;
    printf( "please input the data of array: \n") ;
    for( p = a[ 0] ;p < a[ 0] + N * N;p + + )        / * 实现二维数组元素的输入 * /
        scanf( "% d",p) ;
    max = findmax( a) ;
    printf( "MAX = % d\n",max) ;
  }
```

代码分析

（1）主函数中,使用列指针变量 p 完成数组元素的输入。调用 findmax 函数计算出二维数组的最大值,函数的实参为数组名,也就是第 0 行的地址。findmax 函数的形参为指向一维数组的行指针,可以正确接收到实参数组 a 的第 0 行的地址。

（2）findmax 函数中形参 pa 表示第 0 行的地址,max 变量的初值为 * * pa,表示二维数组第 0 行第 0 列的元素。指针变量 p 的初值为 * pa,表示二维数组第 0 行第 0 列的地址。指针变量 pend 的值为 * pa + N * N - 1,表示二维数组最右下角元素的地址。通过 for 循环,将指针变量 p 所指向的元素依次和 max 变量进行比较。循环结束后,max 变量中存放的即二维数组的最大值。

（3）findmax 函数的形参除了可以使用指向一维数组的指针外,也可以定义成二维数组的形式,如:

int findmax(int pa [N] [N]) 或 int findmax(int pa [ ] [N])

提醒读者注意的是:当使用数组作形参时,其第一维的长度可以省略。和一维数组作函数参数类似,数组名作为函数的参数时,它的本质是一个指针变量。

7.3　字符串与指针

了解了指针与一维和二维的数值型数组之间的关联后,下面来学习指针如何指向字符串,建立指针与字符串之间的联系。

7.3.1　字符指针变量的定义与初始化

所谓字符指针变量就是存放字符地址的变量,其定义形式为:

char *指针变量名;

例如:

char *str;

这里定义了字符指针变量 str,它可以指向某个字符,但究竟是哪个字符,这就需要给指针变量 str 赋值。指针变量必须先被赋值再使用,这个要点是使用指针时必须牢记的。

1. 字符指针变量的初始化

例如:

char * str = "goodbye";

该语句看似将字符串"goodbye"赋值给字符指针变量 str,但实际上字符指针变量 str 中存放的是字符串"goodbye"的起始字符'g'的地址,也就是这个字符串的首地址,即 * str 为字符'g',如图 7.20 所示。

可以这样来理解:字符指针变量只能存放字符地址,而不是整个字符串中所有字符的地址。在进行初始化时,之所以要写出整个字符串,是为了方便编译系统把整个字符串装入连续的一个内存单元,并以'\0'作为结束标志符。

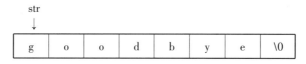

图 7.20　指向字符的指针变量 str

由图 7.20 可以看出,字符指针变量 str 指向字符'g',那么 str + 1 指向字符'o',依此类推,str + 7 指向字符串的结束标志符'\0'。

对于字符指针变量的赋值,也可以使用下面的方法,也就是先定义再赋值:

char * str;
str = "goodbye";

2. 字符串的输入和输出

在第五章中介绍了使用字符数组来完成字符串的输入和输出,下面来看一下使用字符指针变量如何实现。

(1) 字符串的输入。

使用字符指针完成字符串的输入,首先需要给字符指针变量赋值,也就是字符指针变量需要一个确定的指向,例如:

char ch[10], * str;
str = s;
scanf("%s", str);

该程序段利用格式控制符%s 完成字符串的输入,输入完成后,字符指针变量 str 指向输入的字符串的起始字符。

和字符数组类似,上面程序段中的"scanf("%s", str);"语句也可以替换成"gets(str);",也就是使用 gets 函数实现字符串的输入。至于两种方法的区别,在 5.4 节中已有详细介绍。

(2) 字符串的输出。

当字符指针变量指向某个字符串时,可以使用格式控制符%c、%s 或 puts 函数完成字符

串的输出,例如:

```
char  * str;
str = "goodbye";
printf("%s",str);                    /* 或 puts(str); */
```

该程序段执行后输出字符串"goodbye",也就是从字符指针变量 str 所指向的字符开始输出,直到'\0'。

如果使用格式控制符%c,那么程序代码如下:

```
char  * str = "goodbye";
for( ; * str! = '\0';str ++)
    printf("%c", * str);
```

该程序段中 for 循环体执行一次,字符指针变量 str 执行一次自增操作,指向下一个字符,直到指向'\0'时,循环结束,那么'\0'前的所有字符均可正确输出。

3. 字符指针变量和字符数组

字符指针变量和字符数组都可以用来处理字符串,两者有相似之处,但也有不同之处,读者一定要理解清楚,在编程时避免出错。

(1) 字符指针变量和字符数组都可以在定义的同时进行赋值。

例如:

```
char * str = "goodbye",ch[10] = "hello";
```

(2) 字符指针变量可以先定义再赋值,但字符数组不可以先定义再整体赋值。

例如:

```
char * str, ch[10];
str = "goodbye";    /* 正确的赋值语句 */
ch = "hello";    /* 错误的赋值语句,只能使用 strcpy(ch,"hello")完成字符数组的赋值 */
```

(3) 可以对字符指针变量进行赋值操作,但不可以对字符数组名进行赋值操作。

运行如图 7.21 所示的两段程序代码,左侧的程序 A 可以正确运行,输出字符串"bye",而右侧的程序 B 出错。

```
/* 程序 A */
void main( )
{
    char  * str = "goodbye";
    str = str + 4;
    printf("%s",str);
}
```

```
/* 程序 B */
void main( )
{
    char str[ ] = "goodbye";
    str = str + 4;
    printf("%s",str);}
```

图 7.21   字符数组和字符指针变量的比较

程序 A 定义了字符指针变量 str,当执行"str = str + 4;"后,str 存放的是字符'b'的地址,输出时从字符'b'开始输出,直至'\0',因此运行结果为"bye"。

程序 B 定义了字符数组 str,而数组名代表的是数组的首地址,相当于一个常量,因此在程序运行期间不能对数组名进行赋值操作,所以不能执行赋值语句"str = str + 4;",程序运行时会出错。

【例 7.11】　使用字符指针编程实现例 5.9 的判断回文字符串问题。所谓回文就是相对中心左右对称的字符串。如字符串"ababcbaba"和"abddba"是回文,而字符串"abcaa"不是回文。

问题分析

回文字符串的判断规则是:相对于字符串的中间位置,左右两边的字符串对称。具体的步骤是:

(1)定义字符指针变量 start、end 和 mid,它们分别指向字符串的起始位置、末尾位置和中间位置,如图 7.22 所示。

(2)比较指针 start 和 end 指向的字符是否相同。若不同,算法结束,说明该字符串不是回文;若相同,指针 start 后移(即进行自增操作),指针 end 前移(即进行自减操作),然后继续执行步骤(2),直到字符指针 start 或 end 移动到字符指针 mid 处,可判断出该字符串是回文。

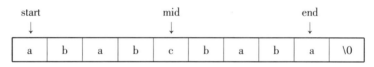

图 7.22　回文判断比较示意图

程序代码

```c
#include < stdio. h >
#include < string. h >
void main( )
{
    char str[50], * start, * end, * mid;
    int n;
    printf("please input a string : ");
    gets(str);
    n = strlen(str);
    mid = str + n/2;                          /*初始化指向中间字符的指针*/
    end = str + n - 1;                        /*初始化指向末尾字符的指针*/
    for(start = str;start < mid; start ++ ,end -- )      /*比较到字符串的中间位置*/
        if(* start! =* end)          /*若首尾字符指针指向的字符不同,提前跳出循环*/
            break;
    if(start < mid)                          /*如果提前跳出循环,那么不是回文*/
        printf("It is not a palindrome\n");
    else
        printf("It is a palindrome\n");
}
```

7.3.2　字符指针作函数参数

【例 7.12】　定义函数 palindrome,函数功能为判断字符串是否是回文,若字符串是回文,则返回 1,否则返回 0。程序的输入和输出部分在主函数中完成。

问题分析

在例 7.11 的程序代码中,判断回文字符串的功能是在主函数中实现的,现使用自定义函数来实现,那么需要考虑的是函数的形参和函数的返回值。将字符指针作为形参,函数的返回值为 int 类型,将例 7.11 中主函数的相关功能代码挪到函数 palindrome 中。

程序代码

```c
#include < stdio. h >
#include < string. h >
int palindrome( char * string)
{   int n = strlen( string);
    char * start, * end, * mid;
    mid = string + n/2;                  /*初始化指向中间字符的指针*/
    end = string + n - 1;                /*初始化指向末尾字符的指针*/
    for( start = string;start < mid; start ++ ,end -- )    /*比较到字符串的中间位置*/
        if(* start! =* end)              /*若不是回文,返回 0*/
            return 0;
    return 1;                           /*若是回文,返回 1*/
}
void main( )
{
    char str[50];
    int flag;
    printf("please input a string : ");
    gets( str);
    flag = palindrome( str);             /*调用 palindrome 函数,判断是否是回文*/
    if( flag ==0)
        printf("It is not a palindrome\n");
    else
        printf("It is a palindrome\n");
}
```

代码分析

(1) 主函数中通过语句"gets(str);"完成字符串的输入,然后调用 palindrome 函数来判断 str 数组中存放的是否是回文字符串,将函数的返回值赋给变量 flag。调用语句为"palindrome(str);",这里的实参是数组名,采用的是地址传递方式,也就是将数组起始地址传递给形参的字符指针变量 string,使字符指针变量 string 指向数组的起始字符。

(2) 在函数的执行过程中,若遇到 return 语句,函数调用结束。因此在自定义函数 palindrome 中,当判断出字符串不是回文时,没有使用例 7.11 的方法(使用 break 语句跳出循环），而是直接使用"return 0;"结束函数的调用。在执行 for 循环时，若不是回文，那么函数将返回 0，调用结束。当 for 循环结束，说明字符串是回文，函数将返回 1。

（3）palindrome 函数采用的是字符指针变量作形参，其实也可以使用字符数组作形参。那么其函数首部可以写成"int palindrome(char string[ ])"或"int palindrome(char string[50])"。但读者需要牢记，形参数组是指针变量，而不是常量，因此可以对其进行自增、自减操作。

【例 7.13】　定义函数 digit，函数功能为依次取出字符串中所有数字字符，形成新的字符串并取代原字符串，程序的输入和输出部分在主函数中完成。例如原字符串为"n3a6nji9ng7"，那么提取出的数字字符串为"3697"。

问题分析

题目要求提取原字符串中的数字字符，那么需要对字符串的字符依次进行判定，判定其是否为数字字符。问题的关键在于，当某字符为数字字符时，不能将数字字符真正地"提取"出来放到另一字符数组中（因为题目要求是以新的字符串取代原字符串），只能在原来的字符串中处理。

问题的求解思路是：定义字符指针变量 p 和 q，p 指向数字字符待插入的位置，q 通过循环依次指向字符串中的每个字符。若指针变量 q 指向的字符为数字字符时，就将该数字字符赋给指针变量 p 所指向的位置，同时 p 后移（后移之后的位置为下一个数字字符存放的位置），q 也后移一个元素。当字符串中的所有字符检查完毕，字符串中只保留了数字字符。

如图 7.23（a）所示，指针变量 q 指向数字字符'3'时，那么将 q 指向的字符'3'赋给 p 指向的位置，也就是 * p = * q，然后指针变量 p 和 q 分别后移（如图 7.23（b）所示）。在图 7.23（b）中，q 指向的字符为非数字，那么 q 后移，p 的指向不变（如图 7.23（c）所示）。

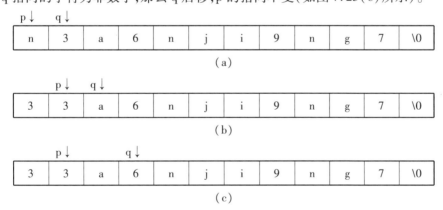

图 7.23　指针 p 和 q 的移动示意图

程序代码

```
#include <stdio.h>
void digit(char * string)
{
    char * p, * q;
    p = q = string;
```

```
        for( ; * q! = '\0';q ++ )              / * 从字符串首字符开始循环,直至字符串末尾 * /
          if( * q > = '0'&& * q < = '9')  / * 若指针 q 指向的字符为数字字符,则修改指针 p * /
            {
              * p = * q;
              p ++ ;
            }
        * p = '\0';        / * 添加字符串结束标志符 * /
    }
    void main( )
    {
      char str[ 50 ] ;
      printf( "please input a string : " ) ;
      gets( str ) ;
      digit( str ) ;          / * 调用 digit 函数 * /
      printf( "digit string: " ) ;
      puts( str ) ;
    }
```

代码分析

(1) 主函数中调用 digit 函数,函数实参为字符数组名,也就是将字符数组的起始地址传递给形参,使得形参字符指针变量也指向字符串的起始字符。

(2) digit 函数中,循环开始时指针变量 q 指向字符串的首字符,循环结束时指向'\0',那么 for 循环的执行次数和字符串的长度相同。循环每执行一次,判定指针变量 q 指向的是否为数字字符,若是,就将该数字字符赋给指针变量 p 所指向的位置;若不是,指针变量 q 后移,继续完成其他字符的判定。

(3) digit 函数的 for 循环结束后,指针变量 p 指向的是提取出来的最后一个数字字符的下一个位置,如图 7.24 所示,因此需要使用" * p = '\0'; "语句添加字符串结束标志符,否则程序输出的字符串为"3697nji9ng7",而不是"3697"。

图 7.24　for 循环结束时指针的指向示意图

运行结果(图 7.25)

图 7.25　提取数字字符串程序的运行结果

7.4　函数与指针

本章介绍了使用各种指针作函数的参数,如指向变量的指针、指向一维数组的指针、指向二维数组的指针、指向字符串的指针等。其实,函数与指针之间还有很多的联系,如指向函数的指针和返回值为指针类型的函数。

7.4.1　指向函数的指针

程序在编译时会给变量、数组等分配内存空间,其实函数在编译时也被分配了一个入口地址,该函数就占用从这个入口地址开始的一段连续的内存区域,这个入口地址就称为函数的指针。和数组名代表数组的起始地址一样,函数名代表该函数的入口地址。存放函数入口地址的变量称为指向函数的指针变量,其定义的一般形式为:

数据类型　(∗指针变量名)();

说明:

(1) 这里的"数据类型"是指函数返回值的类型。

(2) "∗指针变量名"两边的括号不能丢掉。

例如:

int　(∗pf)();

表示 pf 是一个指向函数的指针变量,被指向的函数的参数个数与类型不限定,只要该函数的返回值为整型就行。如果希望与函数原型相对应,也可以如下定义指向函数的指针变量:

数据类型　(∗指针变量名)(参数类型说明);

在该定义方式中,指针变量所指向的函数的参数个数与类型需要明确指定,例如:

float　(∗pf)(int,int);

用指向函数的指针变量调用函数时,只需将"(∗指针变量名)"代替函数名即可。

【例 7.14】　求整型变量 a 和 b 中的大者,要求使用指向函数的指针来实现。

问题分析

对于比较大小的问题,学习第三章后就可以编程实现了,只是这里要求使用指向函数的指针来实现。这里首先定义一个指向函数的指针变量 pf;然后将函数指针 max 赋给它,这样指向函数的指针变量就指向了 max 函数;最后用(∗pf)来调用 max 函数。

程序代码

```
int max(int x,int y)
{
    int z;
    if(x>y)
        z=x;
    else
        z=y;
```

```
    return z;
  }
void main( )
  {
    int a,b,c;
    int (* pf)( );
    pf = max;
    scanf("%d,%d",&a,&b);
    c = max(a,b);                         /* 用函数名调用函数 */
    printf("a = %d,b = %d,max = %d\n",a,b,c);
    c = (* pf)(a,b);                      /* 用指向函数的指针变量调用函数 */
    printf("a = %d,b = %d,max = %d\n",a,b,c);
  }
```

运行结果(图7.26)

图 7.26 例 7.14 程序的运行结果

7.4.2 返回指针的函数

定义函数时,函数可以通过 return 语句带回返回值。一个函数可以返回一个整型值、字符型值、实型值等,当然也可以返回指针型数据。若函数的返回值为指针,那么函数首部的定义形式为:

类型名 * 函数名(参数表列)

例如:

```
int * fun(int a,int b)
  {
    …                      /* 函数体 */
  }
```

其中,fun 是函数名,函数名前面的 * 表示函数的返回值是指针, * 前面的 int 表示返回的指针是指向整型变量。

【**例 7.15**】 程序功能同例 7.10:定义函数 findmax,函数功能为求二维数组中的最大值。要求:① findmax 函数的返回值类型为指针;② 程序的输入和输出部分在主函数中完成。

问题分析

题目要求 findmax 函数的返回值为指针型,那么需要将例 7.10 中的整型变量 max 定义为指针变量,然后将 max 指针作为函数的返回值。

程序代码

```
#define N 4
int  * findmax(int   (* pa)[N])
{
    int  * max,j, * p, * pend;
    max = * pa;                        /* 将数组第 0 行第 0 列的元素地址赋给 max */
    pend = * pa + N * N - 1;
    for(p = * pa;p <= pend;p ++)       /* 使指针 max 指向数组中的最大值 */
    if(* p > * max) max = p;
        return max;
}
void main( )
{
    int a[N][N], * p, * max;
    printf("please input the data of array:\n");
    for(p = a[0];p < a[0] + N * N;p ++)    /* 实现二维数组元素的输入 */
        scanf("% d",p);
    max = findmax(a);                       /* 将函数的返回值赋给 max 变量 */
    printf("MAX = % d\n", * max);
}
```

代码分析

(1)本例的 findmax 函数中,max 为指向整型变量的指针,若指针变量 p 指向的二维数组元素大于 max 指向的元素,则修改 max 的值。

(2)例 7.10 中调用 findmax 函数时,返回的 max 变量值表示二维数组的最大元素值,而本例中调用 findmax 函数,返回的 max 变量值表示二维数组的最大元素的地址。因此主函数中 printf 函数输出的数据为 * max。

【例 7.16】 有一个班,3 个学生,各学 4 门课,求第 n 个学生的成绩。要求自定义函数的返回值类型为指针。

问题分析

存储 3 个学生、4 门课的成绩可以使用二维数组。由于二维数组有行指针和列指针之分,因此这里需要谨慎。题目要求输出第 n 个学生的成绩,因此用户自定义函数可以将第 n 行第 0 列的元素的地址作为函数的返回值。

程序代码

```
int   * search(int   (* arr)[4],int n)
{
    int  * pt;
    pt = * (arr + n);                 /* 要把行指针转换为第 n 行第 0 列的指针 */
    return pt;
```

```
    }
    void    main()
    {
        int score[3][4],*p,i,j,n;
        printf("Please input the score of students:\n");
    for(i=0;i<3;i++)                        /*学生成绩的输入*/
        for(j=0;j<4;j++)
        scanf("%d",&score[i][j]);
        printf("Please input n:");
            scanf("%d",&n);
        p=search(score,n-1);                /*将函数的返回值赋给p变量*/
        printf("the score of No.%d are:",n);
        for(i=0;i<4;i++)
        printf("%d ",*(p+i));               /*输出n行的各列元素*/
    }
```

代码分析

（1）主函数中首先利用 scanf 函数给二维数组元素输入数据,然后输入 n。调用 search 函数时,函数的第一个实参为二维数组名,也就是将二维数组的第 0 行的地址传递给形参,因此 search 函数的第一个形参可以定义为指向一维数组的指针或二维数组。

（2）scarch 函数的返回值类型为指针,因此函数首部中,函数名前面的 * 不能省略。由于形参 arr 接收的是第 0 行的地址,因此 arr + n 表示第 n 行的地址,而 pt = *(arr + n)表示的是第 n 行第 0 列的地址。

运行结果(图 7.27)

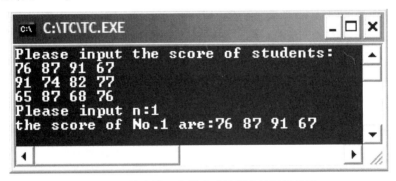

图 7.27　输出第 n 个学生成绩程序的运行结果

7.5　指针数组和多级指针

7.5.1　指针数组

一个数组中的元素均为指针类型,则称这个数组为指针数组。一维指针数组的定义形式为:

数据类型　*数组名[数组长度];

例如：

int ＊p[4]；

这个语句定义了长度为 4 的一个指针数组,数组中的每个元素都是一个指针变量,都可以指向一个整型变量。注意其与定义指向 4 个元素组成的一维数组的指针变量的区别。

例如：

int 　(＊p)[4]；

这个语句定义了一个指针变量 p,这个指针变量可以指向一个长度为 4 的一维整型数组。

指针数组通常用于处理多个字符串,而二维数组也可以存储多个字符串。下面讨论用二维字符数组和一维字符指针数组处理多个字符串的问题。

例如：

char str[3][10] = {"Japan","China","Russian"}；
char ＊pstr[3] = {"Japan","China","Russian"}；

第一行定义了一个二维数组来存放 3 个字符串,程序编译时系统给数组 str 分配了 3 × 10 个字节的存储空间。第二行定义了一个指针数组来存放字符串的指针,数组 pstr 中每个元素都是一个指向字符串的指针,如图 7.28 所示。

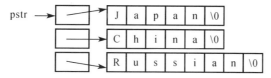

图 7.28　二维数组和指针数组的存储示意图

与二维数组相比,指针数组存储多个字符串的优点是指针数组中每个元素存放的是字符串首地址,并不存储字符本身,因此各个字符串的长度可以不受限制。

【例 7.17】 根据数字 n 输出星期几,要求使用指针数组实现。例如 n = 5,则输出星期五对应的英文"Friday"。

问题分析

本题可以定义一个指针数组,数组中的元素分别存储 7 个字符串的起始地址,然后通过指针数组元素来输出相应的字符串。

程序代码

```
void main( )
{
```

```
char * weekday[7] = {"Monday","Tuesday","Wednesday","Thursday","Friday",
"Saturday","Sunday"};           /*定义并初始化指针数组*/
int n;
printf("n is:");
scanf("%d",&n);
if(n>=1&&n<=7)
    printf("It is %s",weekday[n-1]);
else
    printf("Error");
}
```

运行结果(图 7.29)

图 7.29　判断星期几程序的运行结果

7.5.2　多级指针

前面介绍的指针都是一级指针,一级指针是直接指向数据对象的指针,一级指针变量中存放的是数据对象的地址,如图 7.30 中的变量 p。二级指针是指向指针的指针,它并不直接指向数据对象,而是指向一级指针变量,二级指针变量中存放的是一级指针变量的地址,如图 7.30 中的变量 pp。三级指针是指向指针的指针的指针,它指向的是二级指针变量,三级指针变量中存放的是二级指针变量的地址,如图 7.30 中的变量 ppp。其他的多级指针以此类推。

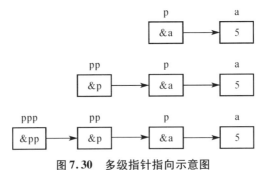

图 7.30　多级指针指向示意图

二级指针的定义形式为:

基类型 **指针变量名;

其中,指针变量名前有两个 *,表示是一个二级指针。

例如,有以下定义:

int a = 5, * p, ** pp;

p = &a;

pp = &p;

此时一级指针变量 p 存放的是变量 a 的地址,即它指向了变量 a;二级指针变量 pp 存放了一级指针变量 p 的地址,即它指向了一级指针变量 p,如图 7.30 所示。所以对变量 a 的访问有三种形式:a、* p 和 ** pp,三者是等价的。

这里很容易犯的错误是:

pp = &&a;

认为对变量 a 进行两次取地址运算,就得到了指向这个变量的二级指针。实际上,&a 是变量 a 的地址,所以是一个常量,而常量不能作取地址运算。一般情况下,二级指针变量必须与一级指针变量配合使用才有意义,因为二级指针变量存放的是一级指针变量的地址,不能将二级指针变量直接指向数据对象。

【例 7.18】 用二级指针变量访问一维数组,分析程序的运行结果。

```
void main( )
{
    int num[5] = {10,20,30,40,50};
    int * a[5], ** p,i;
    p = a;
    for( i = 0;i < 5;i ++ )
        a[i] = num + i;
    for( i = 0;i < 5;i ++ )
        printf(" % d ", ** p ++ );
}
```

代码分析

(1) 程序中 num 为一维整型数组,a 为指针数组,p 为二级指针变量。p = a 表示将 a 数组的起始地址存放到二级指针变量 p 中,那么指针变量 p 指向 a 数组。

(2) 程序中的第一个 for 循环将一维数组第 i 个元素的地址存放到指针数组元素 a[i] 中,这样指针数组元素与 num 数组元素建立了指向关系。程序的初始化情况如图 7.31 所示,然后通过二级指针变量的移动来访问数组 num 中的元素。

(3) 第二个 for 循环体的输出项 ** p ++ 可以理解为 ** (p ++),先作 ** p 运算,然后指针变量 p 作 ++ 运算。第一次循环时,p 的值为 a,* p 的值为 a[0],而 a[0] 的值为 &num[0],因此 ** p 的值为 num[0],即 10,这样就输出 num[0] 的值。接着 p 指向下一个数组元素 a[1],以此类推,就可以输出 num 数组中的所有元素。

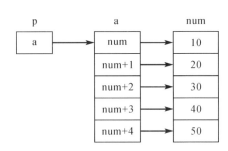

图 7.31　例 7.18 中各变量之间的指向关系

运行结果(图 7.32)

图 7.32　例 7.18 程序的运行结果

7.5.3　main 函数的形参

前面用到的 main 函数一般写成

void main( )

是一个无参函数。但是,main 函数也可以有形参,其函数原型为

void main(int argc,char * argv[ ]) ;

其中,整型变量 argc 用来记录命令行参数的个数,字符型指针数组 argv 用来接收命令行的各个参数的起始地址。

一般地,把操作系统状态下为执行某个程序或命令而键入的一行字符称为命令行。通常命令行含有可执行文件名和若干参数。命令行的一般形式为:

命令名　参数 1　参数 2　…　参数 n

命令名和各参数之间用空格分隔。命令名是 main 函数所在文件的文件名。

【例 7.19】　有一个含有带参数 main 函数的 c 文件,文件名为"file1. c",程序清单为:

```
void main( int argc,char  * argv[ ])
{
    while( argc >0)
    {
    printf( "% s\n" , * argv ++ ) ;
    argc -- ;
    }
}
```

经过编译连接后,生成一个可执行文件 file1. exe,保存在 D 盘根目录下,然后在 DOS 命令行输入命令行参数：

file1 nan lin

按回车键运行该程序，程序输出情况如图7.33所示。

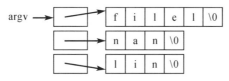

图7.33　命令行参数程序的运行结果

说明：DOS操作系统首先自动计算出全部命令行参数的个数（包括命令本身，此例中为file1）为3，并保存在第一个形参argc中。同时，把第一个字符串"file1"的指针存放在argv[0]中，把第二个字符串"nan"的指针存放在argv[1]中，把第三个字符串"lin"的指针存放在argv[2]中，如图7.34所示。

图7.34　指针数组argv指向的命令行参数

7.6　编程实战

【例7.20】　将一个正整数n(0～32767)转换成二进制数，要求使用指针编程实现。

问题分析

由于正整数n的值在0～32767范围内，属于int型数据的取值范围，因此n转换成二进制数后不超过16位，这里定义一个数组b用于存放转换后的二进制数据，然后用指针p指向该数组的起始位置。

十进制数转换成二进制数的方法是"除2逆序取余数"，求解步骤是：

（1）将十进制数先除以2，指针变量p所指向的元素为得到的余数，指针变量p后移。

（2）上步中十进制数除以2后的商变成一个新的十进制数，重复步骤（1），直到十进制数变为0时，十进制数n即转换成了二进制数。

（3）将数组b逆序输出即可以得转换好的二进制数。

假如n=567，求解过程如下：

（1）指针变量p指向数组b的起始元素，567除以2后得到的余数为1，那么＊p=1，指针变量p后移（即p++）。

（2）再将上步中得到的商283除以2后得到余数1，那么＊p=1，指针变量p继续后移。此过程重复，直到商为0为止，数组b中存放的余数依次为"1110110001"。最后将数组b逆序输出，得到567相应的二进制数"1000110111"。

（3）下面考虑如何输出二进制串呢？当最后一个余数赋值给＊p后，指针变量p后移，指向最后一个余数的下一个位置,如图 7.35 所示。先将指针变量 p 前移(即 p --),然后输出 * p;继续向前移动指针变量 p,输出 * p,直到指针变量 p 指向数组的起始元素为止。

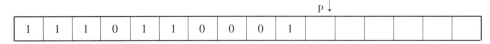

图 7.35　数组元素存放示意图

程序代码

```
void main( )
{
    int b[ 16 ] , * p = b;
    int i = 0 , n;
    printf( "Please input the number(0 ~ 32767) :" );
    scanf( "% d" , &n);                    /* 输入正整数 */
    while( n! = 0)
    {
        * p = n% 2;                        /* 指针 p 指向的元素为余数 */
        n/ = 2;
        p ++ ;                             /* 指针 p 后移 */
    }
    printf( "The binary number is: " );
    for( p -- ; p >= b; p -- )             /* 逆序输出数组 b */
    {   printf( "% d" , * p);
        i ++ ;                             /* 计算输出的二进制位数 */
        if( i% 8 == 0)                     /* 在二进制数的前 8 位后输出一个空格 */
        printf( " " );
    }
}
```

代码分析

(1) while 循环结束后,指针变量 p 指向最后一个余数的下一个位置,因此 for 循环的第一个表达式需要先将指针变量 p 前移一个位置,使其指向最后一个余数,因为最后得到的余数是二进制数的最高位,应最先输出。

(2) 在 for 循环中,变量 i 用于统计输出的二进制数的位数,当输出 8 位后,显示一个空格,然后继续输出其余的二进制数。十进制数 567 的转换结果为"10001101 11",如图 7.36 所示。

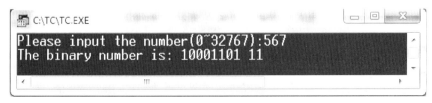

图 7.36　十进制数转化为二进制数(高位不补 0)程序的运行结果

（3）如果需要将运行结果显示为"00000010 00110111"，也就是以两个字节存储转换后的二进制数，若二进制数不足 16 位，则高位补 0，该如何做？对于此输出要求，只需要将原来的程序代码做两处修改：

① 定义数组 b 时，将数组 b 所有元素初始化为 0，即：

int b[16] = {0}, * p = b;

② 将 for 语句修改为"for(p = b + 15; p > = b; p − −)"，for 循环的第一个表达式将指针指向数组的最后一个元素，如图 7.37 所示。

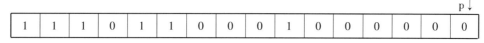

图 7.37 二进制数高位补 0 后数组元素存放示意图

若转换后的二进制数不足 16 位时，数组中原来初始化的"0"将保留，作为二进制数的最高位输出，最后输出"00000010 00110111"，如图 7.38 所示。

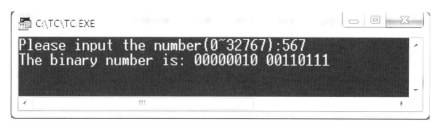

图 7.38 十进制数转化为二进制数(高位补 0)程序的运行结果

【例 7.21】 定义函数 comparestr，实现两个字符串的比较：当两个字符串完全相同时返回 0，当两个字符串不同时，返回两字符串第一个不同字符的 ASCII 码差值。程序的输入和输出部分在主函数中完成，要求不能使用 strcmp 函数。

问题分析

首先定义两个字符指针变量，分别指向两个字符串的首字符。判断两个指针指向的字符是否相同，若相同，则将两个指针后移，继续判断后续其他字符；若不同，则将两个指针指向的字符的 ASCII 码值相减，后续其他字符不需判断。例如字符串"Nanjing"和"NanJing"，字符串的前三个字符相同，当字符指针分别指向字符'j'和'J'时，二者不同，此时'j'和'J'的 ASCII 码差值为 32。

程序代码

```
#include < stdio. h >
#include < string. h >
int comparestr( char    * string1 , char    * string2 )
{
   char  * p = string1 , * q = string2 ;
   while( * p = = * q&&strlen( p ) ! = 0 )
   { p + + ;
```

```
    q ++ ;
    }
    return( * p - * q) ;                      / * 返回 ASCII 码值之差 */
}
void main( )
{
    char str1[ 50] ,str2[ 50] ;
    int result;
    printf( "please input the first string : " ) ;
    gets( str1) ;
    printf( "please input the second string : " ) ;
    gets( str2) ;
result = comparestr( str1 ,str2) ;
    if ( result ==0)                          / * 根据函数返回值确定字符串的大小关系 */
        printf( "% s = % s\n" ,str1 ,str2) ;
    else if ( result >0)
            printf( "% s > % s\n" ,str1 ,str2) ;
        else
            printf( "% s  < % s\n" ,str1 ,str2) ;
}
```

代码分析

(1) 函数 comparestr 中首先将字符指针变量 p 和 q 指向字符串的起始字符,然后使用 while 循环完成两个字符串是否相等的判断。

(2) 函数 comparestr 中 while 循环的循环条件是" $*p == *q$ && strlen(p)! =0"。 $*p == *q$ 这个循环条件很容易理解,表示两个指针指向的字符相等时,后移指针 p 和 q,继续判断后续字符是否相同,当指向的字符不相等时,循环结束。strlen(p)! =0 这个条件表示指针变量 p 所指向的字符串的长度不等于 0 时循环继续,因为随着循环的进行,指针 p 后移,strlen(p) 的值不断减小,当字符串长度为 0 时循环结束。strlen(p)! =0 也可以改成 $*p! =0$ 或 $*p! = '\0'$。

(3) strlen(p)! =0 这个循环条件是否多余? 若省略这个条件,将 while 循环修改为:

```
while( * p == * q)                           / * 省略条件 strlen( p)! =0 */
{   p ++ ;
    q ++ ;
}
```

运行程序会有什么情况出现?

当两个字符串不相等时,程序运行正常。如图 7.39 所示,指针 p 和指针 q 指向的字符不等,此时循环结束,函数返回值为 32。

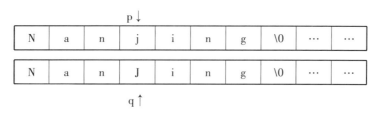

图 7.39　两个字符串不相同,退出循环时,p 和 q 指针的指向

当两个字符串相等时,运行结果出现异常,如图 7.40 所示。图中输入了两组相同的字符串"Nanjing",可得到的结果均是错误的。

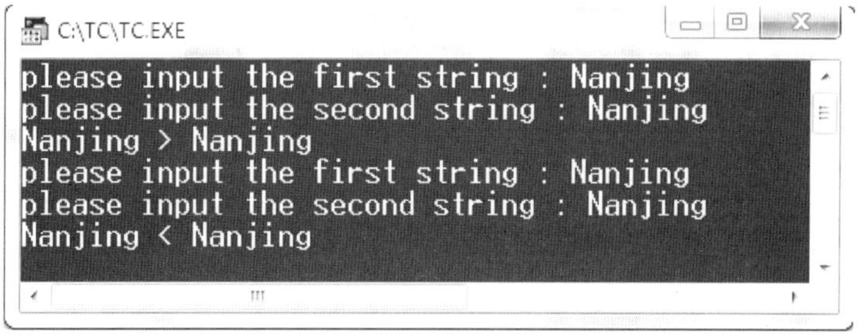

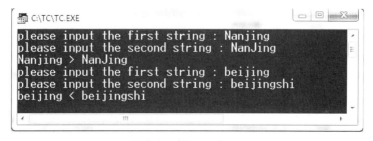

图 7.40　字符串比较程序的错误运行结果

为什么会出现这种情况呢? 因为随着 while 循环的执行,当指针 p 和 q 指向'\0'时,∗p和∗q 仍是相等的,所以仍然需要执行"p ++ ;q ++ ;",指针继续后移,如图 7.41 所示,此时指针 p 和 q 指向的内容是不确定的,所以会出现图 7.40 所示的情况。如果添加循环条件strlen(p)! =0,那么当指针变量 p 指向'\0'时,strlen(p)! =0 条件为假,循环结束。

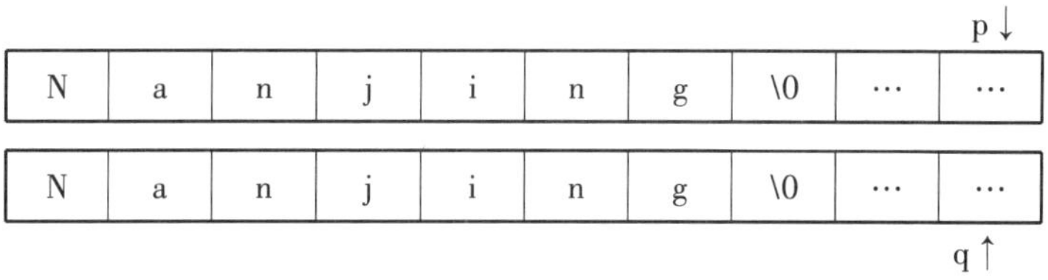

N	a	n	j	i	n	g	\0	⋯	⋯

N	a	n	j	i	n	g	\0	⋯	⋯

图 7.41　两个字符串相同,退出循环时,p 和 q 指针的指向

运行结果(图 7.42)

图 7.42　字符串比较程序的正确运行结果

7.7　指针小结

表 7.1　与指针有关的基本概念

概念	意义
指针	指针即变量的地址。赋给指针变量一个地址值时,这个指针变量的值就是某个变量的地址。如"int a;int * p; p = &a;",此时,p 是指针变量,&a 是变量 a 的指针,也就是变量 a 所占内存单元首字节的地址
指针变量	这是一种用来存放内存地址的变量,它事实上也是存储单元,只是这个存储单元中只用来存放地址,而非其他的值。 假设定义指针变量 p,如"int * p;",前面的 int 表示这个指针变量只能存放 int 型变量的地址,* 表示现在定义的是一个指针变量而不是一般变量。 所以为指针变量赋值时应当用相应"基类型"的地址
&	取地址运算符,通过它可以获得一个变量的地址
*	指针运算符(间接访问运算符)。通过它可以访问某指针变量所指向的变量。如"int * p, a; p = &a; * p = 8;",* p 就相当于变量 a,只不过它是通过指针变量 p 的值来间接访问的
[ ]	下标运算符[ ]实际上是变址运算符,在编译时,a[i]被处理成 * (a + i),即将 a 的值加上相对偏移量得到所要找元素的地址,然后找出该单元的内容

表 7.2　指针变量的定义

定义格式	含义
int * p;	p 为指向整型数据的指针变量
int * p[n];	定义指针数组 p,它由 n 个指向整型数据的指针元素组成
int (* p)[n];	p 为指向含 n 个元素的一维整型数组的指针变量
int * p( );	p 为返回一个指针的函数,该指针指向一个整型数据
int (* p)( );	p 为指向函数的指针变量,该函数返回整型值
int * * p;	p 为二级指针变量,它指向一个指向整型数据的指针变量

习题七

一、选择题

1. 变量的指针,其含义是指该变量的_____。

　　A. 值　　　　　　　　B. 地址　　　　　　　　C. 名　　　　　　　　D. 一个标志

2. 已有定义"int k = 2;int * ptr1 , * ptr2 ;"且 ptr1 和 ptr2 均已指向变量 k,下面不能正确执行的赋值语句是_____。

　　A. k = * ptr1 + * ptr2 ;　　　　　　　　　　　B. ptr2 = k;

　　C. ptr1 = ptr2 ;　　　　　　　　　　　　　　　D. k = * ptr1 * (* ptr2) ;

3. 已有变量定义和函数调用语句"int a = 25;"和"print_value(&a);",下面函数的输出结果是_____。

```
void print_value( int   * x)
{printf(" % d\n", + + * x);}
```

A. 23   B. 24   C. 25   D. 26

4. 若有语句"int * p,a = 4;p = &a;",下面均代表地址的一组选项是_____。

A. a,p, * &a   B. & * a,&a, * p   C. * &p, * p,&a   D. &a,& * p,p

5. 下面判断正确的是_____。

A. char * a = "china"; 等价于 char * a; * a = "china";

B. char str[10] = { "china"}; 等价于 char str[10]; str[ ] = {"china";}

C. char * s = "china"; 等价于 char * s; s = "china";

D. char c[4] = "abc",d[4] = "abc"; 等价于 char c[4] = d[4] = "abc";

6. 下面的程序段中,for 循环的执行次数是_____。

```
char * s = " \ta\018bc";
for (; * s! = '\0'; s + + ) printf(" * ");
```

A. 9   B. 7   C. 6   D. 5

7. 设有程序段"char s[ ] = "china"; char * p; p = s;",则下面叙述正确的是_____。

A. s 和 p 完全相同

B. 数组 s 中的内容和指针变量 p 中的内容相等

C. 数组 s 的长度和 p 所指向的字符串的长度相等

D. * p 与 s[0]相等

8. 下面程序段的运行结果是_____。

```
char a[ ] = "language", * p;
p = a;
while (* p! = 'u') { printf(" % c", * p - 32); p + +;}
```

A. LANGUAGE   B. language   C. LANG   D. langUAGE

9. 若有定义"int a[5], * p = a;",则对 a 数组元素地址的正确引用是_____。

A. p + 5   B. * a + 1   C. &a[0]   D. &a + 1

10. 若有定义"int a[2][3];",则对 a 数组的第 i 行第 j 列元素值的正确引用是_____。

A. * (* (a + i) + j)   B. (a + i)[j]

C. * (a + i + j)   D. * (a + i) + j

11. 以下说明语句正确的是_____。

A. int * b[ ] = {1,3,5,7,9};

B. int a[5], * num[5] = {&a[0],&a[1],&a[2],&a[3],&a[4]};

C. int a[ ] = {1,3,5,7,9}; int * num[5] = {a[0],a[1],a[2],a[3],a[4]};

D. int a[3][4],(* num)[4]; num[1] = &a[1][3];

12. 若有定义"int b[4][6], *p, *q[4];"且 0≤i<4,则不正确的赋值语句是_____。

A. q[i] = &b[0][0]; 　　　　　B. p = b;

C. p = b[i]; 　　　　　　　　　D. q[i] = b[i];

13. 以下定义不能对 a 进行自减运算的是_____。

A. int p[3]; 　　B. int k; 　　　　C. char *a[3]; 　　D. int b[10];

int *a = p; 　　int *a = &k; 　　　　　　　　　　　int *a = b+1;

14. 若有定义"int x[10] = {0,1,2,3,4,5,6,7,8,9}, *p1;",则数值不为 3 的表达式是_____。

A. x[3] 　　　　　　　　　　　B. p1 = x + 3, *p1 ++

C. p1 = x + 2, *(p1 ++) 　　　D. p1 = x + 2, *++p1

15. 若有函数 max(a,b),并且已使函数指针变量 p 指向函数 max,当调用该函数时,正确的调用方法是_____。

A. (*p) max(a,b); 　　　　　B. *p max(a,b);

C. (*p)(a,b); 　　　　　　　D. *p(a,b);

二、程序阅读题

1. 以下程序的输出结果是_____。

```
int func(char *s, char a, int n)
{int j;
  *s = a; j = n;
  while (*s < s[j]) j--;
  return j;
}
void main ()
{   char c[6];
    int i;
    for (i = 1; i <= 5; i ++)
    *(c + i) = 'A' + i + 1;
    printf("%d\n", func(c, 'E', 5));
}
```

2. 以下程序的输出结果是_____。

```
int fun (char *s)
{   char *p = s;
    while (*p) p ++;
    return (p - s);
}
void main ()
{   char *a = "abcdef";
    printf("%d\n", fun(a));
}
```

3. 以下程序的输出结果是＿＿＿＿＿＿＿＿＿＿。

```
void sub(char *a,int t1,int t2)
{   char ch;
    while (t1 < t2)
      {
        ch = *(a + t1);
         *(a + t1) = *(a + t2);
         *(a + t2) = ch;
        t1 ++;
        t2 --;
      }
}
void main ()
{   char s[12];
    int i;
    for (i = 0; i < 12; i ++) s[i] = 'A' + i + 32;
    sub(s,7,11);
    for (i = 0; i < 12; i ++) printf ("%c",s[i]);
    printf("\n");
}
```

4. 运行程序时,从键盘输入 6 < 回车 >,程序的输出结果是＿＿＿＿＿＿＿＿＿＿。

```
#include <stdio.h>
void sub(char *a,char b)
{   while (*(a ++) != '\0');
    while (*(a - 1) < b)
    *(a --) = *(a - 1);
    *(a --) = b;
}
void main ()
{   char s[] = "97531",c;
    c = getchar();
    sub(s,c); puts(s);
}
```

5. 以下程序的输出结果是＿＿＿＿＿＿＿＿＿＿。

```
#include <stdio.h>
void main()
{   int a = 28,b;
    char s[10], *p;
    p = s;
    do {   b = a%16;
            if(b < 10) *p = b + 48;
```

```
        else  * p = b + 55;
        p ++ ;
        a = a/16;
      } while( a > 0 );
   * p = '\0';
   puts( s );
}
```

6. 以下程序的输出结果是＿＿＿＿＿＿＿＿＿＿＿＿。

```
# include < stdio. h >
void select( char  * s)
{   int i,j;
    char  * t;
    t = s;
    for( i = 0 ,j = 0; * ( t + i) ! = '\0';i ++ )
        if( * ( t + i) > = '0'&& * ( t + i) < = '9')
          { * ( s + j) = * ( t + i) ;j ++ ;}
    * ( s + j) = '\0';
}
void main( )
{   char  * str = " IBM 486&586" ;
    select( str );
    printf( " \n% s" ,str );
}
```

7. 运行程序时,从键盘输入 My Book < 回车 >,程序的输出结果是＿＿＿＿＿＿＿＿＿＿＿＿。

```
# include < stdio. h >
char fun( char  * s)
{   if( * s < = 'Z'&& * s > = 'A') * s += 1;
    return * s;
}
void main( )
{   char c[ 80 ] , * p = c;
    gets( c );
    while( * p)
    {   * p = fun( p );
        putchar( * p );
        p ++ ;
    }
    printf( " \n" );
}
```

8. 以下程序的输出结果是＿＿＿＿＿＿＿＿＿＿＿＿。

```
# include < stdio. h >
# include < string. h >
```

```
fun( char * s)
{   char t, * a, * z;
    a = s;
    z = s + strlen( s) - 1;
    while( a ++ < z -- )
    {  t = * a ++ ;
       * a = * z -- ;
       * z = t;
    }
}
void main( )
{   char * p;
    p = " abcdefg" ;
    fun( p);
    puts( p);
}
```

9. 运行时,从键盘输入 OPEN THE DOOR <回车>,程序的输出结果是_____。

```
#include < stdio. h >
char f( char * ch)
{   if( * ch <= 'Z'&& * ch >= 'A')
                * ch -= 'A' - 'a';
    return * ch;
}
void main( )
{   char s1[ 81], * q = s1;
    gets( s1);
    while( * q)
    {  * q = f( q);
       putchar( * q);
       q ++ ;
    }
   putchar( '\n');
}
```

10. 以下程序的输出结果是_____。

```
void main ( )
{   char * a[ ] = { " Pascal" ," C Language" ," dBase" ," Java" };
    char ** p; int j;
    p = a + 3;
    for ( j = 3; j >= 0; j -- )
       printf( " % s\n" , * ( p -- ));
}
```

三、完善程序题

1. 下面函数的功能是将一个正整数字符串转换为一个整数,例如:"1234"转换为 1234,请将程序补充完整。

```
int chnum(char * p)
{   int num = 0,k;
    for ( ;_____(1)_____; p++ )
    {
        k = _____(2)_____;
        num = _____(3)_____;
    }
    return (num);
}
```

2. 下面函数的功能是统计子字符串 substr 在母字符串 str 中出现的次数。

```
int count(char * str, char * substr)
{   int i,j,k,num = 0;
    for (i = 0;_____(4)_____; i++ )
        for ( _____(5)_____, k = 0; substr[k] == str[j]; k++; j++ )
            if (substr [_____(6)_____] == '\0') {
                num++; break;
            }
    return (num);
}
```

3. 下面函数的功能是将两个字符串 s1 和 s2 连接起来,请将程序补充完整。

```
void conj(char * s1,char * s2)
{   while (* s1)
        _____(7)_____;
    while (* s2)
    {
        * s1 = _____(8)_____;
        s1++,s2++;
    }
    * s1 = '\0';
}
```

4. 下面函数的功能是从输入的 10 个字符串中找出最长的那个字符串,请将程序补充完整。

```
void fun(char str[10][81],char ** sp)
{   int i;
    * sp = _____(9)_____;
    for (i = 1; i < 10; i++ )
        if (strlen (* sp) < strlen(str[i]))
            _____(10)_____;
}
```

5. 下面程序的功能是在字符串 str 中找出最大的字符并放在第一个位置上,并将该字符前的原字符往后顺序移动,如输入"alone",输出"oalne",请将程序补充完整。

```
# include < stdio. h >
void main ( )
{   char str[80] , *p, max, *q;
    p = str;
    gets ( p );
    max =* ( p ++ );
    while ( *p! ='\0')
    {
        if ( max < *p )
        {
            max =* p ;
            ___(11)___ ;
        }
            p ++ ;
    }
    p = q ;
    while ( ___(12)___ )
    {
        *p =* ( p - 1 );
        ___(13)___ ;
    }
    *p = max ;
    puts ( p );
}
```

6. delSpace 函数的功能是删除指针变量 p 所指向的字符串中的所有空格,isspace 函数用于测试一个字符是否是空格,请将程序补充完整。

```
void delSpace ( char *p )
{
    inti,t; charc[80];
    for( i =0,t =0; ___(14)___ ;i ++ )
        if( ! isspace( ___(15)___ ))
    c[ t ++ ] = p[ i ];
    c[ t ] ='\0';
    strcpy( p,c );
}
```

四、编程题

1. 将三个整数按由小到大的顺序输出,要求用指针编程。

2. 编写两个函数,分别将以秒为单位的总时间转换成小时、分钟,然后在主函数中通过指向函数的指针变量来调用这些函数。

3. 编写函数 void copy(char s[ ], char t[ ], int start, int end),将字符数组 s 中从 start 开始到 end 结束的字符逆序复制到字符数组 t 中。

4. 输入 10 个整数,将其中最小的数与第一个数互换,把最大的数与最后一个数互换。写三个函数:① 输入 10 个数;② 进行处理;③ 输出 10 个数。所有函数的参数均用指针。

5. 利用指向行的指针变量求 5×3 数组各行元素之和。

第八章　结构体与共用体

8.1　结构体概述

　　数组是一种组合类型变量,它是用一个变量定义逻辑上相关的一批数据,使每个分量具有相同的名字、不同的下标,从而组织有效的循环。但是数组有一个重要的特性,即一个数组变量包含的所有元素都必须为同一类型。比如,一个整型数组 int a[80]所包含的 80 个元素均为 int 型变量。然而实际生活中处理的数据往往是由多个不同类型的数据组成的。例如,有一份学生情况登记表,其中记录了 1000 个学生的基本信息,每个学生的信息都用一行记录来表示,每行记录都包含以下五项数据:学号、姓名、性别、出生年月、籍贯,如表 8.1 所示。这份表格的结构正好对应于 C 语言中的二维数组,但是我们却无法用数组来描述它。这是因为描述学生基本信息的五项数据的类型各不相同,定义数组时,数组的基本类型无法确定。

表8.1　学生情况登记表

学号	姓名	性别	出生年月	籍贯
0581401	陈敏	男	1991 年 02 月	徐州
0581402	朱学清	男	1990 年 12 月	南京
0581503	张捷磊	男	1990 年 10 月	杭州
0581504	姜旭	男	1991 年 09 月	西安
0581605	李蕾	女	1991 年 07 月	上海
0581607	李敏强	女	1991 年 08 月	扬州
		……		
581208	刘秀	女	1992 年 02 月	南京

　　为此,C 语言提供了另一种构造类型,即"结构体",与数组相比,使用结构体能够有效地表示类型不同而又逻辑相关的数据实体。对于表 8.1 中的数据,如果用结构体数组来表示,问题就变得非常简单了。

8.1.1　结构体类型的定义

　　由于结构体类型不是 C 语言提供的标准类型,为了能够使用结构体,必须先定义结构体类型,描述构成结构体类型的数据项(也称成员)以及各成员的类型。

其定义的一般形式为:

```
struct 结构体类型名
{   数据类型    成员名 1;
    数据类型    成员名 2;
      ⋮
    数据类型    成员名 n;
};
```

例如:

```
struct person
{
   char name[10];
   char sex;
   int age;
   int stature;
};
```

定义了一个结构体类型 person,该类型由 4 个成员构成。

说明:

(1) struct 是 C 语言的关键字,不能省略。

(2) 结构体类型名为用户自定义标识符,struct 和结构体类型名一起构成了结构体类型标志。

(3) 结构体类型的成员除了可以使用基本数据类型之外,还可以是其他类型,如使用数组作为成员。

(4) 结构体类型可以嵌套定义,即一个结构体类型的成员可以是另外一个结构体类型。

例如:

```
struct date
{
   int year;
   int month;
   int day;
};
struct student
{
   int no;
   char name[10];
   char sex;
   struct date birthday;
};
```

结构体类型 student 的成员 birthday 就是另外一个结构体类型 date。

8.1.2 结构体变量的定义

结构体变量的定义有以下三种方法：

（1）先定义结构体类型，再定义结构体变量。如：

```
struct stud
{
  int num;
  char name[10];
  float score;
};
struct stud stu1;
```

说明：在定义了结构体变量之后，系统就会为之分配内存单元。结构体变量在内存中所占的字节数等于其各个成员所占的字节数的和，如 stu1 在内存中占 16 个字节（即 2 + 10 + 4 = 16）。利用 sizeof(结构体类型名或结构体变量名)可以求得结构体长度，如 sizeof(stu1)或 sizeof(struct stud)的值都等于 16。

（2）在定义结构体类型的同时定义结构体变量。如：

```
struct stud
{
  int num;
  char name[10];
  float score;
}stu1;
```

（3）直接定义结构体变量。如：

```
struct
{
  int num;
  char name[10];
  float score;
}stu1;
```

8.1.3 结构体变量的引用

结构体变量成员的引用形式为：

结构变量名.成员名

如：

stu1. score

若成员本身又是一个结构体类型，则必须逐级找到最低级的成员才可以使用。结构体变量的成员和普通变量一样也可以进行各种运算，具体情况由成员的数据类型决定。

8.1.4　结构体变量的赋值和初始化

结构体变量的赋值即给各个成员赋值,可用输入函数来实现,也可以通过赋值语句实现。

如:

scanf("%d",&stu1.num);
stu1.score=85;

注意不能对结构体变量进行整体赋值,以下两种赋值方法是错误的:

stu1={6466,"李平",86};
scanf("%d,%s,%f",&stu1);

结构体变量的初始化是指在定义结构体变量的同时,给它的各个成员赋初值,初始化的格式为:

struct　结构体类型名
{结构体成员列表;}结构体变量名={初始数据表};

例如:

```
struct student
{
    int num;
    char name[10];
    int age
    char sex;
}a={9932,"王军",19,'M'};
```

8.2　结构体数组

一个结构体变量只可以存放一组类型不同的数据,如上述一个 student 结构体类型的变量只能存放一个学生的数据,如果要存放多个学生的数据,则必须定义一个结构体数组,其中每个数组元素用于存放一个学生的数据。结构体数组与普通数组的不同在于,其每个元素都为同一结构体类型的数据。结构体数组与一般数组的定义相似,其格式为:

struct 结构体类型名 数组名[元素个数];

如:

struct student a[10];

定义了一个 student 结构体类型的数组 a,数组中有 10 个元素。

与一般数组一样,结构体数组可以在定义的同时对每个元素进行初始化,其方法与结构体变量初始化方法相同。如:

```
struct student s[3]=
    {{4325, "zhangfang", 19, 'M'},
```

```
         {3435,"liming",20,'F'},
         {6736,"wugang",21,'M'}};
```

对于结构体数组中各元素的引用与普通数组相同,通过下标的方式来引用每个元素,而对每个元素的成员的引用通过分量运算符". "实现,如:s[1].age、s[2].num 等。

【例 8.1】 计算学生的平均成绩和不及格的人数。

```
struct stu
{
  int num;
  char name[15];
  char sex;
  int score;
}s[3] = {{1101,"Li ping",'M',90},{1202,"Zhang ping",'M',82},
          {1123,"He fang",'F',52}};
void main( )
{
  int i,count = 0;
  float ave,sum = 0;
  for(i = 0;i < 3;i ++ )
  {
    sum += s[i].score;
    if(s[i].score < 60) count ++ ;
  }
  ave = sum/3;
  printf("average = % f\ncount = % d\n",ave,count);
}
```

本程序在 main 函数之外定义了一个全局的结构体数组 s,共有 3 个数组元素,并进行了初始化。在 main 函数中通过 for 语句逐个累加各元素中 score 成员的值并存于 sum 中,如果 score 的值小于 60(即不及格),则计数器 count 加 1,循环完毕后计算平均成绩,最后输出平均分以及不及格的人数。

【例 8.2】 建立朋友通讯录。

```
#include < stdio. h >
struct friend
{
  char name[20];
  char phone[11];
};
void   main( )
{
  struct friend f[30];
  int i;
  for(i = 0;i < 30;i ++ )
  {
```

```
        printf("input name:\n");
        gets(f[i].name);
        printf("input phone:\n");
        gets(f[i].phone);
    }
    printf("name\t\t\tphone\n\n");
    for(i=0;i<30;i++)
    printf("%s\t\t\t%s\n",f[i].name,f[i].phone);
}
```

本程序定义了一个结构体类型 friend,其中有两个成员 name 和 phone,分别用来表示朋友的姓名和电话号码。在主函数中定义了一个结构体数组 f,其每个数组元素都是 friend 结构体类型。通过循环语句对这 30 个结构体数组元素中的成员进行赋值,最后再通过循环语句将每个数组元素的成员值输出。

8.3　指向结构体的指针

一个结构体变量通常由多个成员构成,因此系统需要分配相应的一段连续内存空间来存放所有成员,这段内存空间的起始地址就是该结构体变量的指针。因此可以定义与之相对应的结构体类型的指针变量,用来指向一个结构体变量或结构体数组。

8.3.1　指向结构体的指针变量的定义

指向结构体的指针变量的定义的一般形式为:

struct 结构体类型名 ∗指针变量名;

如:

```
struct student
{
    int no;
    char name[10];
    char sex;
};
struct student s1,∗pt;
```

其中,pt 为指向结构体类型 student 的指针变量,可以用结构体变量地址为其赋值,如:pt=&s1,这样 pt 就指向结构体变量 s1 了。

指向结构体的指针变量也可以用来指向结构体数组。例如:

```
struct student s[4],a;
struct student ∗p;
p=s;
```

这样,指针变量 p 就指向结构体数组元素 s[0]。

指向结构体的指针变量还可以作为结构体成员。例如:

```
struct s
｛
  int data;
  struct s  * next;
｝;
```

其中,next 为指向结构体类型 s 的指针变量。利用结构体指针变量作成员指向与其相同的结构体类型的形式一般用于构造链表。

8.3.2　利用结构体指针变量引用成员

利用结构体指针变量引用结构体成员有以下两种方式:

① (*结构体指针变量名).成员名。

② 结构体指针变量名 -> 成员名。

例如,有以下定义和语句:

```
struct student
｛
  int no;
  char name[10];
  char sex;
｝;
struct student s1, * pt;
pt = &s1;
```

则以下方式都可以引用 s1 成员:

(* pt). no,(* pt). name,(* pt). sex

pt -> no,pt -> name,pt -> sex

综上,引用结构体变量成员有以下三种方法:

① 结构体变量名. 成员名。

② 结构体指针变量名 -> 成员名。

③ (*结构体指针变量名). 成员名。

【例 8.3】　用指针变量输出结构体数组。

```
struct stud
｛
  int num;
  char name[15];
  int score;
｝s[5] = ｛
            ｛2011,"Zhou ping",75｝,
            ｛2012,"Zhang ping",62｝,
            ｛2013,"Liu fang",92｝,
            ｛2014,"Cheng ling",87｝,
```

```
                    {2015,"Wang ming",85}
    };
    void main( )
    {
      struct stud  *p;
      printf("No\tName\tScore\n");
      for( p = s;p < s + 5;p ++)
      printf("% d\t% s\t% d\n",p -> num,p -> name,p -> score);
    }
```

在本程序中定义了一个全局的结构体数组 s,其每个数组元素都是结构体类型 stud。在 main 函数中定义了一个指向 stud 结构体类型的指针变量 p。在 for 循环语句的表达式 1 中,令 p 的初值为结构体数组 s 的首地址,然后通过循环输出 s 数组中的各个成员值。

8.3.3　用结构体类型作函数参数

用结构体类型作函数参数有三种形式:

一是将结构体变量的成员作函数实参;二是用结构体变量作函数实参;三是用指向结构体变量的指针作实参。

用结构体变量作函数参数传递数据时需要将全部成员逐个传送,而且当成员为数组时,数据传送的时间和空间开销非常大,因此当要传送整个结构体变量时,最好的办法就是使用指针变量作函数参数,这样由实参传向形参的只是结构体变量的地址,从而可以大大减少运行时间,提高程序运行效率。

【例 8.4】　用结构体指针变量作函数参数。

```
#include  < stdio. h >
struct stu
{   char num[10];
    char name[15];
};
void print( struct stu  * pt)
{
  printf("num:% s,name:% s",pt -> num,pt -> name);
}
void main( )
{
  struct stu s1;
  gets( s1. num);
  gets( s1. name);
  print( &s1);
}
```

本程序定义了一个 print 函数用于输出结构变量中的成员值,形参为指向 stu 结构体类型的指针变量 pt,在 main 函数中调用 print 函数时,用结构体变量 s1 的地址作实参,这样实参向形参传递的就只是结构体变量的地址了。如果形参也是一个结构体变量,则要传递结构体变量所有成员的值。

8.4　用结构体处理链表

8.4.1　链表概述

链表是一种能够动态地进行存储单元分配的数据结构。它与数组的区别主要体现在以下两点:

(1)数组的长度是预先定义好的,并且在整个程序运行过程中固定不变,当一个数组中的元素个数全满时就不能再增加新的元素;反之,如果数组中的元素个数远没有达到全满,则会造成存储空间的极大浪费。链表的长度可以在程序运行过程中根据需要动态增减,有多少个结点,链表就有多长,不会造成存储空间的浪费。

(2)数组中的元素在内存中是连续存储的,因此,在一个有序的数组中插入或删除一个元素时,为了保持数组的顺序存储结构,需要对数组中的元素进行移动操作,程序运行效率很低。链表中的结点是可以不连续存储的,在链表中插入新的结点或删除结点时只需要改变结点之间的链接关系,而不需要移动数据,大大提高了程序的运行效率。

根据数据之间的相互关系的不同,链表可以分为单向链表(简称单链表)、双向链表和循环链表。本书仅介绍单链表,其他两种链表在《数据结构》一书中有详细介绍,有兴趣的读者可以自行参阅。

单链表中的每个结点都包含两部分内容:一是用户需要的数据,称为数据域;二是下一个结点的地址,称为地址域或指针域。每个单链表都有一个头指针变量,用来存放第一个结点的地址,这个头指针变量通常用 head 表示。每个链表的最后一个结点的地址部分必须指向空地址,用 NULL 表示。如图 8.1 所示。

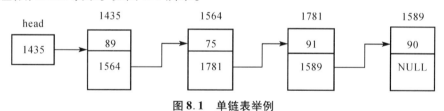

图 8.1　单链表举例

从图中可以看出,链表中各个结点是通过指针相互连接起来,就像一根铁链一样,一环扣一环,只要知道链表的起始地址,就可以顺次访问链表中的每一个结点。而链表的起始地址,即第一个结点的地址,正是存放在头指针变量中,可见,头指针变量是不可缺少的,如果没有头指针变量,就无法访问整个链表。

链表中结点的数据类型通常是结构体类型,其定义方法如下:

```
struct   结构体类型名
{   成员列表;
    struct   结构体类型名 *指针变量名;
};
```

例如：

```
struct student
{   int num;
    char name[10];
    int score;
    struct student * next;};
```

其中，整型变量 num 和 score 以及字符数组 name 用于存放有用的数据，而指针变量 next 则用于存储下一个结点的地址。

8.4.2　链表的建立与输出

1. 静态链表的建立与输出

静态链表是一种比较简单的链表，其所有结点都是在程序中事先定义好的，不是临时创建的。下面举一个例子说明静态链表的建立和输出过程。

【例 8.5】　利用已知的三个结点建立一个静态链表。

```
#define NULL 0
void    main()
{
    struct number
    {
        int num;
        struct number * next;
    }a,b,c, * head, * p;
    a. num = 15;
    b. num = 25;
    c. num = 50;
    head = &a;
    a. next = &b;
    b. next = &c;
    c. next = NULL;
    p = head;
    while(p! = NULL)
    {
        printf("%5d",p -> num);
        p = p -> next;
    }
}
```

2. 动态链表的建立与输出

建立动态链表是指从无到有地建立起一个链表，其结点不是在程序中定义的，而是在程序运行过程中临时开辟的，并且要插入链表中，以保持结点之间的相互链接关系。

【例 8.6】　编写 create 函数用于创建存储学生信息（学号、姓名）的单链表，以输入学号

"0"作为结束链表建立的标志,再编写 print 函数用于输出学生信息,最后在 main 函数中调用这两个函数,以实现动态链表的建立与输出。

```c
#define NULL 0
#define LEN sizeof ( struct stu )
struct stu
{
   int num;
   char name[ 10 ];
   struct stu * next;
};
struct stu  * create( )
{
   struct stu  * head = NULL, * new, * tail, * p;
   int count = 0;
   while( 1 )
   {
      new  = ( struct stu * ) malloc( LEN );
      printf( "input Number and Name\n" );
      scanf( "% d% s" ,&new -> num, new -> name );
      if( new -> num == 0 )
      {
         free( new );
         break;
      }
      else
         if( count == 0 )
            { head = new; tail = new; }
         else
         {
            tail -> next = new;
            tail = new;
         }
      count ++;
   }
   tail -> next = NULL;
   return( head );
}

void print( struct stu  * head )
{   struct stu  * p;
   p = head;
   if( head == NULL )
```

```
            printf("list is empty\n");
        else
        while(p! = NULL)
        {
            printf("%d%s\n",p -> num,p -> name);
            p = p -> next;
        }
    }

    void   main()
    {   struct stu *head;
        head = create();
        print(head);
    }
```

说明:malloc 函数用于分配内存,调用格式为 malloc(size),表示分配 size 个字节的空间,返回值为这段内存的起始地址。程序中"(struct stu *) malloc(LEN)"表示分配 LEN 个字节空间,并且这段空间用于存储 struct stu 类型的数据。还有一个分配内存空间的函数为 calloc,调用格式为 calloc(n,size),表示分配 n 段长度为 size 的空间。

8.4.3　链表的插入

链表的插入是指在链表的某一个位置上插入一个新的结点。根据新结点的位置不同,其插入操作也有所不同,主要分以下四种情况(假设指针变量 new 指向新结点,head 指向头结点,tail 指向尾结点,p0 和 p1 分别为链表中间的某两个相邻的结点,其中 p0 为前结点,p1 为后结点):

(1)在空表中插入新结点,只需令"head = new;new -> next = NULL;"即可。

(2)在第一个结点前面插入新结点,此时需要将新结点的指针域改为原来的第一个结点的地址,并使头指针变量指向新结点,即"new -> next = head;head = new;"。

(3)在尾结点后面插入新结点,此时需要将原尾结点的指针域指向新结点,并将新结点的指针域的值置为 NULL,即"tail -> next = new;new -> next = NULL;",也可以写成"new -> next = tail -> next; tail -> next = new;"。

(4)将新结点插在链表中某两个相邻的结点 p0 和 p1 中,此时需要将 p0 的指针域改为新结点的地址,而将新结点的指针域改为 p1,即"new -> next = p1;p0 -> next = new;",也可以写成"new -> next = p0 -> next; p0 -> next = new;"。

由上可见,第三种和第四种情况实际上处理方法是相同的,因此在编程时其实只需分三种情况考虑:一是在空表中插入新结点,二是在第一个结点之前插入新结点,三是在链表中间某个结点(包括最后一个结点)之后插入新结点。

下面通过举例说明如何在链表中插入新结点。

【例 8.7】　在按学号从小到大排序的学生信息链表中,插入一个新结点,要求学号排序方式不变。

```
struct stu  *insert( struct stu  *head, struct stu  *new)
{
    struct stu  * p0, * p1;
        p1 = head;
        if( head == NULL)                  /*空表插入*/
          {
              head = new;
              new -> next = NULL;
          }
        else
          if( new -> num <= p1 -> num)
            {
              new -> next = head;
              head = new;
            }
                                           /*在第一结点之前插入*/
          else
            {
              while( new -> num > p1 -> num)
                {
                  p0 = p1;
                  p1 = p1 -> next;
                }
              new -> next = p0 -> next;    /*在其他位置插入*/
              p0 -> next = new;
            }
    return head;
}
```

本程序中,insert 函数的两个形参均为指针变量,head 指向链表头,new 指向待插入的新结点。函数中首先判断链表是否为空,若为空则使 head 指向新插入结点,否则判断是否在第一个结点之前插入,若是,则使新结点的指针域指向原来的第一个结点,再使 head 指向新结点;若不是在第一个结点之前插入,则用 while 语句循环查找插入位置,找到之后在该结点之后插入新结点。本函数执行完后返回链表的头指针。

8.4.4　链表的删除

链表的删除操作是指在链表中根据要求删除其中的某个结点。与插入操作类似,链表的删除操作也分为四种情况考虑:

（1）如果待删除的链表是一张空表,则直接返回。

（2）如果是非空表,但找不到要删除的结点,则输出未找到信息,并直接返回。

（3）如果待删除的结点是第一个结点,则将头指针的值改为"head = head -> next;"。

（4）如果待删除的结点是链表中间或最后一个结点,假设待删除的结点为 p1,其前一个结点为 p0,则使 p0 的指针域指向 p1 的下一个结点的地址,即"p0 -> next = p1 -> next;"。

下面通过一个例子说明如何在链表中完成删除操作。

【例 8.8】　　编写一个 delist 函数,完成在学生链表中将指定学号的结点删除。

```
struct stu * delist( struct stu * head , int num)
{
    struct stu * p0 , * p1;
    p1 = head;
    if( head == NULL )                    /* 如为空表,则输出提示信息 */
        printf( " \nempty list! \n" );
    else
        if( p1 -> num == num )
            head = p1 -> next;
        else
        {
            while ( p1 -> num! = num && p1 -> next! = NULL )
    /* 当 p1 所指向的结点不是要删除的结点,也不是最后一个结点时,继续循环 */
            {
                p0 = p1;                   /* p0 指向当前结点 */
                p1 = p1 -> next;          /* p1 指向下一结点 */
            }
            if( p1 -> num == num )
            {
                p0 -> next = p1 -> next;
    /* 如果找到被删结点,则使 p0 所指向结点的指针域指向 p1 的下一结点 */
                printf( " The node is deleted \n" );
            }
            else
                printf( " The node not been found! \n" );
        }
    return head;
}
```

本函数有两个形参,head 为指向链表第一个结点的指针变量,num 为待删除结点的学号。首先判断链表是否为空,为空则不可能有被删结点;若不为空,则 p1 指向链表的第一个结点,判断该结点是否为被删结点,若是,则使 head 指向 p1 的下一个结点,即第二个结点,否则就进入 while 语句后逐个查找被删结点,找到被删结点之后使被删结点的前一结点指向被删结点的后一结点。如果循环结束后未找到要删的结点,则输出未找到的提示信息,最后返回 head 值。

8.4.5　链表的综合操作

【例 8.9】　　链表的综合操作:将以上建立链表、删除结点、插入结点的函数组合在一起,再建一个输出全部结点的函数,然后用 main 函数调用它们。

```
#define NULL 0
#define LEN sizeof( struct stu )
```

```
struct stu
  {
    int num;
    char name[10];
    struct stu * next;
  };
struct stu * create( )
  {
    struct stu * head, * new, * tail, * p;
    int count = 0;
    while(1)
      {
        new = (struct stu * ) malloc(LEN) ;
        printf("input Number and Name\n") ;
        scanf("% d% s",&new -> num, new -> name) ;
        if(new -> num == 0)
          {
            free(new) ;
            break;
          }
        else
          if(count == 0)
            { head = new; tail = new; }
          else
            {
              tail -> next = new;
              tail = new;
            }
        count ++ ;
      }
tail -> next = NULL;
return(head) ;
  }

struct stu * delist(struct stu * head, int num)
  {
    struct stu * p0, * p1;
    p1 = head;
    if(head == NULL)
      {
        printf(" \nempty list!  \n") ;
      }
    else
```

```
        if( p1 -> num == num )
          head = p1 -> next;
        else
            {
                while ( p1 -> num! = num && p1 -> next! = NULL)
                        {
                            p0 = p1 ;
                            p1 = p1 -> next;
                        }
                if( p1 -> num == num )
                    {
                        p0 -> next = p1 -> next;
                        printf( "The node is deleted\n" ) ;
                    }
                else
                        printf( "The node not been found!  \n" ) ;
            }
    return head;
}
struct stu  * insert( struct stu  * head, struct stu  * new)
{
    struct stu  * p0 , * p1 ;
    p1 = head;
    if( head == NULL)
        {
            head = new;
            new -> next = NULL;
        }
    else
        if( new -> num <= p1 -> num )
            {
              new -> next = head;
              head = new;
            }
        else
            {
                while( new -> num > p1 -> num )
                {
                  p0 = p1 ;
                  p1 = p1 -> next;
                }
                new -> next = p0 -> next;
                p0 -> next = new;
            }
```

```
        return head;}
    void print(struct stu *head)
    {    struct stu *p;
        p = head;
        if(head == NULL)
            printf("list is empty\n");
        else
            while(p! = NULL)
            {
                printf("%d%s\n",p->num,p->name);
                p = p->next;
            }
    }
void    main()
{
    struct stu *head, *p;
    int num;
    head = create();
    print(head);
    printf("Input the deleted number: ");
    scanf("%d",&num);
    head = delist(head,num);
    print(head);
    printf("Input the inserted number and name: ");
    p = (struct stu *)malloc(LEN);
    scanf("%d%s",&p->num,p->name);
    head = insert(head,p);
    print(head);
}
```

8.5　共用体

　　共用体也是一种能够将不同类型的数据组合在一起的构造类型,但它与结构体不同。共用体中所有成员占用的是同一段存储区域,在同一时刻,只能有一个成员起作用。

8.5.1　共用体类型及变量的定义

　　共用体类型的定义方法与结构体类型的相似,只需将关键字改为 union 即可。其一般形式为:

```
union    共用体类型名
{    数据类型    成员名1;
    数据类型    成员名2;
     ⋮
    数据类型    成员名n;
};
```

例如：

```
union data
{
    int i;
    char c;
    float f;
};
```

共用体变量的定义方式与结构体变量的定义方式相似,也分为三种方式：

（1）将共用体类型的定义与共用体变量的定义分开。如：

```
union data
{
    int i;
    char c[2];
    float f;
};
union data x,y;
```

（2）在定义共用体类型的同时定义共用体变量。如：

```
union data
{
    int i;
    char c[2];
    float f;
}x, y;
```

（3）直接定义共用体类型的变量,不给出共用体类型名。如：

```
union
{
    int i;
    char c[2];
    float f;
}x, y;
```

共用体变量在内存中所占的字节数等于长度最长的成员所占的字节数。例如,上述共用体变量 x、y 中三个成员 i、c、f 的长度分别为 2、2、4,成员 f 的长度最长,所以这两个共用体变量在内存中都是占用 4 个字节的存储空间。

8.5.2 共用体变量的引用

和结构体变量相似,共用体变量中的成员也是通过".”和" ->"两种运算符来引用,具体引用方式有以下三种：

① 共用体变量名. 成员名。

② 共用体指针变量名 –> 成员名。

③ (＊共用体指针变量名). 成员名。

例如：

```
union data a, ＊p;
p = &a;
```

则对 a 中 i 成员的引用可以是：a. i，p –> i 或(＊p). i。

注意：在输入输出函数中不能直接对共用体变量进行输入和输出，只能对其成员进行输入和输出操作。

例如：

```
union
{
    int i;
    char c[2];
    float f;
}b;
scanf("％d％s％f",&b);
```

程序在编译时不会报错，但运行结果会出错。将"scanf("％d％s％f",&b);"改为"scanf("％d",&b. i);"就对了。

【例 8. 10】 分析下面程序的运行结果。

```
void   main( )
{
    union u
    {
        int a;
        char b;
    }u1;
    struct s
    {
        int a;
        char b;
    }s1;
    u1. a = 10; u1. b = 'A';
    s1. a = 10; s1. b = 'A';
    printf("size of u1: ％d, size of s1: ％d\n ",sizeof(u1), sizeof(s1));
    printf("u1. a: ％d, u1. b: ％c\n ",u1. a,u1. b);
    printf("s1. a: ％d, s1. b: ％c\n ",s1. a,s1. b);
}
```

运行结果为：

size of u1：2，size of s1：3
u1.a：65，u1.b:A
s1.a：10，s1.b:A

从上面的运行结果可看出，对共用体变量成员进行赋值，保存的是最后的赋值，前面对其他成员的赋值均被覆盖。由于结构体变量的每个成员拥有不同的存储单元，因而不会出现这种情况。

8.6　枚举类型

有时我们会遇到这种情况，即一个变量的取值的个数是有限的，如人的性别只有男和女两种，一个星期只有 7 天，一年只有 12 个月等等。对于这些类型的数据，C 语言可以把其每一个可能的取值依次列举出来，这种方法称为枚举。用这种方法定义的数据类型称为枚举类型。

枚举类型的定义形式为：

enum 枚举类型名{枚举元素取值表}；

如：

enum weekdays{sun,mon,tue,wed,thu,fri,sat}；

定义好的枚举类型可以用来定义枚举变量，如：

enum weekdays workday；

则 workday 变量的取值范围只能是 sun 到 sat，如：

workday = wed；

也可以在定义枚举类型的同时直接定义枚举变量，如：

enum weekdays{sun,mon,tue,wed,thu,fri,sat}week_end；

在 C 语言编译系统中，枚举元素在定义时就根据其在列表中的序号被赋以固定的值，这个值是一个常量，在程序运行过程中是不可以动态改变的，因此对枚举元素是不能作赋值运算的。

如果在枚举元素列表中没有特别给出某个元素的序号，则默认从 0 开始编号。如：

enum weekdays{sun,mon,tue,wed,thu,fri,sat}；

在该枚举元素列表中，sun 的值为 0，mon 的值为 1，以此类推。

枚举元素的值也可以人为指定，如：

enum weekdays{sun = 7,mon = 1,tue,wed,thu,fri,sat}；

则 sun 的值为 7，mon 的值为 1，tue 的值为 2，wed 的值为 3，以此类推。

8.7　用 typedef 定义类型别名

C 语言除了提供标准类型和构造类型外,还允许用户通过 typedef 定义新的类型名来代替已有的类型名。这个新的类型名和 C 语言提供的类型名一样,也可以用来定义相应的变量。

定义别名的方法如下:

① 先按照常规的方法定义一个变量;

② 将变量名替换成新的类型名;

③ 在变量定义的最前面加上 typedef 关键字。

例如,给 int 起一个别名 INTEGER,可以按以下步骤进行:

① int i;

② int INTEGER;

③ typedef int INTEGER;

又如,给一个结构体类型 student 起一个别名 STUD,也可以按以下步骤进行:

① struct student
   { int num;
     char name[10];
     char sex;
     int age;}s1;

② struct student
   { int num;
     char name[10];
     char sex;
     int age;}STUD;

③ typedef struct student
   { int num;
     char name[10];
     char sex;
     int age;}STUD;

定义了别名后,就可以直接用别名来定义变量了。如:

INTEGER a,b,c;

STUD s1,s2;

上述方法还可以进一步推广到为数组、指针起别名。如:

typedef　int　NUMBER[20];

typedef　int　*POINTER;

以上 NUMBER、POINTER 都是类型别名,可以直接用来定义新的数组或指针变量,如:"NUMBER a;""POINTER p1;"等。

习题八

一、选择题

1. 若程序中有下面的说明和定义：

```
struct data
{
    int x;
    char y;
}a = {10, 'A'};
```

则会发生的情况是_____。

A. 能顺利编译、连接、执行　　　　　B. 编译出错

C. 能顺利通过编译、连接,但不能执行　　D. 能顺利通过编译,但连接出错

2. 设有如下定义：

```
struct sk
{int a;float b;}data, * p;
```

若有"p = &data;",则对 data 中的 a 域的正确引用是_____。

A. (* p). data. a　　　B. (* p). a　　　C. p -> data. a　　　D. p. data. a

3. 有以下结构体类型和变量的定义,且如下图所示指针 p 指向变量 a,指针 q 指向变量 b,则不能把结点 b 链接到结点 a 之后的语句是_____。

```
struct node
{
    char data;
    struct node * next;
}a,b, * p = &a, * q = &b;
```

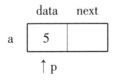 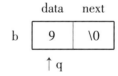

A. a. next = q;　　　B. p. next = &b;　　　C. p -> next = &b;　　D. (* p). next = q;

4. 定义一个共用体变量时系统分配给它的内存是_____。

A. 各成员所需内存量的总和　　　　　B. 共用体中第一个成员所需内存量

C. 成员中占内存量最大者所需内存量　　D. 共用体中最后一个成员所需内存量

5. C 语言结构体类型变量在程序运行期间_____。

A. 所有成员一直驻留在内存中　　　　B. 只有一个成员驻留在内存中

C. 部分成员驻留在内存中　　　　　　D. 没有成员驻留在内存中

二、填空题

1. 有以下定义和语句,则引用结构体变量 a 中的成员 num 的三种形式分别是＿＿＿＿＿＿

＿、＿＿＿＿＿＿＿、＿＿＿＿＿＿＿。

```
struct student
{   int num;
    char name;
    int score;}a, * b;
b = &a;
```

2. 若有以下定义和语句,则 sizeof(a)的值是＿＿＿＿＿＿,sizeof(b)的值是＿＿＿＿＿＿。

```
union share
{
    int i;
    float f;
};
struct { int day; char month; int year;union share k;} a, * b;
b = &a;
```

3. 以下程序的输出结果是＿＿＿＿。

```
union myun
{
    struct
    {
      int x, y, z;
    } u;
    int k;
} a;
main( )
{
    a.u.x = 4;
    a.u.y = 5;
    a.u.z = 6;
    a.k = 0;
    printf("%d\n",a.u.x);
}
```

三、编程题

1. 有 5 个学生,每个学生的数据包括学号、姓名、3 门课的成绩,现要求从键盘输入这 5 个学生的数据,并在屏幕上输出每个学生 3 门功课的平均成绩,要求用结构体编程。

2. 编写一个函数 creat 用来建立一个动态链表,其中每个结点包括学号、姓名和年龄。

3. 在第 2 题的基础上,再编写一个函数 delage 用来删除链表中的结点。要求输入一个年龄,再从链表中删除与该年龄相同的结点。

第九章　预处理命令、位运算与文件

9.1　预处理命令

#include,#define 等以"#"开头的命令称为预处理命令。C 语言的编译预处理程序是一个正文处理程序,它属于 C 语言编译系统的一部分。编译程序对 C 源程序进行编译时,首先调用预处理程序对源程序进行一遍扫描,目的是对在源程序中的预处理指令(以"#"开头的指令)进行识别和处理,处理完毕自动开始对源程序进行编译。合理地使用预处理命令编写的程序便于阅读、修改、移植和调试,也有利于模块化程序设计。

C 语言提供了多种预处理命令,如宏定义、文件包含、条件编译等。本章介绍常用的几种预处理命令。

9.1.1　宏定义

宏定义指令(#define)能有效地提高程序的编程效率,增强程序的可读性、可修改性。C 语言的宏定义包括无参宏定义和带参宏定义。以下分别介绍这两种宏定义。

1. 无参宏定义

无参宏定义的宏名后不带参数,其指令格式为:

#define　标识符　［字符串］

其中,"#"表示这是一条预处理命令,凡是以"#"开头的均为预处理命令;"define"为宏定义命令;"标识符"为所定义的宏名;"字符串"可以是常量、表达式、格式串等,它和第二章、第五章中介绍的字符串常量不一样,它不要求用双引号""括起来。字符串也可以省略。

预处理程序处理源程序时,将程序中出现标识符的地方均用其指定的字符串代替。在前面介绍过的符号常量的定义就是一种无参宏定义。此外,还可以将程序中反复使用的表达式定义成宏,以简化程序。

【例 9.1】　无参宏定义应用举例。

```
#define　PI　3.1415926
#define　R　3.1
void　main()
{
    float s;
    s = 2 * PI * R;
    printf("circumference is % f",s);
}
```

经过编译预处理后将得到如下程序：

```
void    main( )
{
  float s ;
  s = 2 * 31415926 * 3.1
  printf( " circumference is % f" , s ) ;
}
```

说明：

（1）宏名通常采用大写字母表示，以便与程序中的其他标识符区别开来。

（2）宏定义是用宏名代替一个字符串，只是作简单的替换，不作语法检查，只有在编译已被宏展开后的源程序时才开始检查错误。

（3）字符串可以是一个关键字、某个符号或为空。例如：

```
#define    WORD    int
#define    START    {
#define    END      }
#define    A
```

（4）一个宏名一旦被定义了，在没有消除该定义之前，它就不能再被定义为其他不同的值。其作用域是从定义的位置开始到该源文件结束。

（5）#undef 命令可以终止宏定义的作用域。若一个宏名被撤销了原来的定义，便可被重新定义为其他的值。例如，在程序中定义：

```
#define    YES    1
```

之后又用下列宏定义撤销：

```
#undef    YES
```

那么，当程序中再出现 YES 时它就是未定义的标识符了。也就是说，YES 的作用域是从定义的地方开始到#undef 之前结束。

（6）宏定义不是说明或语句，在行末不必加分号，如加上分号则连分号也一起置换。

（7）宏名在源程序中若用引号括起来，则预处理程序不对其作宏替换。

2. 带参宏定义

C 语言允许宏带有参数。在宏定义中的参数称为形式参数，在宏调用中的参数称为实际参数。对带参数的宏，在调用中，不仅要运行宏展开，而且要用实参去替换形参。

带参宏定义的指令格式为：

```
#define    宏名(形参表)    字符串
```

其中，"形参表"是用逗号分隔的若干个形参，在字符串中含有各个形参。

带参宏调用的一般形式为：

```
宏名(实参列表)
```

例如:

```
#define  F(y)  y * y + 3 * y / * 宏定义 * /
…
k = F(5) ;                    / * 宏调用 * /
…
```

在宏调用时,用实参 5 去代替形参 y,经预处理宏展开后得到的语句为:

k = 5 * 5 + 3 * 5;

【例 9.2】 带参宏定义应用举例。

```
#define  MAX(a,b)  (a > b)?a:b
void main( )
{
   int x,y,max;
   printf( " input two numbers:" ) ;
   scanf( " % d% d" ,&x,&y) ;
   max = MAX(x,y) ;
   printf( " max = % d\n" ,max) ;
}
```

上例程序的第 1 行进行带参宏定义,用宏名 MAX 表示条件表达式(a > b)?a:b,形参 a、b 均出现在条件表达式中。程序第 7 行的"max = MAX(x,y);"为宏调用,实参 x、y 将替换形参 a、b。宏展开后该语句为:

max = (x > y)? x:y;

它用于计算 x 与 y 中的较大数。

对于带参宏定义有以下几点需要注意:

(1)带参宏定义中,宏名和形参表之间不能有空格。

例如:

```
#define  MAX(a,b)  (a > b)?a:b
```

如果误写成:

```
#define  MAX  (a,b)(a > b)?a:b
```

则被认为是无参宏定义,宏名 MAX 代表字符串"(a,b)(a > b)? a:b"。宏展开时,宏调用语句:

max = MAX(x,y) ;

将变为:

max = (a,b)(a > b)? a:b(x,y) ;

这显然是错误的。

（2）在带参宏定义中,形式参数不被分配内存单元,因此不必作类型定义。而宏调用中的实参有具体的值,要用它们去替换形参,因此必须作类型说明。这是与函数中的情况不同的。在函数中,形参和实参是两个不同的量,各有自己的作用域,调用时要把实参值赋予形参,进行"值传递"。而在带参宏中,只是符号替换,不存在值传递的问题。

（3）在宏定义中的形参是标识符,而宏调用中的实参可以是表达式。

【例9.3】　用表达式作实参调用宏举例。

```
#define CUBE(y)   (y)*(y)*(y)
void   main()
{
   int a,cube;
   printf("input a number: ");
   scanf("%d",&a);
   cube = CUBE(a+1);
   printf("cube = %d\n",cube);
}
```

上例中第一行为宏定义,形参为 y。程序第 7 行的宏调用中实参为 a+1,是一个表达式,在宏展开时,用 a+1 替换 y,再用(y)*(y)*(y) 替换 CUBE,得到如下语句:

```
cube = (a+1)*(a+1)*(a+1);
```

这与函数调用是不同的,函数调用时要把实参表达式的值求出来再赋予形参,但宏替换中对实参表达式不作计算而是直接按照原样进行替换。

（4）在宏定义中,字符串内的形参通常要用括号括起来以避免出错。在上例的宏定义中,(y)*(y)*(y)表达式的 y 都用括号括起来,因此结果是正确的。如果去掉括号,把程序改为以下形式:

```
#define   CUBE(y)   y*y*y
void   main()
{
   int a,cube;
   printf("input a number: ");
   scanf("%d",&a);
   cube = CUBE(a+1);
   printf("cube = %d\n",cube);
}
```

运行结果为:

input a number:3

cube = 10

cube 不等于 64 的原因是宏替换只作简单的符号替换,对参数不作任何处理。宏替换后得到的语句为：

　　　cube = a + 1 * a + 1 * a + 1;

所以 cube 的值为 10。这显然与题意不符，因此参数两边的括号是不能少的。

　　（5）宏定义嵌套时作层层替换。

【例 9.4】 宏定义嵌套举例。

```
#define    MC( m )    2 * m
#define    MB( n,m )    2 * MC( n ) + m
void main( )
{
    int i = 2,j = 3;
    printf( "% d\n",MB( j,MC( i ) ) );
}
```

　　上述程序作宏替换时，先将 MB(j,MC(i)) 替换为 2 * MC(j) + MC(i)，再将 MC(j)、MC(i) 分别替换为 2 * j、2 * i，得到的最终表达式为 2 * 2 * j + 2 * i，将 i、j 的值代入该表达式，得到 16。

9.1.2　文件包含

　　文件包含是 C 预处理命令的另一个重要功能。在程序设计中，通常将一个大的程序分为多个独立的模块，由多个程序员分别编程。将一些公用的符号常量或宏定义等可单独组成一个文件，在其他文件的开头用包含命令包含该文件即可使用。这样，可避免在每个文件开头都去书写那些公用量，从而节省时间，并减少出错。

　　文件包含命令的功能是把指定的文件插入该命令行位置取代该命令行，从而把指定的文件和当前的源程序文件连成一个源文件。

　　例如，有图 9.1 所示的两个文件。

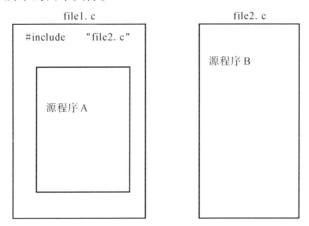

图 9.1　文件 file1. c 和 file2. c 的示意图

　　图 9.1 中，在源程序文件名为 file1. c 的程序中，在"源程序 A"的前面使用了文件包含命令#include "file2. c"，经过编译预处理后，将源程序文件名为 file2. c 的"源程序 B"替换编译

预处理命令"#include file2. c",即放在了"源程序 A"的上面,如图9.2 所示。

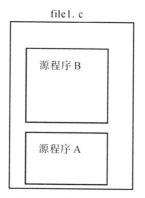

file1. c

源程序 B

源程序 A

图 9.2　经过编译处理后的 file1. c 文件

文件包含命令的一般形式有两种:

#include　＜文件名＞
#include　"文件名"

二者的区别在于搜索路径的顺序不一样。"#include　＜文件名＞"形式先在编程软件(如 TC 2.0)所在目录下搜索该文件,找不到再搜索其他路径;"#include　"文件名""形式则先在用户程序所在目录下搜索文件。如果包含的文件是系统自身提供的,如 stdio. h、math. h、string. h、stdlib. h 等,最好用"#include　＜文件名＞"形式;如果是用户自己编写的文件,则用"#include　"文件名""形式。

注意:

● 一个 include 命令只能指定一个被包含文件,若有多个文件要包含,则需用多个include命令。

● 文件包含允许嵌套,即在一个被包含的文件中又可以包含另一个文件。

9.2　位运算

在程序设计中,可以操作的最小数据单位是二进制位(bit),理论上,我们可以按"位"来运算以完成所有的运算和操作。位运算是指按照二进制位进行的运算,是对字节或字中实际存储的二进制位进行检测、设置或移位。通常,按位操作是用来产生控制信号以控制硬件操作或者实现数据变换。有些时候,灵活的位操作可以有效提高程序运行效率。由于 C 语言具有按位运算的功能,使得利用 C 语言也能像利用汇编语言一样编写系统程序。

9.2.1　位运算符

C 语言提供了 6 种位运算符,这些运算符的操作数只能是整型数据,即只能操作带符号或无符号的 char、short、int 与 long 类型数据。

位运算符及其功能描述如表9.1 所示。

表 9.1　位运算符的功能

运算符	功能	描述
&	按位与	如果两个相应的二进制位都为 1,则该位的结果值为 1,只要有一个为 0,则结果为 0
|	按位或	两个相应的二进制位中只要有一个为 1,该位的结果值为 1,只有两个都为 0,结果才为 0
^	按位异或	若参加运算的两个二进制位值相同则为 0,否则为 1
~	取反	~ 是单目运算符,用来对一个二进制数按位取反,即将 0 变 1,将 1 变 0
<<	左移	用来将一个数的各二进制位全部左移 n 位,左端 n 位被舍弃,右端补 n 个 0,左移之后的数值扩大为原来的 2^n 倍
>>	右移	将一个数的各二进制位右移 n 位,右端 n 位被舍弃,对于无符号数或带符号的非负数,左端补 n 个 0;对于带符号的负数,左端补 n 个 1。

在前面的学习中,我们知道关系表达式和逻辑表达式的运算结果只能是 1(真)或 0(假)。而位运算表达式的结果则可以取 0 或 1 以外的值。

现将 6 种位运算符详细介绍如下:

1. 按位与运算符(&)

按位与运算符"&"是双目运算符,其功能是将两个整数的二进制补码相应位进行逻辑与操作。

按位与运算的运算规则是只有对应的两个二进制位均为 1,结果才为 1,否则为 0。

例如:计算 9&7。

9 的 16 位二进制补码为 00000000 00001001,7 的 16 位二进制补码为 00000000 00000111。则

$$
\begin{array}{r}
00000000\ 00001001 \\
\&\quad 00000000\ 00000111 \\
\hline
00000000\ 00000001
\end{array}
$$

00000000 00000001 即 1,所以 9&7 的结果为 1。

按位与运算通常有以下用途:

(1) 清零特定位。

如果想对某个数据的某些二进制位清零,只要构造一个特殊的二进制数,使其满足以下条件:与原数中需要清零的二进位相对应的数位上的值为 0,其余位为 1,然后将原数与这个特殊的二进制数进行按位与运算即可。

【例 9.5】 将 43 的二进制代码的右边第 2 位清 0。

问题分析

43 的 16 位二进制补码为 00000000 00101011,要将右边第 2 位清 0,就需要构造一个新的二进制代码 11111111 11111101(即十进制数 - 3),00000000 00101011& 11111111 11111101 的结果为 00000000 00101001(即 41)。

程序代码

```
#include < stdio. h >
void   main( )
{
   int a = 43;
   printf( "a& - 3 = % d" ,a& - 3) ;
}
```

运行结果(图 9.3)

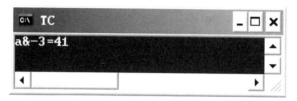

图 9.3　将 43 右边第 2 位清 0 的程序运行结果

(2) 保留指定位。

若想保留某个数的指定位,可以将其与一个特定的二进制代码进行按位与操作,此代码的相应位设置为 1,其余位设置为 0。

【**例 9.6**】　保留 43 的二进制代码右边第 1、3、5、7 位。

问题分析

依据题意,构造一个二进制串 00000000 01010101(即十进制数 85),将其与 43 的补码 00000000 00101011 按位与得 00000000 00000001,保留下来的右边第 1、3、5、7 位分别为 1、0、0、0。

程序代码

```
#include < stdio. h >
void   main( )
{
   printf( "43& 85 = % d" ,43& 85) ;
}
```

运行结果(图 9.4)

图 9.4　保留 43 第 1、3、5、7 位的程序运行结果

2. **按位或运算符(|)**

按位或运算符"|"是双目运算符,其功能为将参与运算的两数按位相或,如果对应的两

个二进制位中有一个为 1,结果为 1,否则为 0。

例如:计算 9|4。

将 9 和 4 转换成二进制补码得 00000000 00001001 和 00000000 00000100。则

$$
\begin{array}{r}
00000000\ 00001001 \\
|\quad 00000000\ 00000100 \\
\hline
00000000\ 00001101
\end{array}
$$

00000000 00001101 转换成十进制得 13。所以 9|4 的结果为 13。

3. 按位异或运算符(^)

按位异或运算符"^"是双目运算符,其功能是将参与运算的两数按位相异或,当相应的两个二进制位的值不同时,结果为 1,反之,结果为 0。

例如:计算 156^13。

156 和 13 转换成二进制补码分别是 00000000 10011100 和 00000000 00001101。则

$$
\begin{array}{r}
00000000\ 10011100 \\
\hat{}\quad 00000000\ 00001101 \\
\hline
00000000\ 10010001
\end{array}
$$

00000000 10010001 对应的十进制数为 145。

按位异或运算通常有以下用途:

(1) 使特定位的值取反。

要使某个数的某几位翻转,就将与其进行按位异或运算的操作数的相应位设置为 1,其他位设置为 0 即可。

例如:设有数 100,其二进制代码为 01100100,想使其低 4 位翻转,即 1 变 0,0 变 1,可以将其与二进制代码 00001111 进行异或运算,运算结果为 107(其二进制数为 01101011),低 4 位正好是原数低 4 位的翻转。

(2) 不引入第三变量,交换两个变量的值。

例如:$x=5$,$y=7$,想将 x 和 y 的值互换,可以用以下赋值语句实现:

x = x^y;(x^y 的结果,x 已变成 2)
y = y^x;(y^x 的结果,y 已变成 5)
x = x^y;(x^y 的结果,x 已变成 7)

4. 取反运算符(~)

取反运算符"~"为单目运算符,用于将整数的二进制补码的各二进制位由 1 变成 0,由 0 变成 1。

例如:计算 ~10。

10 的二进制补码为 00000000 00001010,按位取反后得到 11111111 11110101,将这个二进制补码转换成原码得到 10000000 00001011,对应的十进制数为 −11。

5. 左移运算符(<<)

左移运算符"<<"是双目运算符,其功能是把左边操作数的各二进制位全部左移若干

位,高位左移溢出则舍弃,低位补若干个0。

例如:计算 25 <<3。

25 的二进制补码为 00000000 00011001,向左移 3 位并将低 3 位补 0 得 00000000 11001000。

6. 右移运算符(>>)

右移运算符" >> "是双目运算符,其功能是把左边操作数的各二进制位全部向右移动若干位,移到右端的低位被舍弃。对于无符号数,高位补若干个0;对于有符号数,负数高位用1补齐,非负数用0补齐。

例如:计算 15 >>3,即把 00000000 000001111 向右移 3 位并在高位补 0 得 00000000 00000001(十进制数为 1)。

位运算符按照优先级从高到低排列,依次为: ~ 、<< 、>> 、&、^、| 。

【例9.7】 利用位运算将43 右边第 3 位取出。

问题分析

43 的 16 位二进制补码为 00000000 00101011,要将右边第 3 位数字取出,首先要将43右移 2 位得 00000000 00001010,再将其与 1 进行按位与操作,即 00000000 00001010& 00000000 0000001,得到的结果为 0。所以 43 的二进制补码右边第 3 位为 0。

程序代码

```
#include < stdio. h >
void main( )
{
    printf( " The third number of 43 is % d" ,43 >>2& 1) ;
}
```

运行结果(图9.5)

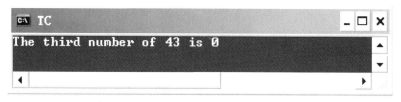

图9.5 取43 的第3位数字的程序运行结果

7. 位运算赋值运算符

位运算符与赋值运算符可以组成复合赋值运算符: & = , |= , >>= , <<= , ^ = 。例如, a & = b 相当于 a = a & b,a << =2 相当于 a = a <<2。在此不再赘述。

9.2.2　位域

为了节省存储空间,并使问题处理简便,C 语言提供了一种称为"位域"或"位段"的数据结构。位域是把一个字节中的二进制位划分为多个不同的域,每个域的位数可以分别说明,每个域有一个域名,在程序中对域按域名操作。这样就把不同的对象用一个字节的二进制位域来分别表示。例如,有些信息在存储时并不需要占用整个字节,只需占一个或几个二进制位就够了,对于这种信息我们可以采用位域方式来存储。再例如,存放一个状态量时,只有 0 和 1 两种状态,用一个二进制位即可表示。

1. 位域的定义

位域的定义与结构体的定义相类似,其形式为:

struct 位域结构名
{　位域列表
};

其中,位域列表的形式为:

类型说明符 位域名:位域长度

例如:

struct s1
{
　int a:3;
　int b:5;
　int c:2;
　int d:6;
};

2. 位域变量的定义

位域变量的定义有三种方式:

(1) 先定义位域结构,再定义位域变量。

(2) 定义位域结构的同时定义位域变量。

(3) 直接定义位域变量。

例如:

struct s2
{
　int a:2;
　int b:6;
　int c:3;
}data;

说明 data 为 s2 位域结构的变量,占两个字节。其中位域 a 占 2 位,位域 b 占 6 位,位域 c 占 3 位。

对于位域的定义的几点说明:

(1) 一个位域不能跨两个字节。

若一个字节所剩空间不足以存放另一位域时,应将下一新存储单元作为起始存放该位

域,也可以强制使某位域从下一新存储单元开始存放。例如:

```
struct s3
{
    unsigned a:4;
    unsigned :0;
    unsigned b:4;
    unsigned c:4;
};
```

其中,a 占第一字节的低 4 位;unsigned :0 表示空域,即高 4 位填 0,表示不使用;b 从第二字节开始,占用低 4 位;c 占用高 4 位。

(2) 位域的长度小于 8 位。

位域不允许跨两个字节,即不能超过 8 个二进制位。

(3) 位域可以无位域名。

这种位域通常只用作填充或调整位置。无名位域是无法使用的。例如:

```
struct s4
{
    int a:1;
    int :2;
    int b:1;
    int c:4;
};
```

其中,int :2 表示该 2 位无位域名,不能使用。

由此看出,位域的本质就是一种成员按二进制位分配的结构体类型。

3. 位域的使用

引用位域的一般形式为:

位域变量名. 位域名

【例9.8】 位域的使用举例。

程序代码

```
#include <stdio.h>
void    main()
{
    struct s5
    {
        unsigned x:1;
        unsigned y:4;
        unsigned z:3;
    } bit, *pbit;   /*定义了位域结构 s5,三个位域为 x、y、z,指向 s5 类型的指针变量 pbit */
    bit.x = 1;
```

```
bit. y = 9;
bit. z = 6;
printf(" bit. x = % d, bit. y = % d, bit. z = % d \n", bit. x, bit. y, bit. z);
pbit = &bit;
pbit -> x = 0;
pbit -> y& = 10;
pbit -> z| = 3;
printf(" pbit -> x = % d, pbit -> y = % d, pbit -> z = % d \n", pbit -> x, pbit -> y, pbit -> z);
                                    /* 用指针方式输出了这三个域的值 */
}
```

运算结果(图 9.6)

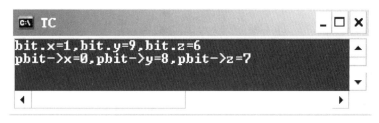

图 9.6　位域的使用举例

9.3　文件

在前几章介绍的程序中,数据均是从键盘输入的,数据的输出均送到显示器显示。但是,在实际应用中,计算机作为一种先进的数据处理工具,它所面对的数据仅依赖于键盘输入和显示器输出等方式是完全不够的。通常采取将这些数据记录在某些存储介质上,利用这些介质的存储特性携带数据或长久地保存数据,这种记录在外部介质上的数据的集合称为"文件"。因此在 C 语言的输入输出函数库中提供了大量的函数,用于完成数据文件的建立、数据的读写以及数据的追加等处理。本章将介绍如何使用这些函数来完成文件的建立、读/写等基本操作。

9.3.1　文件和文件指针

1. 文件的概念和分类

文件是程序设计中的一个重要概念。所谓文件,一般是指存储在外部介质上的数据的集合。一批文件是以数据的形式存放在外部存储设备的,这就要用到磁盘文件。文件是存放在计算机内的一组相关数据。C 语言将文件看作一个字符(字节)的序列,即一个一个字符(字节)的数据顺序组成。

在 C 语言中,对文件有多种分类方法:

(1) 按其存放的内容可分为程序文件和数据文件。

(2) 根据数据的组成可分为 ASCII 文件和二进制文件。ASCII 文件的每一个字节存放一个 ASCII 字符,例如整型常量 2145 在内存中按 int 型占 2 个字节,但是 ASCII 文件则将 2145 以′2′、′1′、′4′、′5′四个字符存放,占 4 个字节,而二进制文件把内存中的数据按其在内存中的存储形式输出到磁盘上存放,2145 按 int 型以 2 个字节存放。前者占空间多,需要转换,后者节省空间和转换时间,但一个字节不对应一个字符,不能直接输出字符形式。

(3) 按文件的逻辑结构分为记录文件和流式文件。前者由具有一定结构的记录组成(定长和不定长),后者由一个个字符(字节)数据顺序组成。

(4) 按存储介质分为普通文件和设备文件。普通文件为存储介质(包括磁盘、磁带等)中的文件,设备文件为非存储介质(键盘、显示器、打印机等)文件。

(5) 按照对文件的不同处理方式,文件可分为缓冲文件和非缓冲文件。

2. 文件指针

C 语言规定文件是一种特殊的结构体类型,该结构体中的成员记录了处理文件时所需的信息。该结构体已在头文件 stdio. h 中进行了定义。在学习过程中,读者不用关心文件的具体定义,只要学会如何使用就可以了。用户可以直接使用"FILE"类型名来定义这个结构体的指针变量,并通过它来处理文件。用 FILE 定义的指针变量通常称为"文件类型指针"。

文件类型指针定义的一般形式为:

FILE ∗ 文件指针名;

其中,"文件指针名"是用户自定义的标识符。

注意:使用"FILE"定义文件指针,必须在程序的开头增加编译预处理命令:#include <stdio. h>,因为文件结构体类型是在 stdio. h 中定义的。

在缓冲文件系统中进行文件的操作一般分为三个步骤:打开文件,操作文件,关闭文件。

(1) 打开文件:建立用户程序与文件的联系。

(2) 操作文件:指对文件的读、写、追加和定位操作。

(3) 关闭文件:切断文件与程序的联系,将文件缓冲区的内容写入磁盘,并释放文件缓冲。

9.3.2 文件的打开与关闭

在对文件进行读写操作之前要先将其打开,使用完毕要关闭。所谓打开文件,实际上是建立文件的各种有关信息,并使文件指针指向该文件,以便进行其他操作。关闭文件则断开指针与文件之间的联系,也就禁止再对该文件进行操作。在 C 语言中,文件操作都是由库函数来完成的。文件的打开与关闭这两个系统函数均包含在头文件 stdio. h 中。

1. 文件的打开

在对文件进行读写操作之前要先将其打开,然后才能对文件进行数据的操作。在 C 语言中利用 fopen 函数来打开一个文件,其调用的一般形式为:

fp = fopen(文件名,使用文件方式);

其中,"fp"是用 FILE ∗ fp 定义的 FILE 类型的指针变量;"文件名"是被打开文件的文件名(文件名必须包括其路径),文件名是由字符常量或字符数组组成。例如:

FILE ∗ fp;
fp = fopen(" myfile" ," r");

其含义是在当前目录下打开文件 myfile,并且只允许进行"读"操作,同时使文件指针 fp 指向该文件。但是应该注意,在文件名串中,不得直接使用路径描述符"\",而必须采用其转义字符形式"\\"。其中的第一个"\"表示转义字符,第二个"\"表示路径描述符。

2. 文件的使用

一般使用到文件的 C 程序段,其中都会有下面的几行,用来提示文件的打开和关闭状态:

```
if((fp = fopen("文件名","使用方式")) == NULL)
｛   printf("\n can not open file!");
    exit(1);
｝
```

(1) 文件使用方式由 r(read)、w(write)、a(append)、b(binary)、+(read/ write)5 个字符拼成。其中,用"r"方式打开一个文件时,该文件必须已经存在,且只能从该文件读出。用"w"打开的文件只能向该文件写入,若打开的文件不存在,则以指定的文件名建立该文件;若打开的文件已经存在,则将该文件删去,重建一个新文件。对用"a"方式打开的文件可以向其末尾追加新的数据。"b"表示打开的是二进制文件。"+"表示打开的文件既可用来输入,又可用来输出。一共有 12 种打开文件的方式:"r"、"w"、"a"、"r +"、"w +"、"a +"、"rb"、"wb"、"ab"、"rb +"、"wb +"、"ab +"。前 6 种用于打开文本文件,后 6 种用于打开二进制文件。

(2) 若要向一个已存在的文件追加新的信息,只能用"a"方式打开文件。但此时该文件必须是存在的,否则将会出错。

(3) 在打开一个文件时,如果出错,fopen 将返回一个空指针值 NULL。在程序中可以用这一信息来判别是否完成打开文件的操作,并作相应的处理。因此常用以下程序段打开文件:

```
if((fp = fopen("d:\\cfile","rb")) == NULL)
｛
    printf("\n can not open file d:\\cfile!");
    getch();
    exit(1);
｝
```

这段程序的含义是:如果返回的指针为空,则表示不能打开 D 盘根目录下的 cfile 文件,并给出提示信息"can not open file d:\\ cfile!";下一行 getch()的功能是从键盘输入一个字符,但不在屏幕上显示。在这里,该行的作用是等待,只有当用户从键盘按下任一键时,程序才继续运行,因此用户可利用这个等待时间阅读出错提示。按键后执行 exit(1)退出程序。

3. 文件的关闭

文件一旦使用完毕,应用文件关闭函数 fclose 把文件关闭,以避免发生文件的数据丢失等错误。

fclose 函数的一般调用形式是:

fclose(文件指针) ;

正常完成关闭文件操作时, fclose 函数返回值为 0, 否则返回 EOF,EOF 在 stdio. h 头文件中定义为 -1。如返回非零值则表示有错误发生。

4. 文件结束的判定

在 C 语言文件系统中,可以利用 feof 函数判断文件是否结束。

在文本文件中,数据都是按 ACSII 码存放,由于 ACSII 码的取值范围为 0 ~ 255,不会出现 -1,因此可以在文件尾加 -1 作为文件结束标志,这样用函数 feof 可以测试到文件结束标志 -1。

feof 函数的一般调用形式为:

feof(文件指针)

feof 函数的功能是测试文件指针所指向的文件的内部读写位置指针是否到达文件尾。如果文件结束,则返回值为 1,否则为 0。

例如:

while(!feof(fp))
{
　c = fgetc(fp) ;
}

当未遇到文件的结束标志 -1 时, feof(fp) 的返回值为 0,此程序段的含义是:当 !feof(fp) 为 1,从文件当前位置读入一个字节的数据赋给字符型变量 c,直到遇到文件结束标志时, feof(fp) 的值为 1, !feof(fp) 为 0,不再执行 while 循环。

9.3.3　文件的读写

对文件的读写操作都是通过系统函数完成的。

1. 字符的读写

(1) 写字符函数(fputc 函数)

fputc 函数的功能是把一个字符写到磁盘文件中。其调用的一般形式为:

fputc(ch,fp) ;

其中,ch 是要输出的字符,它可以是一个字符常量,也可以是一个字符变量;fp 是文件指针变量,它从 fopen 函数得到返回值。fputc(ch,fp) 的作用是将字符(ch 的值)输出到 fp 所指向的文件中。

fputc 函数也返回一个值:如果输出成功,则返回值就是输出的字符;如果输出失败,则返回一个 EOF。

(2) 读字符函数(fgetc 函数)

fgetc 函数的功能是从指定文件读入一个字符,该文件必须是以读或读写方式打开的。其调用的一般形式为:

ch = fgetc(fp) ;

其中,fp 为文件型指针变量,ch 为字符变量。fgetc 函数返回一个字符并赋给 ch。如果执行 fgetc 函数来读字符时遇到文件结束符,函数返回一个文件结束标志 EOF。如果想从一个磁盘文件顺序读入字符并在屏幕上显示出来,可以:

```
ch = fgetc( fp) ;
while ( ch! = EOF)
｛  putchar( ch) ;
     ch = fgetc( fp) ;
｝
```

【例 9.9】　编写程序,将字符′Z′写入文件"test. txt"中,然后从文件中将此字符读出并在屏幕上显示。

程序代码

```
#include < stdio. h >
void   main( )
｛
    FILE  ∗ fp;
    fp = fopen( "d:\\test. txt" ,"w" ) ;
    fputc( ′Z′,fp) ;                          /∗将字符′Z′写入 test. txt 文件中 ∗/
    fclose( fp) ;
    fp = fopen( "d :\\test. txt" ,"r" ) ;
    putchar( fgetc( fp) ) ;                   /∗读出 test. txt 文件中的字符并输出到屏幕上 ∗/
    fclose( fp) ;
｝
```

2. 字符串的读写

(1) 写字符串函数(fputs)

fputs 函数的一般调用形式为:

fputs(字符串, fp) ;

其中,fp 为待写入文件的文件指针;"字符串"可以是字符串常量,也可以是指向字符串的指针或字符数组名。

fputs 函数的功能是向指定的文件写入一串字符。该函数对应于标准 I/O 函数 puts,但二者有区别。fputs 函数写入文件时将写入字符串后的空字符丢掉(即空字符不写到文件中去),而 puts 函数将把空字符换成换行字符输出。该函数的返回值是一个 int 类型的数据,当写入成功时返值为 0,不成功时返回非 0 值。如:

fputs("China" ,fp) ;

(2) 读字符串函数(fgets)

fgets 函数的一般调用形式为:

fgets(字符串,n,fp) ;

如：

fgets(str,n,fp) ;

上述语句表示从 fp 指向的文件读入 n－1 个字符,并把它们放到字符数组 str 中。如果在读入 n－1 个字符结束之前遇到换行符或 EOF,读入即结束。读入字符串后在最后加一个′\0′字符,fgets 函数的返回值为字符串的首地址。

【例9.10】　已知 test. txt 文件中包含字符串"C program!",利用 fgets 函数,读取该文本文件。

程序代码

```
#include < stdio. h >
#include < string. h >
void    main( )
{
  FILE  * fp;
  char str[50];
  if ( ( fp = fopen( "test. txt" , "w" ) ) == NULL)
  {
    printf( "can not open the file\n" ) ;
    exit(1) ;
  }
  fgets( str,11,fp) ;
  printf( "\n% s" ,str) ;
  fclose  (fp) ;
}
```

此程序的功能是从 test. txt 文件中读取包含 10 个字符的字符串并输出到屏幕上。

3.　数据块的读写

下面的两个函数是专门针对二进制的数据块进行读写操作的。

(1) 数据块的写文件函数(fwrite( ))

fwrite 函数的一般调用形式为:

fwrite(buffer,size,count,fp) ;

其中,buffer 是一个指针,在 fwrite 函数中,它用来指出待输出数据的地址;size 是每次要写的字节数;count 是要读写多少个 size 大小的数据项;fp 是文件型指针。

注意:完成写操作(fwrite( ))后必须关闭文件(fclose( ))。

【例9.11】　编写程序,将数组中的数据写入文件 test. txt 中。

程序代码

```
#include  < stdio. h >
void    main( )
{
```

```
    int x[5] = {1,2,3,4,5},i;
    FILE * fp;
    fp = fopen("d:\\test.txt","wb");
    for(i = 0;i < 5;i ++)                    /* 将数组中的元素写入文件中 */
        fwrite(&x[i],sizeof(int),1,fp);
    fclose(fp);
}
```

（2）数据块的读文件函数（fread（ ））

fread 函数的一般调用形式为：

fread(buffer,size,count,fp);

其中：buffer 是一个指针，在 fread 函数中，它用来指出读入数据的存放地址；size 是每次要读的字节数；count 是指要读多少个 size 大小的数据项；fp 是文件型指针。

【例 9.12】　从例 9.11 建立的 test.txt 文件中读出数据并输出到屏幕上。

程序代码

```
#include < stdio.h >
void   main()
{
    int y[5],i;
    FILE * fp;
    fp = fopen("d:\\test.txt","rb");
    fread(y,sizeof(int),5,fp);               /* 将文件中的数据读出存放于数组中 */
    fclose(fp);
    for(i = 0;i < 5;i ++)                     /* 在屏幕上输出数组中的元素 */
        printf("\n%d",y[i]);
}
```

4. 格式化读/写文件函数（fscanf 函数和 fprintf 函数）

fscanf 函数和 fprintf 函数的一般调用形式为：

fprintf(文件指针,"格式控制",输出列表);
fscanf(文件指针,"格式控制",&地址列表);

使用 fprintf 函数总是将输出项在内存中的表示形式按指定的格式转换成字符串形式，再写入指定的文件中去；使用 fscanf 函数从文件中读出的数据一定是按字符串形式（文本形式）存在的。读出后的数据总按相应的输入项对应的格式说明转换成内存中的存储形式，再赋给对应的输入项。由于这两个函数在读出/写入处理的过程中要对数据进行格式转换，因此执行速度较慢。

用 fprintf 和 fscanf 这两个函数对磁盘文件进行读写，使用方便，容易理解，但由于在输入时要将 ASCII 码转换为二进制形式，在输出时又要将二进制形式转换成字符，花费的时间较多。因此，在内存与磁盘频繁交换数据的情况下，最好不用这两个函数，而用 fread 函数和

fwrite 函数。

【例 9.13】　应用 fprintf 函数,建立和读取文本文件的内容。

程序代码

```
#include < stdio. h >
void main( )
{
  FILE  * fp;
  long a[2] = {1234,5678};
  if ( ( fp = fopen( "d:\\test. txt" ,"w") ) == NULL)
  {
    printf( "can not open file\n") ;
    exit(0) ;
  }
  fprintf( fp,"% ld,% ld\n",a[0],a[1]) ;         /*将数组中的元素写进文件中*/
  fclose( fp) ;
}
```

说明:在此程序中,建立文本文件时,利用 fprintf 函数写入数据不会自动产生换行符,所以在 fprintf 的格式串中要加入"\n",形成以换行符为分隔符的行记录。

【例 9.14】　打开例 9.11 使用的文件,应用 fscanf 函数读取文本文件的内容。

程序代码

```
#include < stdio. h >
void main( )
{
  FILE  * fp;
  long a[2] ;
  if ( ( fp = fopen( "d:\\test. txt" ,"r") ) == NULL)
  {
    printf( "can not open file\n") ;
    exit(0) ;
  }
  fscanf( fp,"% ld,% ld" ,&a[0],&a[1]) ;
                          /*将文件中的数据读出并存放于数组元素中*/
  printf( "% ld,% ld\n",a[0],a[1]) ;
  fclose( fp) ;
}
```

9.3.4　文件的定位

1. rewind 函数

rewind 函数的功能是使文件指针的读写位置重新返回到文件的开头。rewind 函数的一般调用形式为:

rewind(文件指针);

【例 9.15】　利用 rewind 函数,将文件 text.txt 中的内容输出两次。

```
#include <stdio.h>
void  main()
{
   FILE *fp;
   fp = fopen("d:\\test.txt", "r+");
   while(! feof(fp))
         putchar(fgetc(fp));
   rewind(fp);
   while(! feof(fp))
         putcchar(fgetc(fp));
   fclose(fp);
}
```

2. fseek 函数

fseek 函数的功能是使文件指针移到距起始点偏移 w 个字节处。fseek 函数的一般调用形式为:

fseek(文件指针,位移量 w,起始点 s);

其中,w 为负数表示向文件头方向移动,w 为正数表示向文件尾方向移动,w 为 0 表示不移动;起始点 s 可为 0、1、2,s = 0 表示文件头,s = 1 表示当前位置,s = 2 表示文件末尾。

【例 9.16】　根据例 9.11,将文件 d:\text.txt 中的数据读入并在屏幕上显示出来。

```
#include <stdio.h>
void  main()
  {
    int i;
    FILE *fp;
    int y[5];
    if((fp = fopen("d:\\text.txt","rb")) == NULL)
      {
         printf("can not open file\n");
         exit(0);
      }
    for(i = 0;i < 5; i ++)
      {
         fseek(fp, - i * sizeof(int),0);
         fread(&y[i],sizeof(int),1,fp);
         printf("%d\n",y[i]);
      }
    fclose(fp);
  }
```

3. ftell 函数

ftell 函数的功能是得到流式文件中的当前位置,用相对于文件开头的位移量来表示。如果 ftell 函数的返回值为 −1L,则表示出错。

ftell 函数的一般调用形式为:

ftell(文件指针);

例如:

i = ftell(fp);
if(i == −1L) printf("error\n");

变量 i 存放当前位置,若调用函数出错(如不存在此文件),则输出"error"。

9.3.5　文件的检测

为了发现文件读写时出现的错误,C 语言提供了一些检测函数。C 语言中常用的文件检测函数有以下两个:

1. 出错检测函数 ferror

ferror 函数的一般调用形式为:

ferror(文件指针)

如 ferror 函数的返回值为 0 则表示未出错,非 0 则表示有错。

2. 清除错误标志函数 clearerr

clearerr 函数的一般调用形式为:

clearerr(文件指针);

其作用是使文件错误标志和文件结束标志置为 0。

习题九

一、选择题

1. 以下叙述中错误的是_____。

　A. C 程序中的#include 和#define 均不是 C 语句。

　B. 在 C 语言中,预处理命令都以#开头。

　C. 每个 C 程序必须在开头包含预处理命令#include。

　D. 一行中不能有多条预处理命令。

2. 以下程序运行后的输出结果是_____。

```
#define   P   3
int F(int x)
{   return (P * x * x); }
void   main()
{   printf("%d\n", F(3 + 5)); }
```

    A. 192   B. 29   C. 25   D. 编译出错

3. 有以下的宏定义：

#define   SQR(x)   x * x

则执行表达式 $a = 16, a/ = SQR(2 + 1)/SQR(2 + 1)$ 后的值是_____。

    A. 16   B. 2   C. 9   D. 1

4. 程序中，头文件 type1.h 的内容是：

```
#define N 5
#define M1 N + 3
```

源程序如下：

```
#include "type1.h"
#define M2 N + 2
void main( )
{
    int i;
    i = M1 + M2;
    printf(" % d\n", i);
}
```

程序运行后的结果是_____。

    A. 10   B. 20   C. 25   D. 15

5. 下列说法中不正确的是_____。

    A. 有参宏的参数不占内存空间   B. 宏定义可以嵌套定义

    C. 宏定义可以递归定义   D. 宏展开只作替换，不含计算过程

6. 下列说法中正确的是_____。

    A. 宏名必须用大写字母表示

    B. 预处理命令行必须在源程序的开头

    C. 当程序有语法错误时，预处理的时候就能够检查出来

    D. 宏定义必须写在函数之外

7. 设有定义语句"char c1 = 92, c2 = 92;"，则以下表达式中值为零的是_____。

    A. c1^c2   B. c1 & c2   C. ~ c2   D. c1 | c2

8. 以下程序运行后的输出结果是_____。

```
void main( )
{   unsigned char a, b;
    a = 4 | 3;
    b = 4 & 3;
    printf(" % d % d ", a, b);
}
```

    A. 7   0   B. 0   7   C. 1   1   D. 43   0

9. 设有如下定义："int x = 1, y = -1;"，则语句"printf("%d", (x -- & ++ y));"的输出结果是_____。

　　A. 1　　　　　　　　B. 0　　　　　　　　C. -1　　　　　　　　D. 2

10. 设有以下语句："char a = 3, b = 6, c; c = a^b << 2;"，则 c 的二进制值是_____。

　　A. 00011011　　　　B. 00010100　　　　C. 00011100　　　　D. 00011000

11. 利用 fseek 函数可实现的操作是_____。

　　A. fseek(文件类型指针,起始点,位移量);

　　B. fseek(文件类型指针,位移量,起始点);

　　C. fseek(位移量,起始点,文件类型指针);

　　D. fseek(起始点,位移量,文件类型指针);

12. 若执行 fopen 函数时发生错误，则函数的返回值是_____。

　　A. 地址值　　　　　B. 0　　　　　　　　C. 1　　　　　　　　D. EOF

13. 若要用 fopen 函数打开一个新的二进制文件,该文件要既能读也能写,则文件打开方式字符串应是_____。

　　A. "ab +"　　　　　B. "wb +"　　　　　C. "rb +"　　　　　D. "ab"

14. fscanf 函数的正确调用形式是_____。

　　A. fscanf(文件指针,格式字符串,输出列表);

　　B. fscanf(格式字符串,输出列表,文件指针);

　　C. fscanf(格式字符串,文件指针,地址列表);

　　D. fscanf(文件指针,格式字符串,地址列表);

15. fgetc 函数的作用是从指定文件读入一个字符,该文件的打开方式必须是_____。

　　A. 只写　　　　　　B. 追加　　　　　　C. 读或读写　　　　D. 都不正确

二、程序阅读题

1. 下面程序的运行结果是_____。

```
#define   N      10
#define   s(x)    x * x
#define   f(x)    (x * x)
void main()
{
    int i1, i2;
    i1 = 1000/s(N);
    i2 = 1000/f(N);
    printf("%d,%d\n", i1, i2);
}
```

2. 下面程序的运行结果是_____。

```
#include < stdio. h >
#define   N   4 +1
#define   M   N * 2 + N
```

```
#define   RE  5 * M + M * N
void main( )
{
    printf( "% d" ,RE/2) ;
}
```

3. 下面程序的运行结果是＿＿＿＿＿＿＿＿＿＿。

```
#define   MAX( x,y)   ( x) > ( y) ? ( x) : ( y)
void main( )
{
    int   a = 5 ,b = 2 ,c = 3 ,d = 3 ,t;
    t = MAX( a + b,c + d) * 10;
    printf( "% d\n" ,t) ;
}
```

4. 下面程序的运行结果是＿＿＿＿＿＿＿＿＿＿。

```
#include  < stdio. h >
#define   F( x,y)   ( x) * ( y)
void main( )
{
    int a = 3 ,b = 4;
    printf( "% d\n" ,F( a ++ ,b ++ ) ) ;
}
```

5. 下面程序的运行结果是＿＿＿＿＿＿＿＿＿＿。

```
#define M( x,y,z)   x * y + z
void main( )
{
    int a = 1 ,b = 2 ,c = 3;
    printf( "% d\n" ,M( a + b,b + c,c + a) ) ;
}
```

三、完善程序题

1. 下面的程序用变量 count 统计文件中字符的个数,请将程序补充完整。

```
# include    < stdio. h >
void main( )
{
    FILE  * fp; long count = 0;
    if( ( fp = fopen( " letter. dat " ,_____(1)_____) ) == NULL)
    {  printf( "can not open file\n" ) ;exit( 0) ;}
    while( !feof( fp) )
    {  _____(2)_____;
        count ++ ;
```

```
        }
    printf( "count = % ld\n" , count) ;
    _____(3)_____ ;
}
```

2. 以下程序的功能是将文件 file1. c 的内容输出到屏幕上并复制到文件 file2. c 中,请将程序补充完整。

```
# include < stdio. h >
void main( )
{
    FILE _____(4)_____ ;
    fp1 = fopen( "file1. c" , "r" ) ;
    fp2 = fopen( "file2. c" , "w" ) ;
    while( !feof( fp1 ) )
            putchar( fgetc( fp1 ) ) ;
    fclose( fp1 ) ;
    _____(5)_____ ;
    while( !feof( fp1 ) )
            fputc _____(6)_____ ;
    fclose( fp1 ) ;
    fclose( fp2 ) ;
}
```

3. 以下程序中用户由键盘输入一个文件名,然后输入一串字符(用′#′结束输入)存放到此文件中形成文本文件,并将字符的个数写到文件尾部,请将程序补充完整。

```
#include < stdio. h >
void main( void)
{
    FILE  * fp;
    char ch,fname[32] ;
    int count = 0;
    printf( "Input the filename :" ) ;
    scanf( "% s" ,fname) ;
    if ( ( fp = fopen( _____(7)_____ ,"w + " ) ) == NULL)
    {
        printf( "Can′t open file:% s\n" ,fname) ;
        exit(0) ;
    }
    printf( "Enter data:\n" ) ;
    while ( ( ch = getchar( ) ) ! = ′#′)
    {
        fputc( ch,fp) ;
        count ++ ;
```

```
    }
    fprintf(    (8)    ," \n% d\n" ,count) ;
    fclose( fp) ;
}
```

4. 以下程序的功能是计算圆的周长和面积,请将程序补充完整。

```
#define PI   3.1415926
#define    (9)    l = 2 * PI * r;    (10)    ;
void main( )
{
    float r,l,s;
    printf(" input a radius： " ) ;
    scanf(" % f" ,&r) ;
    CIRCLE( r,l,s) ;
    printf(" r = % .2f\n l = % .2f\n s = % .2f\n" , r,l,s) ;
}
```

四、编程题

1. 编写一个程序,由键盘输入一个文件名,然后把从键盘输入的字符依次存放到该文件中,用'#'作为结束输入的标志。

2. 编写一个程序,建立一个"abc"文本文件,向其中写入"this is a test"字符串,然后显示该文件的内容。

综合训练

一、选择题(每题 2 分,共 40 分)

1. 以下说法中正确的是_____。
　　A. C 语言程序总是从第一个定义的函数开始执行
　　B. 在 C 语言程序中,要调用的函数必须在 main( )函数中定义
　　C. C 语言程序总是从 main( )函数开始执行
　　D. C 语言程序中的 main( )函数必须放在程序的开始部分

2. 以下字符序列中,能作为 C 程序自定义标识符的是_____。
　　A. if 　　　　　　B. a * b 　　　　　　C. Case 　　　　　　D. 7ab

3. 以下选项中非法的字符常量是_____。
　　A. ′\65′ 　　　　　B. ′\101′ 　　　　　C. ′\xff′ 　　　　　D. ′\019′

4. 若有表达式(w)? (−−x):(++y),则下列选项中与表达式(w)等价的是_____。
　　A. w! =0 　　　　　B. w ==0 　　　　　C. w! =1 　　　　　D. w ==1

5. 设 a,b,c,m 和 n 均为 int 型变量,且 a = 3,b = 6,c = 5,d = 8,m = 0,n = 7,则逻辑表达式 (m = a > b)&&(n = c > d) 运算后,n 的值为_____。
　　A. 0 　　　　　　B. 1 　　　　　　C. 7 　　　　　　D. 5

6. 若变量已正确定义为 int 型,要通过语句"scanf("% d,% d,% d",&a,&b,&c);"给 a 赋值 1,给 b 赋值 2,给 c 赋值 3, 以下输入形式中错误的是(u 代表一个空格符)_____。
　　A. uuu1 ,2,3 <回车> 　　　　　　B. 1u2u3 <回车>
　　C. 1,uuu2, uuu3 <回车> 　　　　　D. 1,2,3 <回车>

7. 若以下选项中的变量全部为整型变量,且已正确赋值,则语法正确的 switch 语句是_____。
　　A. switch(a +9) 　　　　　　　　B. switch a * b
　　　　{ case c1 : y = a − b; 　　　　　　{ case 10: x = a + b;
　　　　　　case c2 : y = a + b; 　　　　　　default : y = a − b;
　　　　} 　　　　　　　　　　　　　　}
　　C. switch(a + b) 　　　　　　　　D. switch(a * a + b * b)
　　　　{ case1 :case3 :y = a + b;break; 　　{ default : break;
　　　　　case0 :case4 :y = a − b; 　　　　　　case 3: y = a + b;break;
　　　　} 　　　　　　　　　　　　　　　case 2: y = a − b;break;
　　　　　　　　　　　　　　　　　　}

8. 若有定义语句"int m[ ] = {5,4,3,2,1},i = 4;",则下面对 m 数组元素的引用中错误的是_____。
　　A. m[−−i] 　　　　B. m[2 * 2] 　　　　C. m[m[0]] 　　　　D. m[i]

9. 若有定义语句"int x[2][3];",则以下关于二维数组 x 的叙述中错误的是_____。
　　A. x[0]可看作由三个整型元素组成的一维数组
　　B. x[0]和 x[1]是数组名,分别代表不同的地址常量

C. 数组 x 包含 6 个元素

D. 可用语句"x[0] = 0;"为数组所有元素赋初值 0

10. 以下选项中,合法的是_____。

A. char str3[ ] = {'d', 'e', 'b', '\0'};

B. char str4; str4 = "hello world";

C. char name[10]; name = "china";

D. char str1[5] = "pass", str2[5]; str2 = str1;

11. 以下程序段的输出结果是_____。

```
int   a,b,c;
a = 10; b = 50; c = 30;
if( a > b) a = b;b = c;c = a;
printf("a = %d b = %d c = %d \n",a,b,c);
```

A. a = 10 b = 50 c = 10　　　　　B. a = 10 b = 50 c = 30

C. a = 10 b = 30 c = 10　　　　　D. a = 50 b = 30 c = 50

12. 下面的程序会_____。

```
void main( )
{   int x = 3,y = 0,z = 0;
    if( x = y + z) printf(" ****");
    else printf("####");
}
```

A. 有语法错误不能通过编译

B. 输出 ****

C. 可以通过编译,但不能通过连接,因而不能运行

D. 输出####

13. 以下程序的输出结果是_____。

```
void main( )
{
   int x = 10,y = 10,i;
   for( i = 0;x > 8;y = ++i)
       printf("%d%d",x --,y);
}
```

A. 10 1 9 2　　B. 10 10 9 1　　C. 10 9 9 0　　　D. 9 8 7 6

14. 以下程序的运行结果是_____。

```
void main( )
{
   int i,j;
   for( i = 3;i >= 1;i --)
```

```
    {    for(j = 1;j <= 2;j ++ ) printf("% d",i + j);
        printf(" \n ");
    }
}
```

  A. 2 3 4   B. 4 3 2   C. 2 3   D. 4 5

    3 4 5   5 4 3   3 4   3 4

                                         4 5   2 3

15. 以下程序的输出结果是_____。

```
void main( )
{
    int a = -2,b = 0;
    while(a ++ && ++ b);
    printf("% d,% d",a,b);
}
```

  A. 1,3   B. 0,2   C. 1,2   D. 0,3

16. 以下程序的运行结果是_____。

```
void main( )
{    int i = 5;
    do
    {    if(i % 3 == 1)
        if(i % 5 == 2)
        {    printf(" * % d",i);break;}
        i ++ ;
    } while(i! = 0);
    printf(" \n");
}
```

  A. *5   B. *3 *5   C. *7   D. *2 *6

17. 以下程序的运行结果是_____。

```
void fun( int a,int b)
{    int t;
    t = a;a = b;b = t;
}
void main( )
{    int c[10] = {1,2,3,4,5,6,7,8,9,0}, i;
    for(i = 0;i < 10;i += 2) fun(c[i], c[i + 1]);
    for(i = 0;i < 10;i ++ ) printf("% d,",c[i]);
    printf(" \n");
}
```

  A. 1,2,3,4,5,6,7,8,9,0,   B. 2,1,4,3,6,5,8,7,0,9,

  C. 0,9,8,7,6,5,4,3,2,1,   D. 0,1,2,3,4,5,6,7,8,9,

18. 以下程序的运行结果是_____。

```
void fun(char c)
{
  if(c > 'x') fun(c - 1);
  printf("%c",c);
}
void main()
{ fun('z'); }
```

    A. wxyz   B. xyz   C. zyxw   D. zyx

19. 以下程序的运行结果是_____。

```
#define S(x) (x)*x*2
void main()
{
  int k = 5,j = 2;
  printf("%d,",S(k+j)); printf("%d\n",S((k-j)));
}
```

    A. 98,18   B. 39,11   C. 39,18   D. 98,11

20. 以下程序的运行结果是_____。

```
void main()
{ char arr[] = "ABCDE";
  char *ptr;
  for(ptr = arr;ptr < arr + 5;ptr++) printf("%s\n",ptr);
}
```

A. ABCDE	B. A	C. E	D. ABCDE
	B	D	BCDE
	C	C	CDE
	D	B	DE
	E	A	E

二、填空题(每空 1 分,共 10 分)

1. 若有定义语句"char c = '\010';",则变量 c 中包含的字符个数为_____。

2. 函数的返回值是通过函数中的_____语句获得的。

3. 若整型变量 a 和 b 中的值分别为 7 和 9,要求按以下格式输出 a 和 b 的值:

a = 7

b = 9

请完成输出语句:

printf("_____",a,b);

4. 如果一个循环结构的循环体至少要执行一遍,则最适合描述该循环结构的语句是_____。

5. 若有定义语句"int i = 3;",有表达式 i = (i += i, i * = i), i - 10, i%4,则该表达式的值是_____,变量 i 的值是_____。

6. 设 a = 1, b = 2, c = 3, d = 4,则表达式 a < b?a:c < d?a:d 的结果为_____。

7. 已有以下定义:"int a[10], * p;p = a;",则能表示元素 a[5]地址的表达式是 &a[5]或_____。

8. 设有说明语句"int a[3][4] = {{1,2},{3,4,5},{6,7,8}};",则 a[0][2]的初始化值为_____。

9. 下面的函数调用语句中 func 函数的实参个数是_____。

func(f2(v1,v2),(v3,v4,v5),(v6,max(v7,v8)));

三、判断题(每题 1 分,共 8 分)

1. 自增运算符(++)或自减运算符(--)只能用于变量,不能用于常量或表达式。 ( )

2. 在 C 语言中,外部变量的隐含类别是自动存储类别。 ( )

3. 函数的定义可以嵌套,但函数的调用不可以嵌套。 ( )

4. 字符型数组中可以存放字符串。 ( )

5. 循环语句"for(exp1;exp2;exp3);"中第一个表达式 exp1 在整个循环体中执行的次数仅为 1 次。 ( )

6. 语句"int(*p)[3];"是用于定义一个指针数组。 ( )

7. 若有定义"char a = 4;",则执行语句"printf("%d\n",a = a << 1);"后,a 的值为 2。 ( )

8. 若有定义:"struct stud{char num[6]; double ave;};",则表达式 sizeof(struct stud)的值为 8。 ( )

四、程序阅读题(每题 2 分,共 18 分)

1. 以下程序运行后,输出结果是_____。

```
void main( )
{
    int x = 1,y = 2,z = 3;
    x += y += z;
    printf("%d",(x < y?x ++ :y ++ ));
}
```

2. 以下程序运行后,输出结果是_____。

```
void main( )
{   int a = 7;
    while(a -- );
    printf("%d\n",a);
}
```

3. 以下程序的输出结果是_____。

```
    void main( )
    {   int i,j;
        i = 17;
        j = ( i ++ ) + i;printf( " % d " ,j);
        i = 16;printf( " % d% d" , ++ i,i);
    }
```

4. 以下程序的输出结果是_____。

```
    void main( )
    {
        int x = 8;
        for( ; x > 0; x -- )
        {
            if( x% 3) { printf( " % d" ,x -- ); continue;}
            printf( " % d" , -- x);
        }
    }
```

5. 下面程序的输出结果是_____。

```
    void main( )
    {
        int i,x,y;
        i = x = y = 0;
        do{
            ++ i;
            if( i% 2! = 0) { x = x + i;i ++ ;}
            y = y + i ++ ;
        } while( i < = 10);
        printf( " % d,% d\n" ,x,y);
    }
```

6. 以下程序运行后,输出结果是_____。

```
    #include  < stdio. h >
    int p( int k,int a[ ])
    {
        int m,i,c = 0;
        for( m = 2;m < = k;m ++ ){
        for( i = 2;i < m;i ++ )
            if( ! ( m% i)) break;
            if( i = = m) a[ c ++ ] = m;
        }
        return c;
    }
```

```
#define MAXN  20
void main( )
{   int i,m,s[MAXN];
    m = p(13,s);
    for(i = 0;i < m;i ++)
    printf("%d   ",s[i]);
    printf("\n");
}
```

7. 以下程序运行后,输出结果是＿＿＿＿＿＿＿＿。

```
int fun(int x)
{
    static int a = 4;
    a += x;
    return(a);
}
void main( )
{   int k = 2, m = 1, n;
    n = fun(k);
    n = fun(m);
    printf("%d\n",n);
}
```

8. 以下程序运行后,输出结果是＿＿＿＿＿＿＿＿。

```
int m = 13;
int fun2(int x, int y)
{
    int m = 3;
    return(x * y - m);
}
void main( )
{
    int a = 8, b = 4;
    printf("%d\n",fun2(a,b/m));
}
```

9. 以下程序运行后,输出结果是＿＿＿＿＿＿＿＿。

```
void main( )
{
    int arr[ ] = {1,2,3,4,5};
    int * ptr = arr;
    * (ptr + 2) += 3;
    printf ("%d,%d\n", * ptr, * (ptr + 2));
}
```

五、完善程序题(每空 2 分,共 14 分)

1. 程序功能:按要求输出 26 个大写的英文字母。

```
#include <stdio. h>
void main ( )
{
    char string[256];
    int i;
    for (i = 0; i < 26; i ++)
        string[i] = ____(1)____;
    string[i] = ____(2)____;
    printf ("the array contains %s\n", ____(3)____);
}
```

2. 程序功能:已定义一个含有 30 个元素的数组 s,函数 fun1 的功能是按顺序分别赋予各元素从 2 开始的偶数,函数 fun2 则按顺序每 5 个元素求一个平均值, 并将该值存放在数组 w 中。

```
float s[30],w[6];
void fun1(float s[])
{
    int k,i;
    for(k = 2,i = 0;i < 30;i ++)
    {   ____(4)____;
        k += 2;
    }
}
void fun2(float s[],float w[])
{
    float sum = 0.0; int k,i;
    for(k = 0,i = 0;i < 30;i ++)
    {
        sum += s[i];
        ____(5)____
        {   w[k] = sum/5;
            ____(6)____;
            k ++;
        }
    }
}
void main()
{
    int i;
    fun1(s);
```

```
        (7)      ;
    for(i = 0; i < 30; i ++ )
    {
        if(i%5 == 0) printf( " \n" );
        printf( "%8.2f" ,s[ i ] );
    }
    printf( " \n" );
    for(i = 0; i < 6; i ++ )
    printf( "%8.2f" ,w[ i ] );
}
```

六、编程题(每题 5 分,共 10 分)

1. 求出所有满足下列条件的两位数:将此两位数的个位数字与十位数字进行交换,可得到一个新的数,要求新数与原数之和小于 100。输出时每行显示 6 个满足要求的数。

2. 请编写函数 int fun(float s[ ], int n),它的功能是:求高于平均分的人数,并作为函数值返回。数组 s 中存放 n 个学生的成绩。

附录一　运算符及其优先级顺序表

C 运算符的运算优先级共分为 15 级,1 级最高,15 级最低。

优先级别	运算符	含义	操作数个数	结合方向
1	( )	圆括号	1(单目运算符)	自左向右
	[ ]	下标运算符	2(双目运算符)	
	->	箭头运算符		
	.	圆点运算符		
2	!	逻辑非运算符	1(单目运算符)	自右向左
	~	按位取反运算符		
	++	自增运算符		
	––	自减运算符		
	–	负号运算符		
	(类型)	强制类型转换运算符		
	*	指针间接引用运算符		
	&	取地址运算符		
	sizeof	取占内存大小运算符		
3	*	乘法运算符	2(双目运算符)	自左向右
	/	除法运算符		
	%	取余运算符		
4	+	加法运算符	2(双目运算符)	自左向右
	–	减法运算符		
5	<<	左移运算符	2(双目运算符)	自左向右
	>>	右移运算符		
6	<	小于运算符	2(双目运算符)	自左向右
	<=	小于等于运算符		
	>	大于运算符		
	>=	大于等于运算符		
7	==	相等运算符	2(双目运算符)	自左向右
	! =	不等运算符		
8	&	按位与运算符	2(双目运算符)	自左向右

优先级别	运算符	含义	操作数个数	结合方向
9	^	按位异或运算符	2（双目运算符）	自左向右
10	|	按位或运算符	2（双目运算符）	自左向右
11	&&	逻辑与运算符	2（双目运算符）	自左向右
12	||	逻辑或运算符	2（双目运算符）	自左向右
13	?:	条件运算符	2（三目运算符）	自右向左
14	=	赋值运算符	（双目运算符）	自右向左
	+= 、 -= 、 *= 、 /= 、 %= 、 >>= 、 <<= 、&= 、 ^= 、|= 、	复合赋值运算符		
15	,	逗号运算符 （顺序求值运算符）	2（双目运算符）	自左向右

附录二　标准 ASCII 码表

ASCII 值	字符	ASCII 值	字符	ASCII 值	字符	ASCII 值	字符
0	NUL	32	space	64	@	96	`
1	SOH	33	!	65	A	97	a
2	STX	34	"	66	B	98	b
3	ETX	35	#	67	C	99	c
4	EOT	36	$	68	D	100	d
5	ENQ	37	%	69	E	101	e
6	ACK	38	&	70	F	102	f
7	BEL	39	'	71	G	103	g
8	BS	40	(	72	H	104	h
9	HT	41	)	73	I	105	i
10	IF	42	*	74	J	106	j
11	VT	43	+	75	K	107	k
12	FF	44	,	76	L	108	l
13	CR	45	–	77	M	109	m
14	SO	46	.	78	N	110	n
15	SI	47	/	79	O	111	o
16	DLE	48	0	80	P	112	p
17	DCl	49	1	81	Q	113	q
18	DC2	50	2	82	R	114	r
19	DC3	51	3	83	S	115	s
20	DC4	52	4	84	T	116	t
21	NAK	53	5	85	U	117	u
22	SYN	54	6	86	V	118	v
23	ETB	55	7	87	W	119	w
24	CAN	56	8	88	X	120	x
25	EM	57	9	89	Y	121	y
26	SUB	58	:	90	Z	122	z
27	ESC	59	;	91	〔	123	｛
28	FS	60	<	92	\	124		
29	GS	61	=	93	〕	125	｝
30	RS	62	>	94	^	126	~
31	US	63	?	95	-	127	del

附录三 C语言常用库函数一览表

1. 输入输出函数

使用输入输出函数时要在源程序文件中加预处理命令(scanf、printf 函数除外):

#include < stdio. h > 或#include " stdio. h"

函数名称	函数与形参类型	函数功能	返回值
clearerr	void clearerr(fp) file *fp;	清除文件指针错误	无
close	int close(fp) int fp;	关闭文件(非 ANSI 标准)	关闭成功返回 0,不成功返回 − 1
creat	int creat(filename,mode) char *filename; int mode;	以 mode 所指定的方式建立文件(非 ANSI 标准)	成功则返回正数,否则返回 − 1
eof	int eof(fd) int fd;	判断文件是否结束(非 ANSI 标准)	遇文件结束返回 1,否则返回 0
fclose	int fclose(fp) FILE *fp;	关闭 fp 所指的文件,释放文件缓冲区	关闭成功返回 0,否则返回非 0
feof	int feof(fp) FILE *fp;	检查文件是否结束	遇文件结束返回非 0,否则返回 0
ferror	int ferror(fp) FILE *fp;	测试 fp 所指的文件是否有错误	无错误返回,否则返回非 0
fflush	int fflush(fp) FILE *fp;	将 fp 所指的文件的控制信息和数据存盘	存盘正确返回 0,否则返回非 0
fgetc	int fgetc(fp) FILE *fp;	从 fp 指向的文件中取得下一个字符	返回得到的字符,若出错返回 EOF
fgets	char *fgets(buf,n,fp) char *buf;int n; FILE *fp;	从 fp 指向的文件读取一个长度为(n − 1)的字符串,存入起始地址为 buf 空间	返回地址 buf,若遇文件结束或出错,则返回 NULL
fopen	FILE * fopen (filename, mode) char *filename, *mode;	以 mode 指定的方式打开名为 filename 文件	成功则返回一个文件指针,否则返回 0
fprintf	int fprintf(fp,format,args,…) FILE *fp; char *format;	把 args 的值以 format 指定的格式输出到 fp 所指定的文件中	实际输出的字符数
fputc	int fputc(ch,fp) char ch; FILE *fp;	将字符 ch 输出到 fp 指向的文件中	成功则返回该字符,否则返回 EOF

函数名称	函数与形参类型	函数功能	返回值
fputs	int fputs(str,fp) char *str; FILE *fp;	将 str 所指定的字符串输出到 fp 指定的文件中	成功返回 0,若出错返回 EOF
fread	int fread(pt,size,n,fp) char *pt; unsigned size; unsigned n; FILE *fp;	从 fp 所指定的文件中读取长度为 size 的 n 个数据项,存到 pt 所指向的内存区	返回所读的数据项个数,如遇文件结束或出错,返回 0
fscanf	int fscanf(fp,format,args, …) FILE *fp; char format;	从 fp 指定的文件中按 format 给定的格式将读入的数据送到 args 所指向的内存单元中(args 是指针)	已输入的数据个数
fseek	int fseek(fp,offset,base) FILE *fp; long offset; int base;	将 fp 所指向的文件的位置指针移到 base 所指出的位置为基准,以 offset 为位移量的位置	返回当前位置,否则返回 -1
ftell	long ftell(fp) FILE *fp;	返回 fp 所指向的文件中的读写位置	返回文件中的读写位置,否则返回 -1
fwrite	int fwrite(ptr,size,n,fp) char *ptr; FILE *fp; unsigned size,n;	把 ptr 所指向的 n *size 个字节输出到 fp 所指向的文件中	写到 fp 文件中的数据项的个数
getc	int getc(fp) FILE *fp	从 fp 指向的文件中读入下一个字符	返回读入的字符,若文件结束或出错则返回 EOF
getchar	int getchar( )	从标准输入设备读取下一个字符	返回读入的字符,若文件结束或出错则返回 -1
gets	char *gets(str) char *str;	从标准输入设备读取字符串存入 str 指向的数组	成功返回指针 str,否则返回 NULL
open	int open(filename,mode) char *filename; int mode;	以 mode 指定的方式打开已存在的名为 filename 的文件(非 ANSI 标准)	返回文件号(正数);若文件打开失败,返回 -1
printf	int printf(format,args,…) char *format;	在 format 指定的字符串的控制下,将输出列表 args 的值输出到标准输出设备	输出字符的个数,若出错则返回负数
putc	int putc(ch,fp) int ch; FILE *fp;	把一个字符 ch 输出到 fp 所指的文件中	输出的字符 ch,若出错则返回 EOF
putchar	int putchar(ch) char ch;	把字符 ch 输出到标准的输出设备	输出字符 ch,若出错则返回 EOF
puts	int puts(str) char *str;	把 str 指向的字符串输出到标准输出设备,将′\0′转换为回车换行	返回换行符,若失败则返回 EOF

续表

函数名称	函数与形参类型	函数功能	返回值
putw	int putw(w,fp) int w; FILE *fp;	将一个整数 w(即一个字)写到 fp 所指的文件中(非 ANSI 标准)	返回输出的整数,若出错 则返回 EOF
read	int read(fd,buf,count) int fd; char *buf; unsigned int count;	从文件号 fd 所指示的文件中读 count 个字节到 buf 指示的缓冲 区中(非 ANSI 标准)	返回真读入的字节个数, 如遇文件结束返回 0,出错 返回 −1
remove	int remove(fname) char *fname;	删除以 fname 为文件名的文件	成功返回 0,出错返回 −1
rename	int rename (oname,nname) char *oname, *nname;	把 oname 所指的文件名改为由 nname 所指的文件名	成功返回 0,出错返回 −1
rewind	void rewind(fp) FILE *fp;	将 fp 指向文件指针置于文件头, 并清除文件结束标志和错误 标志	成功返回 0,出错无返回值
scanf	int scanf(format,args,…) char *format;	从标准输入设备按 format 指示 的格式字符串规定的格式,输入 数据给 args 所指向的单元。args 为指针	读入并赋给 args 的数据个 数,遇文件结束返回 EOF, 出错返回 0
write	int write(fd,buf,count) int fd; char *buf; unsigned count;	从 buf 指示的缓冲区输出 count 个字符到 fp 所指的文件中(非 ANSI 标准)	返回实际输出的字节数, 如出错返回 −1

2. 数学函数

使用数学函数时要在源程序文件中加预处理命令:

#include < math. h > 或#include " math. h"

函数名称	函数与形参类型	函数功能	返回值
acos	double acos(x) double x;	计算 $\cos^{-1}(x)$ 的值 $-1 <= x <= 1$	计算结果
asin	double asin(x) double x;	计算 $\sin^{-1}(x)$ 的值 $1 <= x <= 1$	计算结果
atan	double atan(x) double x;	计算 $\tan^{-1}(x)$ 的值	计算结果
atan2	double atan2(x,y) double x;	计算 $\tan^{-1}(x/y)$ 的值	计算结果
cos	double cos(x) double x;	计算 $\cos(x)$ 的值 x 的单位为弧度	计算结果
cosh	double cosh(x) double x;	计算 x 的双曲余弦 $\cosh(x)$ 的值	计算结果

函数名称	函数与形参类型	函数功能	返回值
exp	double exp(x) double x;	求 e^x 的值	计算结果
fabs	double fabs(x) double x;	求 x 的绝对值	计算结果
floor	double floor(x) double x;	求不大于 x 的最大整数	该整数的双精度实数
fmod	double fmod(x,y) double x,y;	求整除 x/y 的余数	返回余数的双精度实数
frexp	double frexp(val,eptr) double val; int ∗eptr	把双精度数 val 分解为数字部分（尾数）和以 2 为底的指数 n,即 $val = x * 2^n$,n 存放在 eptr 指向的变量中	返回数字部分 x $0.5 <= x < 1$
log	double log(x) double x;	求 $\log_e x$ 即 ln x	计算结果
log10	double log10(x) double x;	求 $\log_{10} x$	计算结果
modf	double modf(val,iptr) double val; double ∗iptr	把双精度数 val 分解为整数部分和小数部分,把整数部分存到 iptr 指向的单元	val 的小数部分
pow	double pow (x,y) double x,y	计算 x^y 的值	计算结果
sin	double sin(x) double x;	计算 sin(x)的值 x 的单位为弧度	计算结果
sinh	double sinh(x) double x;	计算 x 的双曲线正弦函数 sinh(x)的值	计算结果
sqrt	double sqrt(x) double x;	计算 $\sqrt{x}(x >= 0)$	计算结果
tan	double tan(x) double x;	计算 tan(x)的值 x 的单位为弧度	计算结果
tanh	double tanh(x) double x;	计算 x 的双曲线正切函数 tanh(x)的值	计算结果

3. 字符串函数

使用字符串函数时要在源程序文件中加预处理命令:

#include ＜string. h＞或#include ″string. h″

函数名称	函数与形参类型	函数功能	返回值
memchr	void memchr(buf,ch,count) void ∗buf;char ch; unsigned int count;	在 buf 的前 count 个字符里搜索字符 ch 首次出现的位置	返回指向 buf 中 ch 第一次出现的位置的指针,若没有找到 ch 则返回 NULL

函数名称	函数与形参类型	函数功能	返回值
memcmp	int　memcmp（buf1，buf2，count） void *buf1，*buf2； unsigned int count	按字典顺序比较由 buf1 和 buf2 所指向数组的前 count 个字符	buf1 < buf2，返回负数； buf1 = buf2，返回 0； buf1 > buf2，返回正数
memcpy	void　*memcpy（to，from，count） void *to，*from； unsigned int count；	将 from 所指向数组中的前 count 个字符拷贝到 to 所指向的数组中，from 和 to 所指向的数组不允许重叠	返回指向 to 的指针
memmove	void　*memmove（to，from，count） void *to，*from； unsigned int count；	将 from 所指向数组中的前 count 个字符拷贝到 to 所指向的数组中，from 和 to 所指向的数组可以重叠	返回指向 to 的指针
memset	void　*memset（buf，ch，count） void *buf；char ch； unsigned int count；	将字符 ch 拷贝到 buf 所指向的数组的前 count 个字符中	返回 buf
strcat	char *strcat（str1，str2） char *str1，*str2；	把字符串 str2 接到 str1 后面，取消原来的 str1 最后面的字符串结束标志符'\0'	返回 str1
strchr	char *strchr（str，ch） char *str； int ch；	找出 str 指向的字符串中第一次出现字符 ch 的位置。	返回指向该位置的指针，若找不到，则应返回 NULL
strcmp	int strcmp（str1，str2） char *str1，*str2；	比较字符串 str1 和 str2	str1 < str2，返回负数； str1 = str2，返回 0； str1 > str2，返回正数
strcpy	char *strcpy（str1，str2） char *str1，*str2；	把 str2 指向的字符串拷贝到 str1 中去	返回 str1
strlen	unsigned int strlen（str） char *str；	统计字符串 str 中字符的个数（不包括字符结束标示符'\0'）	返回字符个数
strncat	char *strncat（str1，str2，count） char *str1，*str2； unsigned int count；	把字符串 str2 所指向的字符串中最多 count 个字符接到字符串 str1 后面，并以 NULL 结尾	返回 str1
strncmp	int strncmp（str1，str2，count） char *str1，*str2； unsigned int count；	比较字符串 str1 和 str2 中最多前 count 字符	str1 < str2，返回负数； str1 = str2，返回 0； str1 > str2，返回正数
strncpy	char *strncpy（str1，str2，count） char *str1，*str2； unsigned int count；	把 str2 所指向的字符串中最多前 count 个字符拷贝到字符串 str1 中去	返回 str1
strnset	char *strnset（buf，ch，count） char *buf；char ch； unsigned int count；	将字符 ch 拷贝到 buf 所指向的数组的前 count 个字符中	返回 buf
strset	char *strset（buf，ch） char *buf；char ch；	将 buf 所指向的字符串中的全部字符都变为 ch	返回 buf
strstr	char *strstr（str1，str2） char *str1，*str2；	寻找 str2 指向的字符串在 str1 指向的字符串中首次出现的位置	返回 str2 指向的字符串首次出现的地址，否则返回 NULL

4. 字符函数

使用字符函数时要在源程序文件中加预处理命令：

#include ＜ctype. h＞ 或 #include " ctype. h"

函数名称	函数与形参类型	函数功能	返回值
isalnum	int isalnum(ch) int ch;	检查 ch 是否是字母或数字	是字母或数字返回 1，否则返回 0
isalpha	int isalpha(ch) int ch;	检查 ch 是否是字母	是字母返回 1，否则返回 0
iscntrl	int iscntrl(ch) int ch;	检查 ch 是否是控制字符（其 ASCII 码在 0 和 0xlF 之间）	是控制字符返回 1，否则返回 0
isdigit	int isdigit(ch) int ch;	检查 ch 是否是数字(0~9)	是数字返回 1，否则返回 0
isgraph	int isgraph(ch) int ch;	检查 ch 是否是可打印字符（其 ASII 码在 0x21 到 0x7E 之间），不包括空格	是可打印字符返回 1，否则返回 0
islower	int islower(ch) int ch;	检查 ch 是否是小写字母(a~z)	是小写字母返回 1，否则返回 0
isprint	int isprint(ch) int ch;	检查 ch 是否是可打印字符（包括空格），其 ASCII 码值在 0x20 到 0x7E 之间	是可打印字符返回 1，否则返回 0
isspace	int isspace(ch) int ch;	检查 ch 是否是空格、跳格符（制表符）或换行符	是则返回 1，合则返回 0
isupper	int isupper(ch) int ch;	检查 ch 是否是大写字母(A~Z)	是大写字母返回 1，否则返回 0
isxdigit	int isxdigit(ch) int ch;	检查 ch 是否是一个十六进制数字（即 0~9，或 A~F,a~f)	是则返回 1，否则返回 0
tolower	int tolower(ch) int ch;	将 ch 字符转换为小写字母	返回 ch 对应的小写字母
toupper	int toupper(ch) int ch;	将 ch 字符转换为大写字母	返回 ch 对应的大写字母

5. 动态存储分配函数

函数名称	函数与形参类型	函数功能	返回值
calloc	void *calloc(n,size) unsigned n; unsigned size;	分配 n 个数据项的内存连续空间，每个数据项的大小为 size	分配内存单元的起始地址，若不成功则返回 0
free	void free(p) void *p;	释放 p 所指的内存区	无
malloc	void *malloc(size) unsigned size;	分配 size 字节的内存区	所分配的内存区地址，如内存不够则返回 0
realloc	void *realloc(p,size) void *p; unsigned size;	将 p 所指的已分配内存区的大小改为 size, size 可以比原来分配的空间大或小	返回指向该内存区的指针，若重新分配失败则返回 NULL

6. 其他函数

有些函数由于不便归入某一类,所以单独列出。使用这些函数时要在源程序文件中加预处理命令:

#include ＜ stdlib. h ＞ 或#include" stdlib. h"

函数名称	函数与形参类型	函数功能	返回值
abs	int abs(num) int num;	计算整数 num 的绝对值	返回计算结果
atof	double atof(str) char *str;	将 str 所指向的字符串转换为一个 double 型的值	返回双精度计算结果
atoi	int atoi(str) char *str;	将 str 所指向的字符串转换为一个 int 型的值	返回转换结果
atol	long atol(str) char *str;	将 str 所指向的字符串转换为一个 long 型的值	返回转换结果
exit	void exit(status) int status;	终止程序运行,将 status 的值返回调用的进程	无
itoa	char *itoa(n,str,radix) int n,radix; char *str;	将整数 n 的值按照 radix 进制转换为等价的字符串,并将结果存入 str 指向的字符串中	返回一个指向 str 的指针
labs	long labs(num) long num;	计算长整数 num 的绝对值	返回计算结果
ltoa	char * ltoa(n,str,radix) long int n; int radix; char *str;	将长整数 n 的值按照 radix 进制转换为等价的字符串,并将结果存入 str 指向的字符串中	返回一个指向 str 的指针
rand	int rand()	产生 0 到 RAND_MAX 之间的伪随机数。RAND_MAX 在头文件中定义	返回一个伪随机(整)数
random	int random(num) int num;	产生 0 到 num 之间的随机数	返回一个随机(整)数
randomize	void randomize()	初始化随机函数。使用时要求包含头文件 time. h	无
system	int system(str) char *str;	将 str 所指向的字符串作为命令传递给 DOS 的命令处理器	返回所执行命令的退出状态
strtod	double strtod(start,end) char *start; char **end;	将 start 所指向的数字字符串转换成 double 型的值,直到出现不能转换为浮点数的字符为止,剩余的字符串赋给指针 end(HUGE_VAL 是 turbo C 在头文件 math. h 中定义的数学函数溢出标志值)	返回转换结果。若未转换,则返回 0;若转换出错,返回 HUGE_VAL 表示上溢,或返回-HUGE_VAL 表示下溢
strtol	long int strtol(start,end,radix) char *start; char **end; int radix;	将 start 所指向的数字字符串转换成 long 型的值,直到出现不能转换为长整型数的字符为止,剩余的字符串赋给指针 end。转换时,数字的进制由 radix 确定(LONG_MAX 是 turbo C 在头文件 limits. h 中定义的 long 型可表示的最大值)	返回转换结果。若未转换,则返回 0;若转换出错,返回 LONG_MAX 表示上溢,或返回 LONG_MIN 表示下溢

习题答案

习题一

一、填空题

1. options **2.** F9 Ctrl + F9 Alt + F5 **3.** . c **4.** Save F2 Load F3 **5.** Ctrl + F7 F7 Ctrl + F5

二、编程题

略

习题二

一、选择题

1. C **2.** B **3.** C **4.** A **5.** C **6.** B **7.** D **8.** B **9.** A **10.** C **11.** C **12.** B **13.** C **14.** C

15. B **16.** D **17.** B **18.** C **19.** C **20.** B

二、填空题

1. 4 3 7 **2.** -32767 **3.** double **4.** G **5.** -1 **6.** &x, &y **7.** □□9,9.50(□代表空格) **8.** f

三、计算题

1. (1) 2.5 (2) 3.5 **2.** (1) a = 24 (2) a = 10 (3) a = 60 (4) 0 (5) 0 (6) 0

四、编程题

略

习题三

一、选择题

1. A **2.** D **3.** C **4.** C **5.** A **6.** C **7.** D **8.** D **9.** C **10.** C

二、填空题

1. 1 0 0 非0 **2.** 1.0 **3.** 1 0 **4.** 1 **5.** 2,5 **6.** 2 **7.** a = 2,b = 1

三、完善程序题

(1) n/100 (2) n/10%10 或 n%100/10 或 (n − i * 100)/10 (3) n%10 (4) n == i * i * i + j * j * j + k * k * k (5) c >= 'A' && c <= 'Z' (6) c >= 'a' && c <= 'z' (7) c >= '0' && c <= '9'

四、编程题

略

习题四

一、选择题

1. A **2.** D **3.** D **4.** C **5.** A **6.** A **7.** D **8.** D **9.** B **10.** B

二、程序阅读题

1. 0, 1 **2.** x = 35,y = −4,s = −29 **3.** 1 **4.** *7 **5.** s = s + 1/n;s = s + 1.0/n;

三、完善程序题

(1) j <= 2 * i − 1 (2) a! = b (3) a < b (4) s = 0 (5) i = i + 2 或 i += 2 (6) j <= i (7) f = f * j 或 f * = j

四、编程题

略

习题五

一、选择题

1. D **2**. D **3**. B **4**. A **5**. D **6**. A **7**. A **8**. C **9**. B **10**. B

二、程序阅读题

1. dcba **2**. 4　25　27　16 **3**. efgabcd **4**. −5　2　1 **5**. UPCASE **6**. 987654321

7. ＊＊＊＊＊＊＊ **8**. EFG

　　＊＊＊＊＊　　　ABFDEFG

　　＊＊＊　　　　ABF

　　＊

三、完善程序题

(1) i＜strlen(b)(或 i＜＝strlen(b)−1) 　 (2) b＋i−1,b＋i(或 &b[i−1],&b[i],或 &b[i],&b[i+1],或 b＋i,b＋i+1) 　 (3) puts(b) 　 (4) scanf("%f",&a[i]) 　 (5) pjz/＝20 或 pjz＝pjz/20 　 (6) printf("%f, %f\n",pjz,t) 　 (7) &a[i] 　 (8) i%10＝＝0 　 (9) a[i−1] 　 (10) int array[20] 　 (11) &array[i] (12) 19 　 (13) max＝array[i] 　 (14) min＝array[i] 　 (15) sum＋array[i] 　 (16) sum/20 　 (17) str[i] (18) c,str[0] 　 (19) strcpy(c,str[i]) 　 (20) strlen (c)

四、编程题

略

习题六

一、选择题

1. B **2**. D **3**. C **4**. A **5**. D **6**. C **7**. A **8**. B **9**. D **10**. C

二、程序阅读题

1. 31 **2**. 15 **3**. 61 **4**. 6,15 **5**. 55

三、程序填空题

(1) x/y 　 (2) y＋2＊z,x−2＊z 　 (3) ch2[i−1][0] 　 (4) ch2[i−1] 　 (5) 0 　 (6) n＞0||i＝＝0(或 n＞0||n＜0&&i＝＝0) 　 (7) n/＝10(或 n＝n/10) 　 (8) i＜n 　 (9) i＝1 　 (10) b[i−1][j−1]＋b[i−1][j] (11) a,n 　 (12) c＝c/8(或 c/＝8) 　 (13) b[i]!＝0 　 (14) j!＝0(或 j) 　 (15) low＜＝high 　 (16) high＝ mid−1 　 (17) int b[N],n,i,j 　 (18) m/100 　 (19) m%100/10 或 m/10%10 或(m−a2＊100)%10 或 m/10−a2＊10 　 (20) k,m

四、编程题

略

习题七

一、选择题

1. B **2**. B **3**. D **4**. D **5**. C **6**. C **7**. D **8**. C **9**. C **10**. A **11**. B **12**. B **13**. C **14**. C **15**. C

二、程序阅读题

1. 3 **2**. 6 **3**. abcdefglkjih **4**. 976531 **5**. C1 **6**. 486586 **7**. Ny Cook **8**. abdddfg **9**. open the door **10**. Java dBase

C Language

Pascal

三、完善程序题

（1）＊p！＝′\0′　（2）＊p－′0′　（3）num＊10＋k　（4）str［i］！＝′\0′　（5）j＝i　（6）k　（7）s1＋＋

（8）＊s2　（9）str［0］　（10）＊sp＝str［i］　（11）q＝p　（12）p＞str　（13）p－－　（14）p［i］！＝′\0′或

p［i］或＊（p＋i）　（15）p［i］或＊（p＋i）

四、编程题

略

习题八

一、选择题

1．A　**2**．B　**3**．B　**4**．C　**5**．A

二、填空题

1．a.num　　b－＞num　　（＊b）.num　**2**．9　2　**3**．0

三、编程题

略

习题九

一、选择题

1．C　**2**．A　**3**．B　**4**．D　**5**．C　**6**．D　**7**．A　**8**．A　**9**．B　**10**．A　**11**．B　**12**．B　**13**．B　**14**．D　**15**．C

二、程序阅读题

1．1000，10　**2**．41　**3**．7　**4**．12　**5**．12

三、完善程序题

（1）"r"　（2）fgetc（fp）　（3）fclose（fp）　（4）＊fp1，＊fp2　（5）fp1＝fopen（"file1.c"，"r"）；

（6）（fgetc（fp1），fp2）　（7）fname　（8）fp　（9）CIRCLE（r，1，s）　（10）s＝PI＊r＊r

四、编程题

略

综合训练

一、选择题

1．C　**2**．C　**3**．D　**4**．A　**5**．C　**6**．B　**7**．D　**8**．C　**9**．D　**10**．A　**11**．A　**12**．D　**13**．B　**14**．D　**15**．C

16．C　**17**．A　**18**．B　**19**．C　**20**．D

二、填空题

1．1　**2**．return　**3**．a＝%d\nb＝%d\n　**4**．do while　**5**．0　36　**6**．1　**7**．a＋5或p＋5　**8**．0　**9**．3

三、判断题

1．√　**2**．×　**3**．×　**4**．√　**5**．√　**6**．×　**7**．×　**8**．×

四、程序阅读题

1．5　**2**．－1　**3**．34　17　16　**4**．8542　**5**．1，30　**6**．2　3　5　7　11　13　**7**．7　**8**．－3　**9**．1，6

五、完善程序题

（1）′A′＋i　（2）′\0′　（3）string　（4）s［i］＝k 或 s［i］＝（i＋1）＊2　（5）if（（i＋1）%5 ＝＝0）

(6) sum = 0　(7) fun2(s,w)

六、编程题

1.
```
void main()
{
    int n,a,b,m,count = 0;
    for(n = 10;n < 100;n ++)
    {  a = n/10; b = n%10;
       m = a + b * 10;
       if(n + m < 100)
       {  printf("%3d",n);
          count ++;
          if(count%6 ==0)
            printf("\n");
       }
    }
}
```

2.
```
int fun(float s[ ], int n)
{  int i,count = 0; float sum = 0.0,ave;
   for(i = 0;i < n;i ++)
       sum += s[i];
   ave = sum/n;
   for(i = 0;i < n;i ++)
       if(s[i] > ave) count ++;
   return count;
}
```

参考文献

［1］周宇. C语言程序设计教程. 2版 南京:东南大学出版社,2010

［2］张黎宁,沈丽容. C程序设计案例教程. 北京:高等教育出版社,2015

［3］谭浩强. C程序设计. 2版 北京:清华大学出版社,1999

［4］REEK K A. C和指针. 徐波,译. 北京:人民邮电出版社,2003

［5］KING K N. C语言程序设计:现代方法. 吕秀锋,译. 北京:人民邮电出版社,2007

［6］KERNIGHAN B W, RITCHIE D M. C程序设计语言. 徐宝文,李志,译. 2版:北京:机械工业出版社,2004

［7］KELLEY A, POHL I. C语言解析教程. 麻志毅,译. 北京:机械工业出版社,2002

［8］ROBERTS E S. C语言的科学和艺术. 翁惠玉,等,译. 北京:机械工业出版社,2005

［9］钱能. C++程序设计教程. 2版. 北京:清华大学出版社,2005

［10］苏小红,陈慧鹏,孙志岗,等. C语言大学实用教程. 北京:电子工业出版社,2004

［11］李玲,桂玮珍,刘莲英. C语言程序设计教程. 北京:人民邮电出版社,2005

［12］PRATA S. C Primer Plus 中文版. 云巅工作室,译. 5版. 北京:人民邮电出版社,2005

［13］宋箭. C语言程序设计. 上海:上海科学普及出版社,2005

［14］周启海,沈坚,刘云强,等. 二级C语言程序设计考试精解与考场模拟. 北京:人民邮电出版社,2005

［15］C编写组. 常用C语言用法速查手册. 北京:龙门书局,1995

［16］http://baike.baidu.com

［17］http://bbs.educity.cn/bbs/128038.html

［18］http://zhidao.baidu.com/question/5166426.html

［19］http://www.72up.com/c.htm

［20］http://www.neu.edu.cn/cxsj/index.html

［21］何钦铭,颜晖. C语言程序设计. 2版 北京:高等教育出版社,2012

［22］武雅丽,王永玲,解亚利,等. C语言程序设计教程. 2版 北京:清华大学出版社

［23］吕凤翥. C语言程序设计:基础理论与案例. 北京:清华大学出版社,2005